九分量三维地震理论和应用

邓志文　张少华　岳媛媛　王　岩　倪宇东等　著

科　学　出　版　社

北　京

内 容 简 介

　　本书系统介绍了两个水平正交方向横波激发、一个垂直方向纵波激发地震波在三维各向同性、各向异性、双向及黏弹性介质空间的产生及传播理论，近地表纵横波参数调查方法及静校正技术，各向异性介质叠前快慢波数据分离及成像等处理技术，纵横波联合构造解释、沉积相预测、岩性与流体识别，气藏地质建模与数值模拟及剩余气藏预测等。

　　本书可供石油物探、石油地质、油藏工程等专业技术人员和高等院校相关专业师生参考。

图书在版编目（CIP）数据

九分量三维地震理论和应用／邓志文等著 . —北京：科学出版社，2024.12
ISBN 978-7-03-074364-0

Ⅰ . ①九… Ⅱ . ①邓… Ⅲ . ①三维地震法–研究 Ⅳ . ①P631.4

中国版本图书馆 CIP 数据核字（2022）第 249243 号

责任编辑：王　运　柴良木／责任校对：何艳萍
责任印制：赵　博／封面设计：图阅盛世

科 学 出 版 社 出版
北京东黄城根北街 16 号
邮政编码：100717
http://www.sciencep.com

北京建宏印刷有限公司印刷
科学出版社发行　各地新华书店经销
*

2024 年 12 月第 一 版　开本：787×1092　1/16
2025 年 4 月第二次印刷　印张：16 1/4
字数：385 000

定价：**228.00 元**
（如有印装质量问题，我社负责调换）

《九分量三维地震理论和应用》编写组

组　　长： 邓志文　张少华

副 组 长： 岳媛媛　王　岩　倪宇东

编写人员：

许静怡	刘　洋	冯发全	潘婷婷	王秀松
闫智慧	王海立	吴永国	公　亭	张　妍
蒽晓宇	李道善	聂红梅	张文波	高宪伟
蔡银涛	张婷婷	王　洁	林吉祥	温中林
李积永	赵志强	陈义景	刘志刚	郝　磊
陈志刚	邹雪峰	王瑞贞	蓝益军	邬　龙
王九拴	何宝庆	夏建军	张秀丽	秦　鑫
李海东	袁胜辉	杨　军	张万福	杨　静
荆　英	杜中东	邹　振	张铁强	赵　剑
贺　涌	吴　丹	李　凯	郭继茹	李建华
孙德胜	杨　鑫	朱俊诚	杨　凯	项燚伟
敬　伟	张勇年	刘俊丰	柴小颖	管　璐

前　言

随着油气勘探领域的不断拓展，油气勘探的难度不断加大，我国油气勘探开发进入新的重要历史时期，中浅层岩性油气藏、非常规油气藏及成熟区挖潜等是油气增储上产的重点方向。我们需要更加精细和先进的地震勘探技术来提高找油找气的准确性和效率。九分量三维地震勘探技术作为一种具有潜力的新技术，相较于传统纵波地震勘探方法，具有更多分量的数据，包括纵波数据、横波数据及各类转换波数据。各类数据对不同储层及流体的响应特征不同。例如，横波与纵波相比，具有传播速度低，只在岩石骨架中传播，在各向异性介质中发生横波分裂的特征。因此九分量三维（3D9C）地震勘探技术对解决中浅层地质问题具有以下四个方面的优势：横波几乎不受流体影响，可以准确刻画中浅层气云区地质构造形态；分辨率比纵波高，可以提高到纵波的 1.5 倍以上，识别 3~5m 断距的断层、3~8m 厚度的储层；利用横波的分裂的特性，可以预测裂缝带裂缝发育强度和主体方向；横波结合纵波多信息应用，可以使我们获取更详细的地层信息，包括岩性、物性和流体等。这些信息能够提高油藏建模和剩余油气分布范围预测精度，提高钻探成功率，对于油气田资源勘探和开发具有重要的意义。

九分量三维地震勘探技术是一种油气勘探的新方法，在未来的油气勘探中，九分量三维地震勘探将发挥越来越重要的作用。首先，九分量三维地震勘探技术能为油气勘探提供更高效、更精确的勘探方法，可以更精准地确定地层中的断层和构造形态，同时获取更详细的地层信息。这些信息可以提高找油找气的准确性和效率。其次，九分量三维地震勘探技术可以应用于各种复杂的地质环境，包括低渗透、深层、海洋和非常规领域。通过与其他先进技术的结合，我们可以更好地理解和研究地下地质情况，提高找油找气的准确性和效率，为油气勘探的可持续发展提供强有力的支持。最后，九分量三维地震勘探技术的应用可以提高油气田开发的效率和可持续性。通过对地下地层的精确分析和反演，可以更好地了解油气田的储量和开发前景，为油气田的可持续发展提供重要的技术支持。总之，九分量三维地震勘探技术的前景广阔，其意义不仅在于提高油气勘探的准确性和效率，更在于推动地震勘探技术的发展和促进油气田的可持续发展。随着技术的不断进步和应用范围的不断扩展，九分量三维地震勘探技术将在未来的油气勘探中发挥越来越重要的作用。

本书共分为五章。各章内容简述如下。

第一章主要介绍了地层介质地震波传播理论。第一节介绍了各向同性介质基本原理及数值模拟；第二节介绍了各向异性介质基本原理及数值模拟；第三节介绍了双相介质基本原理及数值模拟；第四节介绍了黏弹性介质基本原理及数值模拟。这一章为后续地震数据处理和解释提供了理论基础。

第二章主要介绍了地震资料采集技术。第一节介绍了激发装备及技术；第二节介绍了观测系统参数论证；第三节介绍了高效 P、S 波观测系统及实施；第四节介绍了横波表层调查及横波静校正技术。这一章为后续的地震资料处理提供了高品质的原始资料。

　　第三章主要介绍了 3D9C 地震数据矢量处理。第一节介绍了方位各向异性介质 2D9C 地震波场特征；第二节介绍了方位各向同性介质 3D9C 地震波场特征及矢量处理；第三节介绍了方位各向异性介质 3D9C 地震波场特征；第四节介绍了判断裂缝方向是否随深度变化；第五节介绍了方位各向异性介质四分量纯横波矢量处理；第六节介绍了方位各向异性介质 SP 波矢量处理；第七节介绍了可控震源施工因素对 9C 地震数据的影响及处理方法；第八节介绍了 3D6C 纯横波矢量处理。这一章为后续的地震资料解释提供了处理基础。

　　第四章主要介绍了多波地震资料解释技术。第一节介绍了多波地震资料评价技术；第二节介绍了纵横波联合标定与匹配技术；第三节介绍了多波联合解释技术；第四节介绍了沉积相分析；第五节介绍了多波反演技术；第六节介绍了储层预测技术；第七节介绍了纵横波联合流体预测技术。这些技术实现了气云区精细构造描述、储层预测与流体预测。

　　第五章主要介绍了气藏地质建模与数值模拟。第一节介绍了气藏地质建模技术，详细介绍了地震建模的方法和技术，包括构造建模和属性建模等；第二节介绍了气藏数值模拟技术，详细介绍了数值模拟的计算和应用，包括动态分析、数值模拟及历史拟合等。这些技术和方法为气藏的剩余气的预测提供了重要的支持和参考。

　　全文由邓志文、张少华提出编写思路并组织编写，具体分工为：前言由邓志文、张少华、王岩编写；第一章由许静怡、刘洋、邓志文、张少华等编写；第二章由邓志文、张少华、倪宇东、闫智慧、王海立、冯发全、吴永国、邬龙、王瑞贞、蓝益军、何宝庆、夏建军、张秀丽、秦鑫、李海东、袁胜辉、刘志刚、郝磊等编写；第三章由岳媛媛、邓志文、张少华、王秀松、公亭、张妍、高宪伟、张文波、李道善、杨军、赵志强、赵剑、贺涌等编写；第四章由王岩、邓志文、�晓宇、张婷婷、王洁、陈志刚、林吉祥、王九拴、吴丹、李建华、温中林、李积永等编写；第五章由潘婷婷、蔡银涛、李凯、杨鑫、朱俊诚、刘俊丰、项燚伟、柴小颖、敬伟、张勇年、管璐等编写；全书审稿由邓志文、张少华、岳媛媛、王岩、倪宇东完成，全书定稿由邓志文、张少华完成。

　　衷心感谢中国石油集团东方地球物理勘探有限责任公司、中国石油集团科技部、中国石油天然气股份有限公司青海油田分公司的苟量、罗凯、张玮、曹宏、冯许魁、于宝利、张建军、金鼎、宋强弓、白旭明、安培君、尹吴海、史建民、黄永平、罗文山、苏卫民、王小鲁、柳金城、杨少勇、孙鹏远、王传武等领导及专家在本书的编写和研究过程中给予的指导和帮助。

　　本书定有不足之处，热诚希望广大读者提出批评指正意见。

目 录

第一章 地层介质地震波传播理论

第一节 各向同性介质

一、基本原理

根据弹性波动力学相关理论，从应力表示的动力学平衡方程出发（应力运动方程），位移与应力的关系可以表示为

$$\begin{cases} \rho\,\dfrac{\partial u}{\partial t^2} = \dfrac{\partial \sigma_{xx}}{\partial x} + \dfrac{\partial \tau_{xy}}{\partial y} + \dfrac{\partial \tau_{xz}}{\partial z} + f_x \\[2mm] \rho\,\dfrac{\partial v}{\partial t^2} = \dfrac{\partial \tau_{yx}}{\partial x} + \dfrac{\partial \sigma_{yy}}{\partial y} + \dfrac{\partial \tau_{yz}}{\partial z} + f_y \\[2mm] \rho\,\dfrac{\partial w}{\partial t^2} = \dfrac{\partial \tau_{zx}}{\partial x} + \dfrac{\partial \tau_{zy}}{\partial y} + \dfrac{\partial \sigma_{zz}}{\partial z} + f_z \end{cases} \tag{1-1-1}$$

式中，ρ 为弹性体密度；u、v 和 w 分别为不同方向的位移；$\sigma_{ii}(i=x,\ y,\ z)$ 为正应力；τ_{ij} $(i,\ j=x,\ y,\ z)$ 为切应力；$f_i(i=x,\ y,\ z)$ 为正应力。假设微小形变条件下，各向同性介质中的应变–位移关系满足 Cauchy 几何方程如下：

$$\begin{cases} e_{xx} = \dfrac{\partial u_x}{\partial x}, e_{xy} = e_{yx} = \dfrac{1}{2}\left(\dfrac{\partial u_y}{\partial x} + \dfrac{\partial u_x}{\partial y}\right) \\[3mm] e_{yy} = \dfrac{\partial u_y}{\partial y}, e_{yz} = e_{yy} = \dfrac{1}{2}\left(\dfrac{\partial u_y}{\partial z} + \dfrac{\partial u_z}{\partial y}\right) \\[3mm] e_{zz} = \dfrac{\partial u_z}{\partial z}, e_{xz} = e_{zx} = \dfrac{1}{2}\left(\dfrac{\partial u_x}{\partial z} + \dfrac{\partial u_z}{\partial x}\right) \end{cases} \tag{1-1-2}$$

式中，e_{xx}、e_{yy} 和 e_{zz} 为正应变；e_{xy}、e_{xz} 和 e_{yz} 为切应变。根据弹性波动理论的广义胡克（Hooke）定律，在弹性限度以内，物体的形变与引起该形变的外力成正比，即

$$\boldsymbol{\sigma} = \boldsymbol{C}\boldsymbol{e} \tag{1-1-3}$$

式中，$\boldsymbol{\sigma}$ 为质点所受的应力；$\boldsymbol{C}$ 为弹性介质的刚度矩阵；$\boldsymbol{e}$ 为质点在应力 $\boldsymbol{\sigma}$ 作用下产生的应变。对于三维任意各向异性介质，有

$$\boldsymbol{\sigma} = \begin{bmatrix} \sigma_{xx} \\ \sigma_{yy} \\ \sigma_{zz} \\ \sigma_{yz} \\ \sigma_{xz} \\ \sigma_{xy} \end{bmatrix}, \boldsymbol{e} = \begin{bmatrix} e_{xx} \\ e_{yy} \\ e_{zz} \\ e_{yz} \\ e_{xz} \\ e_{xy} \end{bmatrix}, \boldsymbol{C} = \begin{bmatrix} c_{11} & c_{12} & c_{13} & c_{14} & c_{15} & c_{16} \\ c_{12} & c_{22} & c_{23} & c_{24} & c_{25} & c_{26} \\ c_{13} & c_{23} & c_{33} & c_{34} & c_{35} & c_{36} \\ c_{14} & c_{24} & c_{34} & c_{44} & c_{45} & c_{46} \\ c_{15} & c_{25} & c_{35} & c_{45} & c_{55} & c_{56} \\ c_{16} & c_{26} & c_{36} & c_{46} & c_{56} & c_{66} \end{bmatrix}$$

于是得到三维任意各向异性介质中的胡克定律为

$$\begin{bmatrix} \sigma_{xx} \\ \sigma_{yy} \\ \sigma_{zz} \\ \sigma_{yz} \\ \sigma_{xz} \\ \sigma_{xy} \end{bmatrix} = \begin{bmatrix} c_{11} & c_{12} & c_{13} & c_{14} & c_{15} & c_{16} \\ c_{12} & c_{22} & c_{23} & c_{24} & c_{25} & c_{26} \\ c_{13} & c_{23} & c_{33} & c_{34} & c_{35} & c_{36} \\ c_{14} & c_{24} & c_{34} & c_{44} & c_{45} & c_{46} \\ c_{15} & c_{25} & c_{35} & c_{45} & c_{55} & c_{56} \\ c_{16} & c_{26} & c_{36} & c_{46} & c_{56} & c_{66} \end{bmatrix} \cdot \begin{bmatrix} e_{xx} \\ e_{yy} \\ e_{zz} \\ e_{yz} \\ e_{xz} \\ e_{xy} \end{bmatrix} \qquad (1\text{-}1\text{-}4)$$

以质点振动的速度分量 $v_x = \dfrac{\partial u}{\partial t}$、$v_y = \dfrac{\partial v}{\partial t}$、$v_z = \dfrac{\partial w}{\partial t}$ 分别替换位移分量 u、v、w，结合运动平衡微分方程、物理方程和几何方程，可以得到三维任意各向异性介质中的一阶应力速度弹性波动方程为

$$\begin{cases} \rho \dfrac{\partial v_x}{\partial t} = \dfrac{\partial \sigma_{xx}}{\partial x} + \dfrac{\partial \tau_{xy}}{\partial y} + \dfrac{\partial \tau_{xz}}{\partial z} + \rho f_x \\[2mm] \rho \dfrac{\partial v_y}{\partial t} = \dfrac{\partial \tau_{yx}}{\partial x} + \dfrac{\partial \sigma_{yy}}{\partial y} + \dfrac{\partial \tau_{yz}}{\partial z} + \rho f_y \\[2mm] \rho \dfrac{\partial v_z}{\partial t} = \dfrac{\partial \tau_{zx}}{\partial x} + \dfrac{\partial \tau_{zy}}{\partial y} + \dfrac{\partial \sigma_{zz}}{\partial z} + \rho f_z \end{cases} \qquad (1\text{-}1\text{-}5)$$

$$\frac{\partial \sigma_{xx}}{\partial t} = c_{11}\frac{\partial v_x}{\partial x} + c_{12}\frac{\partial v_y}{\partial y} + c_{13}\frac{\partial v_z}{\partial z} + c_{14}\left(\frac{\partial v_y}{\partial z} + \frac{\partial v_z}{\partial y}\right) + c_{15}\left(\frac{\partial v_x}{\partial z} + \frac{\partial v_z}{\partial x}\right) + c_{16}\left(\frac{\partial v_y}{\partial x} + \frac{\partial v_x}{\partial y}\right)$$

$$\frac{\partial \sigma_{yy}}{\partial t} = c_{12}\frac{\partial v_x}{\partial x} + c_{22}\frac{\partial v_y}{\partial y} + c_{23}\frac{\partial v_z}{\partial z} + c_{24}\left(\frac{\partial v_y}{\partial z} + \frac{\partial v_z}{\partial y}\right) + c_{25}\left(\frac{\partial v_x}{\partial z} + \frac{\partial v_z}{\partial x}\right) + c_{26}\left(\frac{\partial v_y}{\partial x} + \frac{\partial v_x}{\partial y}\right)$$

$$\frac{\partial \sigma_{zz}}{\partial t} = c_{13}\frac{\partial v_x}{\partial x} + c_{23}\frac{\partial v_y}{\partial y} + c_{33}\frac{\partial v_z}{\partial z} + c_{34}\left(\frac{\partial v_y}{\partial z} + \frac{\partial v_z}{\partial y}\right) + c_{35}\left(\frac{\partial v_x}{\partial z} + \frac{\partial v_z}{\partial x}\right) + c_{36}\left(\frac{\partial v_y}{\partial x} + \frac{\partial v_x}{\partial y}\right)$$

$$\frac{\partial \sigma_{yz}}{\partial t} = c_{14}\frac{\partial v_x}{\partial x} + c_{24}\frac{\partial v_y}{\partial y} + c_{34}\frac{\partial v_z}{\partial z} + c_{44}\left(\frac{\partial v_y}{\partial z} + \frac{\partial v_z}{\partial y}\right) + c_{45}\left(\frac{\partial v_x}{\partial z} + \frac{\partial v_z}{\partial x}\right) + c_{46}\left(\frac{\partial v_y}{\partial x} + \frac{\partial v_x}{\partial y}\right)$$

$$\frac{\partial \sigma_{xz}}{\partial t} = c_{15}\frac{\partial v_x}{\partial x} + c_{25}\frac{\partial v_y}{\partial y} + c_{35}\frac{\partial v_z}{\partial z} + c_{45}\left(\frac{\partial v_y}{\partial z} + \frac{\partial v_z}{\partial y}\right) + c_{55}\left(\frac{\partial v_x}{\partial z} + \frac{\partial v_z}{\partial x}\right) + c_{56}\left(\frac{\partial v_y}{\partial x} + \frac{\partial v_x}{\partial y}\right)$$

$$\frac{\partial \sigma_{xy}}{\partial t} = c_{16}\frac{\partial v_x}{\partial x} + c_{25}\frac{\partial v_y}{\partial y} + c_{36}\frac{\partial v_z}{\partial z} + c_{46}\left(\frac{\partial v_y}{\partial z} + \frac{\partial v_z}{\partial y}\right) + c_{56}\left(\frac{\partial v_x}{\partial z} + \frac{\partial v_z}{\partial x}\right) + c_{66}\left(\frac{\partial v_y}{\partial x} + \frac{\partial v_x}{\partial y}\right)$$

（一）一阶速度–应力方程

如果地下介质上的任意平面都是一个对称面，同时在任意方向上弹性波的弹性特征都

是相同的，那么我们称这种介质是各向同性（isotropy）介质，地质含义可以理解为某一地质时期中均匀沉积的沉积岩层，地下岩层的结构组成是均一的，任意方向上弹性波的弹性性质是相同的。各向同性介质模型是目前位置应用最为广泛的地球物理模型，其弹性的刚量矩阵为

$$
\boldsymbol{C} = \begin{bmatrix} c_{11} & c_{12} & c_{12} & 0 & 0 & 0 \\ c_{12} & c_{11} & c_{12} & 0 & 0 & 0 \\ c_{12} & c_{12} & c_{11} & 0 & 0 & 0 \\ 0 & 0 & 0 & c_{44} & 0 & 0 \\ 0 & 0 & 0 & 0 & c_{44} & 0 \\ 0 & 0 & 0 & 0 & 0 & c_{44} \end{bmatrix} \tag{1-1-6}
$$

一般是通过拉梅（Lame）常数 λ 和 μ 形式来表示在各向同性介质中的弹性刚度矩阵：

$$
\boldsymbol{C} = \begin{bmatrix} \lambda+2\mu & \lambda & \lambda & 0 & 0 & 0 \\ \lambda & \lambda+2\mu & \lambda & 0 & 0 & 0 \\ \lambda & \lambda & \lambda+2\mu & 0 & 0 & 0 \\ 0 & 0 & 0 & \mu & 0 & 0 \\ 0 & 0 & 0 & 0 & \mu & 0 \\ 0 & 0 & 0 & 0 & 0 & \mu \end{bmatrix} \tag{1-1-7}
$$

因此，可以得到三维各向同性介质关于速度和应力的一阶波动方程组为

$$
\begin{cases}
\rho \dfrac{\partial v_x}{\partial t} = \dfrac{\partial \sigma_{xx}}{\partial x} + \dfrac{\partial \tau_{xy}}{\partial y} + \dfrac{\partial \tau_{xz}}{\partial z} \\[2mm]
\rho \dfrac{\partial v_y}{\partial t} = \dfrac{\partial \tau_{yx}}{\partial x} + \dfrac{\partial \sigma_{yy}}{\partial y} + \dfrac{\partial \tau_{yz}}{\partial z} \\[2mm]
\rho \dfrac{\partial v_z}{\partial t} = \dfrac{\partial \tau_{zx}}{\partial x} + \dfrac{\partial \tau_{zy}}{\partial y} + \dfrac{\partial \sigma_z}{\partial z} \\[2mm]
\dfrac{\partial \sigma_{xx}}{\partial t} = \lambda\left(\dfrac{\partial v_x}{\partial x} + \dfrac{\partial v_y}{\partial y} + \dfrac{\partial v_z}{\partial z}\right) + 2\mu \dfrac{\partial v_x}{\partial x} \\[2mm]
\dfrac{\partial \sigma_{yy}}{\partial t} = \lambda\left(\dfrac{\partial v_x}{\partial x} + \dfrac{\partial v_y}{\partial y} + \dfrac{\partial v_z}{\partial z}\right) + 2\mu \dfrac{\partial v_y}{\partial y} \\[2mm]
\dfrac{\partial \sigma_{zz}}{\partial t} = \lambda\left(\dfrac{\partial v_x}{\partial x} + \dfrac{\partial v_y}{\partial y} + \dfrac{\partial v_z}{\partial z}\right) + 2\mu \dfrac{\partial v_z}{\partial z} \\[2mm]
\dfrac{\partial \tau_{yz}}{\partial t} = \mu\left(\dfrac{\partial v_z}{\partial y} + \dfrac{\partial v_y}{\partial z}\right) \\[2mm]
\dfrac{\partial \tau_{xz}}{\partial t} = \mu\left(\dfrac{\partial v_x}{\partial z} + \dfrac{\partial v_z}{\partial x}\right) \\[2mm]
\dfrac{\partial \tau_{xy}}{\partial t} = \mu\left(\dfrac{\partial v_x}{\partial y} + \dfrac{\partial v_y}{\partial x}\right)
\end{cases} \tag{1-1-8}
$$

若关于 y 的偏导数为 0，可以得到二维三分量各向同性介质关于速度和应力的一阶波动方程组：

$$
\begin{cases}
\rho\,\dfrac{\partial v_x}{\partial t}=\dfrac{\partial \sigma_{xx}}{\partial x}+\dfrac{\partial \tau_{xy}}{\partial y}+\dfrac{\partial \tau_{xz}}{\partial z} \\[2mm]
\rho\,\dfrac{\partial v_y}{\partial t}=\dfrac{\partial \tau_{yx}}{\partial x}+\dfrac{\partial \sigma_{yy}}{\partial y}+\dfrac{\partial \tau_{yz}}{\partial z} \\[2mm]
\rho\,\dfrac{\partial v_z}{\partial t}=\dfrac{\partial \tau_{zx}}{\partial x}+\dfrac{\partial \tau_{zy}}{\partial y}+\dfrac{\partial \sigma_z}{\partial z} \\[2mm]
\dfrac{\partial \sigma_{xx}}{\partial t}=\lambda\left(\dfrac{\partial v_x}{\partial x}+\dfrac{\partial v_y}{\partial y}+\dfrac{\partial v_z}{\partial z}\right)+2\mu\,\dfrac{\partial v_x}{\partial x} \\[2mm]
\dfrac{\partial \sigma_{zz}}{\partial t}=\lambda\left(\dfrac{\partial v_x}{\partial x}+\dfrac{\partial v_y}{\partial y}+\dfrac{\partial v_z}{\partial z}\right)+2\mu\,\dfrac{\partial v_z}{\partial z} \\[2mm]
\dfrac{\partial \tau_{yz}}{\partial t}=\mu\left(\dfrac{\partial v_z}{\partial y}+\dfrac{\partial v_y}{\partial z}\right) \\[2mm]
\dfrac{\partial \tau_{xz}}{\partial t}=\mu\left(\dfrac{\partial v_x}{\partial z}+\dfrac{\partial v_z}{\partial x}\right) \\[2mm]
\dfrac{\partial \tau_{xy}}{\partial t}=\mu\left(\dfrac{\partial v_x}{\partial y}+\dfrac{\partial v_y}{\partial x}\right)
\end{cases}
\tag{1-1-9}
$$

（二）震源加载

1. 震源函数

震源函数一般既是时变的也是空变的，时变的部分一般是震源子波，而空变的部分一般为一个与其到震源中心点距离成反比的衰减函数。地震子波是指震源爆炸后一段时间，尖脉冲传播基本稳定以后的波形。较常用的地震子波有里克子波、高斯子波及其导数等，本书震源函数选择里克子波与空间衰减函数的乘积：

$$
f(x,y,z,t)=\mathrm{e}^{-\sqrt{\alpha^2\left[(x-x_0)^2+(y-y_0)^2+(z-z_0)^2\right]}}\cdot\left[1-2(\pi f_\mathrm{p}t)^2\right]\mathrm{e}^{-(\pi f_\mathrm{p}t)^2}
\tag{1-1-10}
$$

式中，$(x_0,\ y_0,\ z_0)$ 为震源中心坐标；f_p 为里克子波主频；α 为衰减系数。

对于二维情况，震源函数为

$$
f(x,y,z,t)=\mathrm{e}^{-\sqrt{\alpha^2\left[(x-x_0)^2+(z-z_0)^2\right]}}\cdot\left[1-2(\pi f_\mathrm{p}t)^2\right]\mathrm{e}^{-(\pi f_\mathrm{p}t)^2}
\tag{1-1-11}
$$

2. 震源加载方式

合理地选择震源类型对于不同的正演目的有重要的意义。一般来说，震源包括胀缩源、剪切源、等能量源和集中力源。在各向同性均匀介质中，这四类震源分别激发纯纵波、纯横波、等能量的纵横波、在某一方向能量最强的纵横波。下面讨论胀缩源和剪切源的加载方式。

1）纵波震源

胀缩源的原理是在震源点加上一径向压力，压力从震源指向四周，使得质点的振动方向与压力方向一致。随着波动从震源发出，向四周传播，介质的振动方向也指向四周，与波动传播方向相同，且只产生纵波（全红娟等，2012）。

以二维情况为例，设胀缩源源函数为

$$S_{\mathrm{p}} = \nabla f = \frac{\partial f}{\partial x}i + \frac{\partial f}{\partial z}k \tag{1-1-12}$$

将其加入弹性波动方程中，有

$$\begin{cases} \rho\dfrac{\partial v_x}{\partial t} = \dfrac{\partial(\sigma_{xx}+f)}{\partial x} + \dfrac{\partial \tau_{xz}}{\partial z} \\ \rho\dfrac{\partial v_z}{\partial t} = \dfrac{\partial \tau_{zx}}{\partial x} + \dfrac{\partial(\sigma_{zz}+f)}{\partial z} \end{cases} \tag{1-1-13}$$

即将相同应力同时加载到 x、z 方向的正应力上，就可以激发胀缩波（纯纵波）。

对于三维情况，利用相同的原理，可以知道胀缩源源函数为

$$S_{\mathrm{p}} = \nabla f = \frac{\partial f}{\partial x}i + \frac{\partial f}{\partial y}j + \frac{\partial f}{\partial z}k \tag{1-1-14}$$

其在弹性波动方程中的加载方式为

$$\begin{cases} \rho\dfrac{\partial v_x}{\partial t} = \dfrac{\partial(\sigma_{xx}+f)}{\partial x} + \dfrac{\partial \tau_{xy}}{\partial y} + \dfrac{\partial \tau_{xz}}{\partial z} \\ \rho\dfrac{\partial v_y}{\partial t} = \dfrac{\partial \tau_{yx}}{\partial x} + \dfrac{\partial(\sigma_{yy}+f)}{\partial y} + \dfrac{\partial \tau_{yz}}{\partial z} \\ \rho\dfrac{\partial v_z}{\partial t} = \dfrac{\partial \tau_{zx}}{\partial x} + \dfrac{\partial \tau_{zy}}{\partial y} + \dfrac{\partial(\sigma_{zz}+f)}{\partial z} \end{cases} \tag{1-1-15}$$

2）剪切源

胀缩源是通过求散度的方式得到的，对于剪切源，可以通过求旋度的方法来实现。剪切源产生的压力与波传播方向垂直，具体地说，压力的方向是与波前面相切的，这使得波动在从震源向四周传播的过程中，介质的振动方向总是与波传播方向垂直，即只产生纯横波。

设剪切源源函数为

$$S_{\mathrm{s}} = \nabla \times f = \begin{vmatrix} i & j & k \\ \dfrac{\partial}{\partial x} & \dfrac{\partial}{\partial y} & \dfrac{\partial}{\partial z} \\ f_x & f_x & f_x \end{vmatrix} = \left(\frac{\partial f_z}{\partial y} - \frac{\partial f_y}{\partial z}\right)i + \left(\frac{\partial f_x}{\partial z} - \frac{\partial f_z}{\partial x}\right)j + \left(\frac{\partial f_y}{\partial x} - \frac{\partial f_x}{\partial y}\right)k \tag{1-1-16}$$

将其加入弹性波动方程中，有

$$\begin{cases} \rho\dfrac{\partial v_x}{\partial t} = \dfrac{\partial \sigma_{xx}}{\partial x} + \dfrac{\partial(\tau_{xy}+f_z)}{\partial y} + \dfrac{\partial(\tau_{xz}-f_y)}{\partial z} \\ \rho\dfrac{\partial v_y}{\partial t} = \dfrac{\partial(\tau_{yx}-f_z)}{\partial x} + \dfrac{\partial \sigma_{yy}}{\partial y} + \dfrac{\partial(\tau_{yz}+f_x)}{\partial z} \\ \rho\dfrac{\partial v_z}{\partial t} = \dfrac{\partial(\tau_{zx}+f_y)}{\partial x} + \dfrac{\partial(\tau_{zy}-f_x)}{\partial y} + \dfrac{\partial \sigma_{zz}}{\partial z} \end{cases} \tag{1-1-17}$$

对于二维情况，剪切源源函数为

$$S_{\mathrm{s}} = \frac{\partial f_y}{\partial z}i + \frac{\partial f_y}{\partial x}k \tag{1-1-18}$$

其在弹性波动方程中的加载方式为

$$\begin{cases} \rho\,\dfrac{\partial v_x}{\partial t} = \dfrac{\partial \sigma_{xx}}{\partial x} + \dfrac{\partial(\tau_{xz}-f_y)}{\partial z} \\[3mm] \rho\,\dfrac{\partial v_z}{\partial t} = \dfrac{\partial(\tau_{zx}+f_y)}{\partial x} + \dfrac{\partial \sigma_{zz}}{\partial z} \end{cases} \qquad (1\text{-}1\text{-}19)$$

二、数值模拟

（一）2D 波场模拟

1. 均匀模型

图 1-1-1 为二维三分量各向同性介质波场快照，从左到右分别是 x 分量、y 分量和 z 分量波场快照，从上到下分别激发 P 波震源、SV 波震源和 SH 波震源。

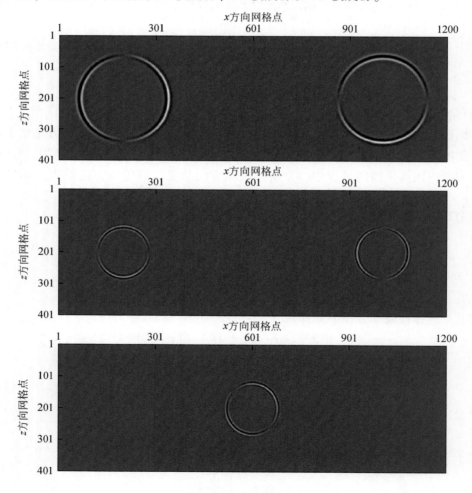

图 1-1-1　二维三分量各向同性介质波场快照

2. 水平层状模型

在水平层状介质中进行正演模拟，表 1-1-1 为二维各向同性介质模型弹性参数。二维模型大小 2000m×2000m，网格间距 5.0m×5.0m，网格维度 400×400。时间采样间隔 0.5ms，记录时长 1.8s。震源函数为里克子波，主频 30Hz。混合吸收边界层数为 50 层，优化有限差分阶数为 20 阶。在各向同性介质中分别模拟 P 波震源、SV 波震源和 SH 波震源激发，获得对应的 x 分量、y 分量和 z 分量地震记录。地震记录如图 1-1-2 所示。地震波传播至反射界面后会产生 P 波和 S 波。图 1-1-2 中标注了不同类型的地震波，大写字母表示下行波，小写字母表示上行波。从图 1-1-2（a）中可以清晰地看到直达 P 波、第二层顶界面反射波 Pp、第二层顶界面转换横波 Ps 和来自第二层底界面的反射波 PPpp 等。

表 1-1-1　二维各向同性介质模型弹性参数

层数	v_P/(m/s)	v_S/(m/s)	ρ/(g/cm³)
第一层	3000.00	1734.10	2.15
第二层	3500.00	1900.00	2.25
第三层	3200.00	1849.71	2.5

注：v_P、v_S 分别为纵波和横波速度，下同。

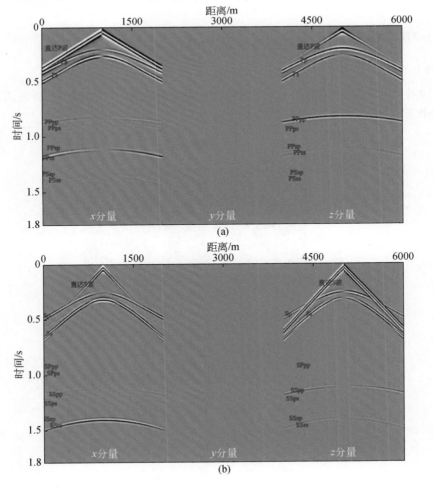

(a)

(b)

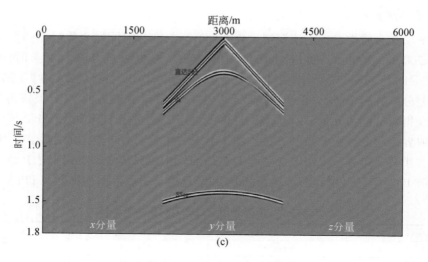

图 1-1-2　二维各向同性介质在水平层状模型中的地震记录
（a）激发 P 波震源地震记录；（b）激发 SV 波震源地震记录；
（c）激发 SH 波震源地震记录

（二）3D 波场模拟

1. 均匀模型

如图 1-1-3 ~ 图 1-1-5 所示，为三维各向同性介质激发 P 波震源、SV 波震源和 SH 波震源波场快照。

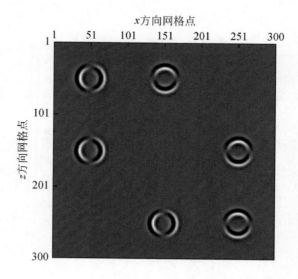

图 1-1-3　三维各向同性介质激发 P 波震源波场快照
从左到右分别是 x 分量、y 分量和 z 分量波场快照，从上到下分别是 xoy 平面、xoz 平面和 yoz 平面

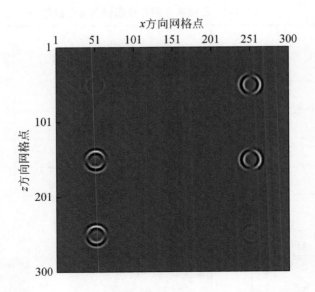

图 1-1-4 三维各向同性介质激发 SV 波震源波场快照

从左到右分别是 x 分量、y 分量和 z 分量波场快照，从上到下分别是 xoy 平面、xoz 平面和 yoz 平面

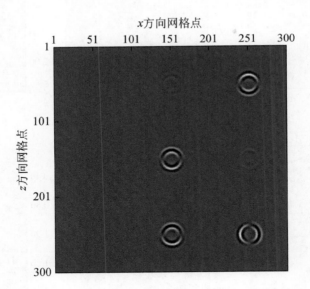

图 1-1-5 三维各向同性介质激发 SH 波震源波场快照

从左到右分别是 x 分量、y 分量和 z 分量波场快照，从上到下分别是 xoy 平面、xoz 平面和 yoz 平面

2. 水平层状模型

在水平层状介质中进行正演模拟，表 1-1-2 为三维各向同性介质模型弹性参数。图 1-1-6 ~ 图 1-1-8 为三维各向同性介质激发 P 波震源、SV 波震源和 SH 波震源地震记录。

表 1-1-2　三维各向同性介质模型弹性参数

层数	$v_P/(\text{m/s})$	$v_S/(\text{m/s})$	$\rho/(\text{g/cm}^3)$
第一层	1500.00	1000.10	2.1
第二层	1600.00	1100.00	2.6
第三层	1700.00	1200.00	3.6
第四层	1800.00	1300.00	5.0
第五层	2000.00	1500.00	9.9

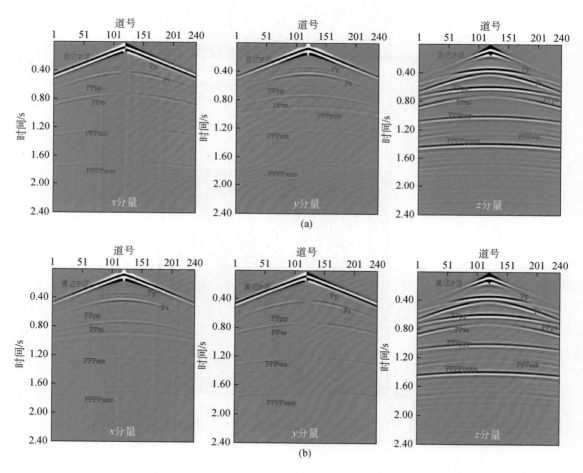

图 1-1-6　三维各向同性介质激发 P 波震源地震记录

（a）*xoy* 平面；（b）*yoz* 平面

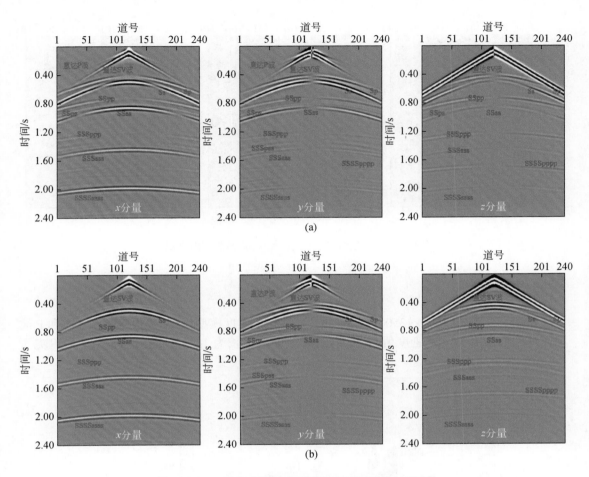

图 1-1-7 三维各向同性介质激发 SV 波震源地震记录

（a）*xoz* 平面；（b）*yoz* 平面

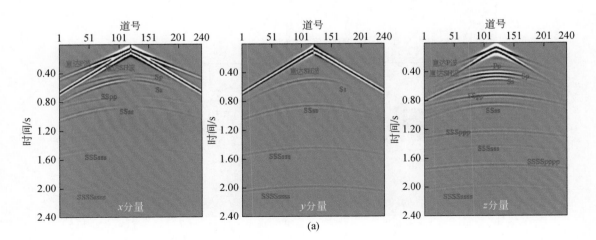

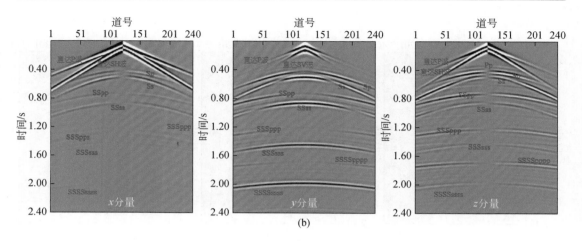

图 1-1-8　三维各向同性介质激发 SH 波震源地震记录

（a）*xoz* 平面；（b）*yoz* 平面

3. 三维盐丘模型

模型尺寸为 13500m×13500m×4180m。三维盐丘速度模型如图 1-1-9 所示。S 波和 P 波的速度比为 1/1.73。常密度值为 2600kg/m³。网格步长为 12.5m。主频 13.5Hz 的里克子

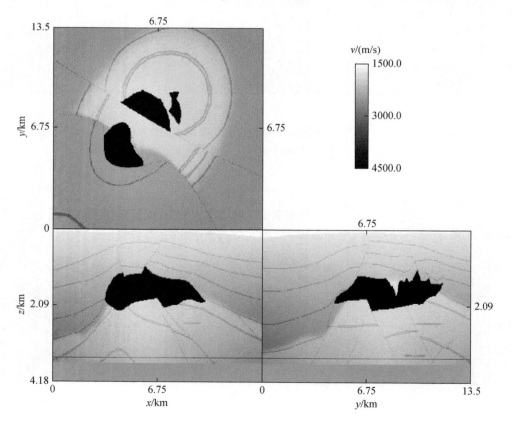

图 1-1-9　三维盐丘速度模型

波作为震源函数,加载在 x 速度分量上,震源位置为 (x, y, z) = (6750m,6750m,20m)。记录时长为4.0s。采用三维弹性波混合吸收边界条件压制人工边界反射,吸收边界层数为10个网格点。

图1-1-10为不同方法计算的关于 z 分量的局部地震记录图。检波点位置为 $x=0$ ~ 13500m, $y=7788.5$m, $z=20$m。

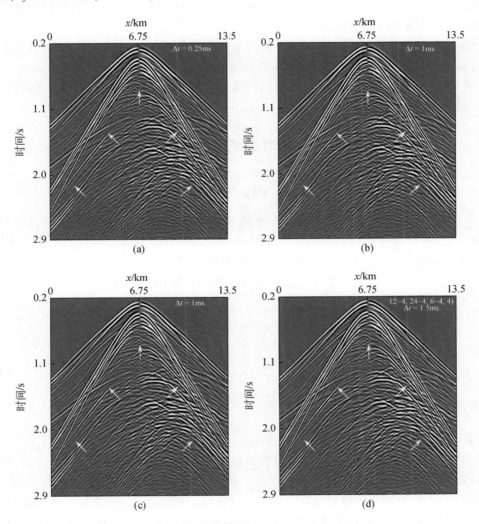

图1-1-10　三维盐丘模型中不同差分方法计算的地震记录

(a) 参考解;(b) 传统空间域差分方法;(c) 优化空间域差分方法;(d) 新的时间高阶时空域差分方法。(b) ~ (d) 采用解耦方程计算。(b) 和 (c) 中,P波算子长度为 $M=6$,S波算子长度为 $M=12$。(d) 中,对于速度变化从 1500m/s 到 4481m/s 的 P波,算子 M_1 的长度从6到2,算子 N_1 的长度从3到2。对于速度变化从 867m/s 到 2591m/s 的 S波,算子 M_1 的长度从12到2,算子 N_1 的长度为2

第二节　各向异性介质

　　各向异性是指介质的物理性质随着方向的变化而变化。众所周知，地下介质广泛存在各向异性特征，而随着社会对油气资源的需求越来越大，具有各向异性特征的裂缝型油气藏逐渐成为研究的热点领域。因此，研究地震波在各向异性介质中的传播及其响应特征对于勘探此类油气藏具有重要的意义。

　　通常，裂缝的定向排列、各向同性薄互层都会引起横向各向同性。横向各向同性介质大致可以分为三类：具有水平对称轴的横向各向同性（horizontal transversely isotropic，HTI）介质、具有垂直对称轴的横向各向同性（vertical transversely isotropic，VTI）介质、具有倾斜对称轴的横向各向同性（tilted transversely isotropic，TTI）介质。

一、基本原理

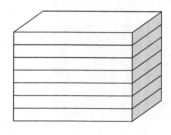

图 1-2-1　VTI 介质示意图

（一）VTI 介质

　　VTI 介质是目前研究最为广泛的横向各向同性介质之一。周期性薄互层（periodical thin layer，PTL）及平行排列的具有垂直对称轴的裂缝都可能导致这种横向各向同性的产生。VTI 介质的示意图如图 1-2-1 所示。

　　其弹性参数矩阵为

$$C = \begin{bmatrix} c_{11} & c_{12} & c_{13} & 0 & 0 & 0 \\ c_{12} & c_{11} & c_{13} & 0 & 0 & 0 \\ c_{13} & c_{13} & c_{33} & 0 & 0 & 0 \\ 0 & 0 & 0 & c_{44} & 0 & 0 \\ 0 & 0 & 0 & 0 & c_{44} & 0 \\ 0 & 0 & 0 & 0 & 0 & c_{66} \end{bmatrix} \qquad (1\text{-}2\text{-}1)$$

　　VTI 介质的独立参数是 5 个，分别为 c_{11}、c_{13}、c_{33}、c_{44}、c_{66}，而 $c_{12} = c_{11} - 2c_{66}$。

　　由于弹性参数矩阵的表现形式并没有明确的物理意义，Thomsen（1986）提出了一套物理意义明确的表征介质弹性性质的参数，对于 VTI 介质有 α_0、β_0、γ、δ、ε 等 5 个参数，其中 α_0、β_0 分别表示沿对称轴方向的纵波速度、横波速度，γ 为影响横波各向异性或横波分裂强度的参数，δ 为变异参数，ε 为影响纵波各向异性强度的参数，它们与 VTI 介质弹性参数矩阵中参数的关系为（Thomsen，1986）

$$\begin{cases} \alpha_0 = \sqrt{c_{33}/\rho} \\ \beta_0 = \sqrt{c_{44}/\rho} \\ \varepsilon = \dfrac{c_{11} - c_{33}}{2c_{33}} \\ \delta = \dfrac{(c_{13} + c_{44})^2 - (c_{33} - c_{44})^2}{2c_{33}(c_{33} - c_{44})} \end{cases} \qquad (1\text{-}2\text{-}2)$$

因此，三维 VTI 介质关于速度和应力的一阶波动方程组为

$$\begin{cases} \rho\dfrac{\partial v_x}{\partial t}=\dfrac{\partial \sigma_{xx}}{\partial x}+\dfrac{\partial \tau_{xy}}{\partial y}+\dfrac{\partial \tau_{xz}}{\partial z}+\rho f_x \\[2mm] \rho\dfrac{\partial v_y}{\partial t}=\dfrac{\partial \tau_{yx}}{\partial x}+\dfrac{\partial \sigma_{yy}}{\partial y}+\dfrac{\partial \tau_{yz}}{\partial z}+\rho f_y \\[2mm] \rho\dfrac{\partial v_z}{\partial t}=\dfrac{\partial \tau_{zx}}{\partial x}+\dfrac{\partial \tau_{zy}}{\partial y}+\dfrac{\partial \sigma_{zz}}{\partial z}+\rho f_z \\[2mm] \dfrac{\partial \sigma_{xx}}{\partial t}=c_{11}\dfrac{\partial v_x}{\partial x}+c_{12}\dfrac{\partial v_y}{\partial y}+c_{13}\dfrac{\partial v_z}{\partial z} \\[2mm] \dfrac{\partial \sigma_{yy}}{\partial t}=c_{12}\dfrac{\partial v_x}{\partial x}+c_{11}\dfrac{\partial v_y}{\partial y}+c_{13}\dfrac{\partial v_z}{\partial z} \\[2mm] \dfrac{\partial \sigma_{zz}}{\partial t}=c_{13}\dfrac{\partial v_x}{\partial x}+c_{13}\dfrac{\partial v_y}{\partial y}+c_{33}\dfrac{\partial v_z}{\partial z} \\[2mm] \dfrac{\partial \sigma_{yz}}{\partial t}=c_{44}\left(\dfrac{\partial v_y}{\partial z}+\dfrac{\partial v_z}{\partial y}\right) \\[2mm] \dfrac{\partial \sigma_{xz}}{\partial t}=c_{44}\left(\dfrac{\partial v_x}{\partial z}+\dfrac{\partial v_z}{\partial x}\right) \\[2mm] \dfrac{\partial \sigma_{xy}}{\partial t}=c_{66}\left(\dfrac{\partial v_y}{\partial x}+\dfrac{\partial v_x}{\partial y}\right) \end{cases} \tag{1-2-3}$$

若关于 y 的偏导数为 0，可以得到二维三分量 VTI 介质关于速度和应力的一阶波动方程组：

$$\begin{cases} \rho\dfrac{\partial v_x}{\partial t}=\dfrac{\partial \sigma_{xx}}{\partial x}+\dfrac{\partial \tau_{xy}}{\partial y}+\dfrac{\partial \tau_{xz}}{\partial z}+\rho f_x \\[2mm] \rho\dfrac{\partial v_y}{\partial t}=\dfrac{\partial \tau_{yx}}{\partial x}+\dfrac{\partial \sigma_{yy}}{\partial y}+\dfrac{\partial \tau_{yz}}{\partial z}+\rho f_y \\[2mm] \rho\dfrac{\partial v_z}{\partial t}=\dfrac{\partial \tau_{zx}}{\partial x}+\dfrac{\partial \tau_{zy}}{\partial y}+\dfrac{\partial \sigma_{zz}}{\partial z}+\rho f_z \\[2mm] \dfrac{\partial \sigma_{xx}}{\partial t}=c_{11}\dfrac{\partial v_x}{\partial x}+c_{12}\dfrac{\partial v_y}{\partial y}+c_{13}\dfrac{\partial v_z}{\partial z} \\[2mm] \dfrac{\partial \sigma_{zz}}{\partial t}=c_{13}\dfrac{\partial v_x}{\partial x}+c_{13}\dfrac{\partial v_y}{\partial y}+c_{33}\dfrac{\partial v_z}{\partial z} \\[2mm] \dfrac{\partial \sigma_{yz}}{\partial t}=c_{44}\left(\dfrac{\partial v_y}{\partial z}+\dfrac{\partial v_z}{\partial y}\right) \\[2mm] \dfrac{\partial \sigma_{xz}}{\partial t}=c_{44}\left(\dfrac{\partial v_x}{\partial z}+\dfrac{\partial v_z}{\partial x}\right) \\[2mm] \dfrac{\partial \sigma_{xy}}{\partial t}=c_{66}\left(\dfrac{\partial v_y}{\partial x}+\dfrac{\partial v_x}{\partial y}\right) \end{cases} \tag{1-2-4}$$

（二） HTI 介质

平行排列的垂直裂缝、微裂缝及微小孔洞都可能引起各向异性，形成各向异性介质。Crampin（1981）研究发现，方位各向异性广泛存在，并常与裂缝有关，横波在各向异性

介质中传播会发生横波分裂现象。通过研究横波分裂能量与时差等特性，可以确定裂缝发育方位、密度等信息。随后 Crampin（1984）提出一种模型，用具有水平对称轴的层状均匀各向同性介质来描述垂直平行裂缝。由于波在这种介质中的响应特征与该介质的方位角有关，Thomsen 等将其命名为扩容各向异性（extensive dilatancy anisotropic，EDA）介质。这种介质只有一个水平的旋转对称轴，垂直于该对称轴的面为各向同性均匀介质，即为一般所说的 HTI 介质，其示意图见图 1-2-2。

图 1-2-2　HTI 介质示意图

HTI 介质的弹性参数矩阵为

$$\boldsymbol{C} = \begin{bmatrix} c_{11} & c_{13} & c_{13} & 0 & 0 & 0 \\ c_{13} & c_{33} & c_{23} & 0 & 0 & 0 \\ c_{13} & c_{23} & c_{33} & 0 & 0 & 0 \\ 0 & 0 & 0 & c_{44} & 0 & 0 \\ 0 & 0 & 0 & 0 & c_{55} & 0 \\ 0 & 0 & 0 & 0 & 0 & c_{55} \end{bmatrix} \qquad (1\text{-}2\text{-}5)$$

其有五个独立的弹性参数，分别为 c_{11}、c_{33}、c_{13}、c_{44}、c_{55}，而 $c_{23} = c_{33} - 2\,c_{44}$。

因此，三维 HTI 介质关于速度和应力的一阶波动方程组为

$$\begin{cases} \rho \dfrac{\partial v_x}{\partial t} = \dfrac{\partial \sigma_{xx}}{\partial x} + \dfrac{\partial \tau_{xy}}{\partial y} + \dfrac{\partial \tau_{xz}}{\partial z} + \rho f_x \\[2mm] \rho \dfrac{\partial v_y}{\partial t} = \dfrac{\partial \tau_{yx}}{\partial x} + \dfrac{\partial \sigma_{yy}}{\partial y} + \dfrac{\partial \tau_{yz}}{\partial z} + \rho f_y \\[2mm] \rho \dfrac{\partial v_z}{\partial t} = \dfrac{\partial \tau_{zx}}{\partial x} + \dfrac{\partial \tau_{zy}}{\partial y} + \dfrac{\partial \sigma_{zz}}{\partial z} + \rho f_z \\[2mm] \dfrac{\partial \sigma_{xx}}{\partial t} = c_{11} \dfrac{\partial v_x}{\partial x} + c_{13} \dfrac{\partial v_y}{\partial y} + c_{13} \dfrac{\partial v_z}{\partial z} \\[2mm] \dfrac{\partial \sigma_{yy}}{\partial t} = c_{13} \dfrac{\partial v_x}{\partial x} + c_{33} \dfrac{\partial v_y}{\partial y} + c_{23} \dfrac{\partial v_z}{\partial z} \\[2mm] \dfrac{\partial \sigma_{zz}}{\partial t} = c_{13} \dfrac{\partial v_x}{\partial x} + c_{23} \dfrac{\partial v_y}{\partial y} + c_{33} \dfrac{\partial v_z}{\partial z} \\[2mm] \dfrac{\partial \sigma_{yz}}{\partial t} = c_{44} \left(\dfrac{\partial v_y}{\partial z} + \dfrac{\partial v_z}{\partial y} \right) \\[2mm] \dfrac{\partial \sigma_{xz}}{\partial t} = c_{55} \left(\dfrac{\partial v_x}{\partial z} + \dfrac{\partial v_z}{\partial x} \right) \\[2mm] \dfrac{\partial \sigma_{xy}}{\partial t} = c_{55} \left(\dfrac{\partial v_y}{\partial x} + \dfrac{\partial v_x}{\partial y} \right) \end{cases} \qquad (1\text{-}2\text{-}6)$$

若关于 y 的偏导数为 0，可以得到二维三分量 HTI 介质关于速度和应力的一阶波动方程组：

$$\begin{cases} \rho\,\dfrac{\partial v_x}{\partial t}=\dfrac{\partial \sigma_{xx}}{\partial x}+\dfrac{\partial \tau_{xy}}{\partial y}+\dfrac{\partial \tau_{xz}}{\partial z}+\rho f_x \\[2mm] \rho\,\dfrac{\partial v_y}{\partial t}=\dfrac{\partial \tau_{yx}}{\partial x}+\dfrac{\partial \sigma_{yy}}{\partial y}+\dfrac{\partial \tau_{yz}}{\partial z}+\rho f_y \\[2mm] \rho\,\dfrac{\partial v_z}{\partial t}=\dfrac{\partial \tau_{zx}}{\partial x}+\dfrac{\partial \tau_{zy}}{\partial y}+\dfrac{\partial \sigma_{zz}}{\partial z}+\rho f_z \\[2mm] \dfrac{\partial \sigma_{xx}}{\partial t}=c_{11}\dfrac{\partial v_x}{\partial x}+c_{13}\dfrac{\partial v_y}{\partial y}+c_{13}\dfrac{\partial v_z}{\partial z} \\[2mm] \dfrac{\partial \sigma_{zz}}{\partial t}=c_{13}\dfrac{\partial v_x}{\partial x}+c_{23}\dfrac{\partial v_y}{\partial y}+c_{33}\dfrac{\partial v_z}{\partial z} \\[2mm] \dfrac{\partial \sigma_{yz}}{\partial t}=c_{44}\left(\dfrac{\partial v_y}{\partial z}+\dfrac{\partial v_z}{\partial y}\right) \\[2mm] \dfrac{\partial \sigma_{xz}}{\partial t}=c_{55}\left(\dfrac{\partial v_x}{\partial z}+\dfrac{\partial v_z}{\partial x}\right) \\[2mm] \dfrac{\partial \sigma_{xy}}{\partial t}=c_{55}\left(\dfrac{\partial v_y}{\partial x}+\dfrac{\partial v_x}{\partial y}\right) \end{cases} \tag{1-2-7}$$

通过研究波在 HTI 介质中的传播，可以近似地研究波在裂缝中的响应特征，例如横波分裂、振幅随偏移距的变化（amplitude variation with offset，AVO）特征等，并由此得到介质的弹性参数，为确定地下介质的物性参数提供一定的依据。

（三）TTI 介质

由于受地球内部或外部作用的影响，横向各向同性介质的对称轴往往不是垂直或者水平，而是具有一定方位角和倾角的，这样的横向各向同性介质更为普遍，称为具有倾斜对称轴的横向各向同性介质，即 TTI 介质。

实际上，VTI 介质以及 HTI 介质都是 TTI 介质的特殊情况：当 TTI 介质对称轴倾角为 0°时，TTI 介质退化为 VTI 介质；当 TTI 介质对称轴倾角为 90°时，TTI 介质退化为 HTI 介质。在自然坐标系下，TI 介质的弹性参数矩阵有 5 个独立的参数，HTI、TTI 介质的弹性参数可以通过 Bond 变换计算得到（严红勇和刘洋，2012），如图 1-2-3 所示，当观测坐标系与自然坐标系重合时，该 VTI 介质弹性参数矩阵见式（1-2-1）。

当自然坐标系与观测坐标系不重合时，如图 1-2-4 所示。

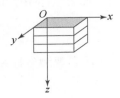

图 1-2-3　TI 介质的自然坐标系
与观测坐标系重合时的示意图

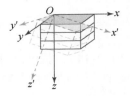

图 1-2-4　TI 介质的自然坐标系
与观测坐标系不重合时的示意图

　　两个不同的坐标系，通过两次独立的旋转，可以转换到同一个坐标系：首先将 $x'oz'$ 面旋转角度 f 到 xoz 面，再将 $y'oz'$ 面旋转角度 θ 到 yoz 面，这样两个坐标系就重合了。两个坐标系之间的转换关系为

$$\begin{bmatrix} x \\ y \\ z \end{bmatrix} = \begin{bmatrix} \cos\theta\cos\phi & \cos\theta\cos\phi & -\sin\theta \\ -\sin\phi & \cos\phi & 0 \\ \sin\theta\cos\phi & \sin\theta\sin\phi & \cos\theta \end{bmatrix} \begin{bmatrix} x' \\ y' \\ z' \end{bmatrix} \tag{1-2-8}$$

　　通过推导，可以得到观测坐标系下的应变 e' 与自然坐标系下的应变 e 之间的关系为

$$e = M^{\mathrm{T}} e' \tag{1-2-9}$$

其中

$$e = (e_{xx}, e_{yy}, e_{zz}, e_{yz}, e_{zx}, e_{xy})^{\mathrm{T}}$$

$$e' = (e'_{xx}, e'_{yy}, e'_{zz}, e'_{yz}, e'_{zx}, e'_{xy})^{\mathrm{T}}$$

$$M = \begin{bmatrix} \cos^2\theta & \sin^2\theta\cos^2\phi & \sin^2\theta\sin^2\phi & -\sin^2\theta\sin2\phi & \sin2\theta\sin\phi & -\sin2\theta\cos\phi \\ \sin^2\theta & \cos^2\theta\cos^2\phi & \cos^2\theta\sin^2\phi & -\cos^2\theta\sin2\phi & -\sin2\theta\sin\phi & \sin2\theta\cos\phi \\ 0 & \sin^2\phi & \cos^2\phi & \sin2\phi & 0 & 0 \\ 0 & \frac{1}{2}\cos\theta\sin2\phi & -\frac{1}{2}\cos\theta\sin2\phi & \cos\theta\cos2\phi & \sin\theta\cos\phi & \sin\theta\sin\phi \\ 0 & -\frac{1}{2}\sin\theta\sin2\phi & \frac{1}{2}\sin\theta\sin2\phi & -\sin\theta\cos2\phi & \cos\theta\cos\phi & \cos\theta\sin\phi \\ \frac{1}{2}\sin2\theta & -\frac{1}{2}\sin2\theta\cos^2\phi & -\frac{1}{2}\sin2\theta\sin^2\phi & \frac{1}{2}\sin2\theta\sin2\phi & -\cos2\theta\sin\phi & \cos2\theta\cos\phi \end{bmatrix}$$

　　在自然坐标系中，弹性介质的势能可以表示为

$$E = \frac{1}{2}\sigma^{\mathrm{T}} e \tag{1-2-10}$$

　　其中，$\sigma = (\sigma_{xx}, \sigma_{yy}, \sigma_{zz}, \sigma_{yz}, \sigma_{zx}, \sigma_{xy})^{\mathrm{T}}$，表示介质所受应力。根据广义胡克定律，对于各向异性线性弹性固体，应力与应变的关系为

$$\sigma = Ce \tag{1-2-11}$$

　　势能可以表示为

$$E = \frac{1}{2}e^{\mathrm{T}} C^{\mathrm{T}} e \tag{1-2-12}$$

　　将式（1-2-9）代入式（1-2-12）则有

$$E = \frac{1}{2}e'^{\mathrm{T}} M C^{\mathrm{T}} M^{\mathrm{T}} e' \tag{1-2-13}$$

　　由于介质的势能不会随坐标系的变化而改变，可以得到在观测坐标系下的介质弹性参数矩阵为

$$C' = M C M^{\mathrm{T}} \tag{1-2-14}$$

　　通过式（1-2-14），就可以得到已知横向各向同性介质在任意观测坐标系下的弹性参数矩阵，实现 TI 介质的弹性参数矩阵之间的相互转换。

二、数值模拟

（一）2D 波场模拟

1. 均匀模型

图 1-2-5 ~ 图 1-2-7 为二维三分量 VTI 介质、HTI 介质和 TTI 介质波场快照。

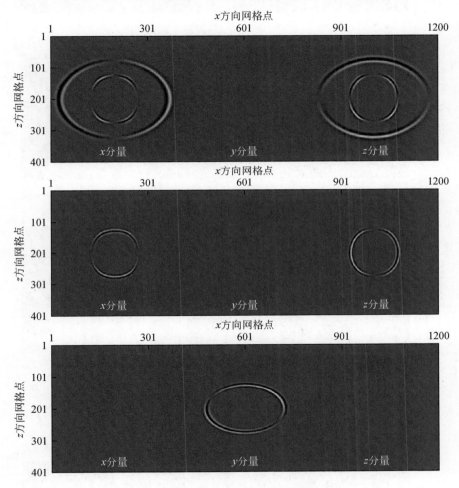

图 1-2-5　二维三分量 VTI 介质波场快照

从上到下分别激发 P 波震源、SV 波震源和 SH 波震源

2. 水平层状介质

在水平层状介质中进行正演模拟，表 1-2-1 为二维 VTI 介质模型弹性参数，HTI 介质为 VTI 介质旋转 90°获得。表 1-2-2 为二维 TTI 介质模型弹性参数。二维模型大小 2000m×2000m，网格间距 5.0m×5.0m，网格维度 400×400。时间采样间隔 0.5ms，记录时长 1.8s。

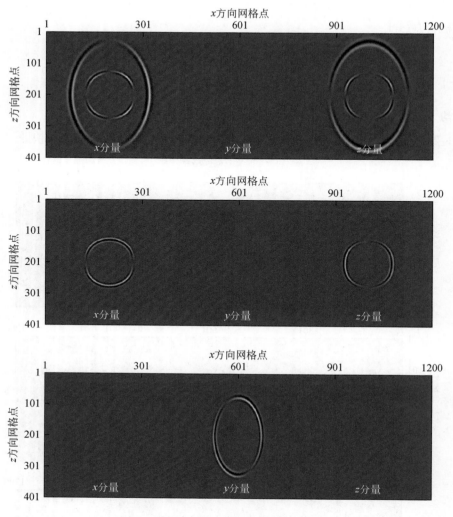

图 1-2-6　二维三分量 HTI 介质波场快照

从上到下分别激发 P 波震源、SV 波震源和 SH 波震源

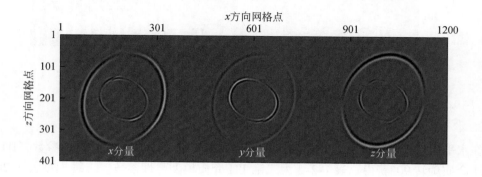

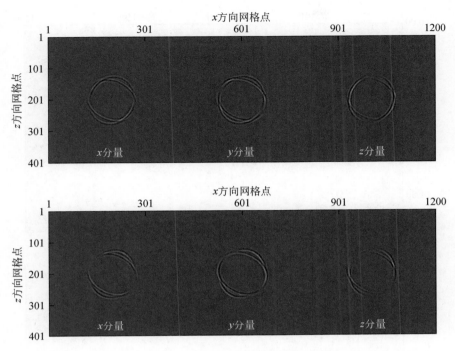

图 1-2-7　二维三分量 TTI 介质波场快照

从上到下分别激发 P 波震源、SV 波震源和 SH 波震源。其中，倾角 $\theta=70°$，方位角 $\varphi=45°$

震源函数为里克子波，主频 30Hz。混合吸收边界层数为 50 层，优化有限差分阶数为 20 阶。在 VTI 介质、HTI 介质和 TTI 介质中分别模拟 P 波震源、SV 波震源和 SH 波震源激发，获得对应的 x 分量、y 分量和 x 分量地震记录。图 1-2-8～图 1-2-10 为二维 VTI 介质、HTI 介质和 TTI 介质在水平层状模型中的地震记录。

表 1-2-1　二维 VTI 介质模型弹性参数

层数	$v_P/(\mathrm{m/s})$	$v_S/(\mathrm{m/s})$	$\rho/(\mathrm{g/cm^3})$	ε	δ	γ
第一层	3000.00	1734.10	2.15			
第二层	3500.00	1900.00	2.25	0.48	0.40	0.87
第三层	3200.00	1849.71	2.5			

表 1-2-2　二维 TTI 介质模型弹性参数

层数	$v_P/(\mathrm{m/s})$	$v_S/(\mathrm{m/s})$	$\rho/(\mathrm{g/cm^3})$	ε	δ	γ	$\theta/(°)$	$\varphi/(°)$
第一层	3000.00	1200.00	2.0					
第二层	2604.34	1379.98	2.3	0.346	−0.045	0.281	70	45
第三层	4000.00	1200.00	2.5					

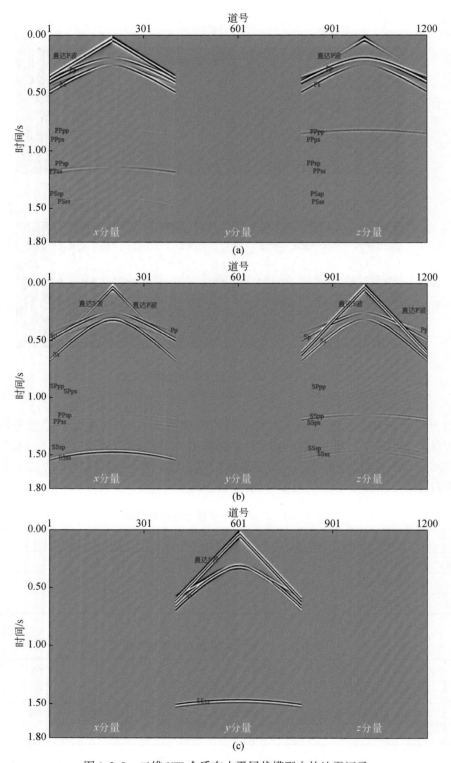

图 1-2-8　二维 VTI 介质在水平层状模型中的地震记录

（a）激发 P 波震源地震记录；（b）激发 SV 波震源地震记录；（c）激发 SH 波震源地震记录

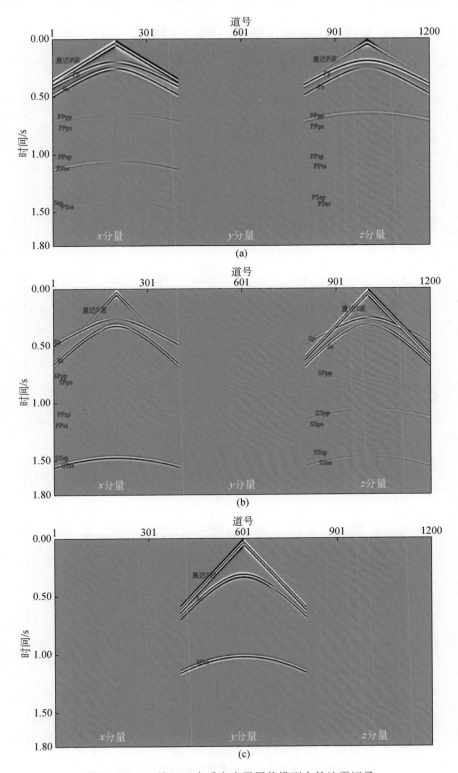

图 1-2-9　二维 HTI 介质在水平层状模型中的地震记录

（a）激发 P 波震源地震记录；（b）激发 SV 波震源地震记录；（c）激发 SH 波震源地震记录

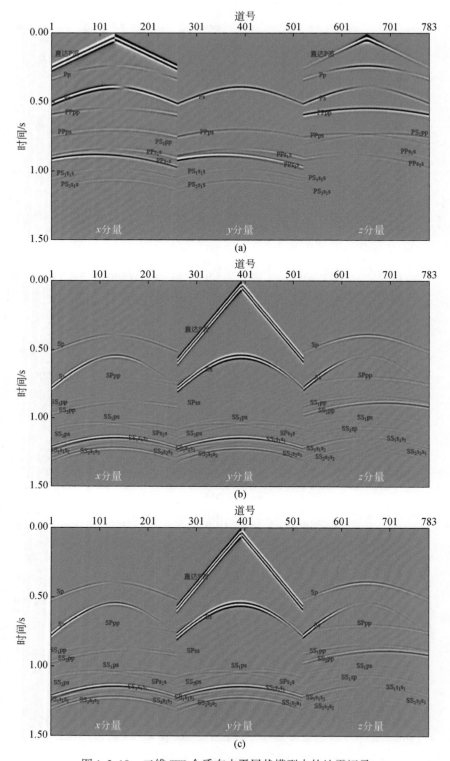

图 1-2-10　二维 TTI 介质在水平层状模型中的地震记录

（a）激发 P 波震源地震记录；（b）激发 SV 波震源地震记录；（c）激发 SH 波震源地震记录

(二) 3D 波场模拟

模型的大小为 22000m×22000m×9000m。原始数据集中不包含 S 波速度和 S 波各向异性参数 γ。这里,在整个网格区域设置纵横波速度比为 1.73,$\gamma/\varepsilon = 1/1.25$。时间间隔是 1ms,网格间距是 15m×15m×15m。震源为 20Hz 里克子波。接收点均匀分布在 x 方向。利用三维 VTI 弹性波方程在 Hess VTI 模型中进行正演模拟时,采用 10 层的混合吸收边界条件对人工边界反射进行压制 (图 1-2-11)。为了简单起见,图 1-2-12 仅给出了关于 x 位移分量的地震记录图。

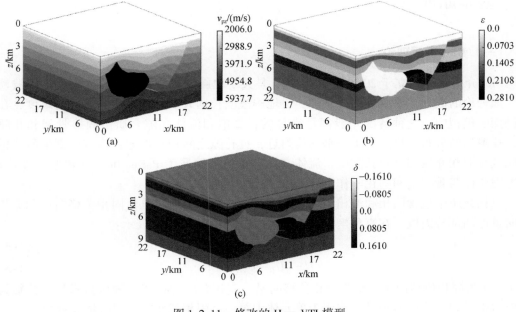

图 1-2-11　修改的 Hess VTI 模型

(a) v_{pz}; (b) ε; (c) δ

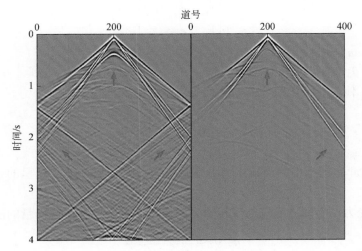

图 1-2-12　三维修改的 Hess VTI 模型中弹性波方程计算的地震记录

$M=8$,左边无吸收边界,右边有吸收边界

第三节　双　相　介　质

双相介质弹性波理论同时考虑了介质中固相和流相的存在，其几何方程、本构方程和运动平衡方程都比单相介质弹性波波动理论中的相应方程复杂。该理论中比较典型的理论模型包括：Biot 介质理论、BISQ 模型、改进 BISQ 模型、孔隙黏弹介质理论以及裂缝诱导各向异性双孔隙介质理论。

一、基本原理

（一）Biot 介质理论

Biot 介质理论建立于 20 世纪 60 年代，是关于地震波在饱和孔隙介质中传播的波动理论。该理论的成立需要以下假设条件：①地震波波长远大于双相介质中孔隙的尺度，在地震勘探的模拟中，这种情况一般都是满足的；②饱和流体孔隙介质由固体骨架和孔隙构成，孔隙均匀分布，尺度集于平均值附近，且孔隙之间相互连通；③该模型中所考虑的孔隙度是双相介质的有效孔隙度，流体在孔隙中的流动属于 Poiseuille（泊肃叶）型流动，不考虑流体与骨架之间的化学作用。

双相介质中包含固相和流相两种介质，双相介质中的位移也由固相位移向量和流相位移向量这两部分组成，在直角坐标系下，可以分别用 u 与 U 来表示：

$$u = \begin{bmatrix} u_x & u_y & u_z \end{bmatrix}^T \tag{1-3-1}$$

$$U = \begin{bmatrix} U_x & U_y & U_z \end{bmatrix}^T \tag{1-3-2}$$

式中，u 为固相位移向量；U 为流相位移向量。双相介质中存在两种应力张量，分别为固体应力张量和流体应力张量。作用于单元体中每一个固相截面的应变张量表示为

$$\begin{bmatrix} e_{xx} & e_{xy} & e_{xz} \\ e_{yx} & e_{yy} & e_{yz} \\ e_{zx} & e_{zy} & e_{zz} \end{bmatrix} \tag{1-3-3}$$

式中，$e_{xy}=e_{yx}=\frac{\partial u_x}{\partial y}+\frac{\partial u_y}{\partial x}$，$e_{xz}=e_{zx}=\frac{\partial u_x}{\partial z}+\frac{\partial u_z}{\partial x}$，$e_{yz}=e_{zy}=\frac{\partial u_y}{\partial z}+\frac{\partial u_z}{\partial y}$，$e_{xx}=\frac{\partial u_x}{\partial x}$，$e_{yy}=\frac{\partial u_y}{\partial y}$，$e_{zz}=\frac{\partial u_z}{\partial z}$。

作用于单元体中每一个流相截面的应力张量可以表示为

$$\begin{bmatrix} S & 0 & 0 \\ 0 & S & 0 \\ 0 & 0 & S \end{bmatrix} \tag{1-3-4}$$

式中，S 与双相介质模型中的流体压力 P 满足如下关系：$S=-\varphi P$，这里的 φ 表示岩石的孔隙度。

固相部分受力产生的体应变与流相部分的体应变可由各自位移向量的散度分别表示：

$$\theta = \nabla u = \frac{\partial u_x}{\partial x}+\frac{\partial u_y}{\partial y}+\frac{\partial u_z}{\partial z} \tag{1-3-5}$$

$$\varepsilon = \nabla U = \frac{\partial U_x}{\partial x} + \frac{\partial U_y}{\partial y} + \frac{\partial U_z}{\partial z} \tag{1-3-6}$$

式中，∇ 为拉普拉斯算子。

Biot（毕奥）首先忽略了弹性波在双相介质传播过程中由于孔隙中的流体和固体相对运动而产生的耗散，这样可以认为介质产生的应变与其偏离最小势能位置是等价的，即可建立饱和孔隙介质中应力与应变的关系，即本构方程，可以写成：

$$\begin{bmatrix} \sigma_{xx} \\ \sigma_{yy} \\ \sigma_{zz} \\ \tau_{xy} \\ \tau_{xz} \\ \tau_{yz} \\ S \end{bmatrix} = \begin{bmatrix} D_{11} & D_{12} & D_{13} & D_{14} & D_{15} & D_{16} & Q_1 \\ D_{21} & D_{22} & D_{23} & D_{24} & D_{25} & D_{26} & Q_2 \\ D_{31} & D_{32} & D_{33} & D_{34} & D_{35} & D_{36} & Q_3 \\ D_{41} & D_{42} & D_{43} & D_{44} & D_{45} & D_{46} & Q_4 \\ D_{51} & D_{52} & D_{53} & D_{54} & D_{55} & D_{56} & Q_5 \\ D_{61} & D_{62} & D_{63} & D_{64} & D_{65} & D_{66} & Q_6 \\ Q_1 & Q_2 & Q_3 & Q_4 & Q_5 & Q_6 & R \end{bmatrix} \begin{bmatrix} e_{xx} \\ e_{yy} \\ e_{zz} \\ e_{xy} \\ e_{xz} \\ e_{yz} \\ \varepsilon \end{bmatrix} \tag{1-3-7}$$

式中，$D_{6\times6}$ 为固相的弹性参数矩阵，包含了本构方程中所有与固相有关的弹性参数；R 为流相的弹性系数；$Q_{1\times6} = [Q_1 \quad Q_2 \quad Q_3 \quad Q_4 \quad Q_5 \quad Q_6]$ 为固相与流相之间的耦合弹性系数。

对于均匀弹性各向同性双相介质而言，式（1-3-7）中的弹性系数都可以进行简化：

$$D_{6\times6} = \begin{bmatrix} A+2N & A & A & 0 & 0 & 0 \\ A & A+2N & A & 0 & 0 & 0 \\ A & A & A+2N & 0 & 0 & 0 \\ 0 & 0 & 0 & N & 0 & 0 \\ 0 & 0 & 0 & 0 & N & 0 \\ 0 & 0 & 0 & 0 & 0 & N \end{bmatrix} \tag{1-3-8}$$

$$Q_{1\times6} = [Q \quad Q \quad Q \quad 0 \quad 0 \quad 0] \tag{1-3-9}$$

式中，只有 A、N、Q 和 R 共 4 个相互独立的弹性参数，其中 A 和 N 与经典弹性波动理论中的拉梅系数 λ、μ 相对应；N 为双相介质中固相的剪切模量，且 $N=\mu$；R 为施加在流体上的压力系数，其目的是保持总体积不变；Q 为饱和孔隙介质中固体与流体体积变化之间的耦合关系。

假定这种各向同性双相介质的孔隙度是恒定的，则上述的 4 个参数可以用下面的计算公式来表示（Geertsma and Smit，1961；Stoll，1974）：

$$\begin{cases} N = \mu \\ A = [(1-\varphi)(a-\varphi)K_s + \varphi K_s K_b / K_f]/D - 2\mu/3 \\ R = \varphi^2 K_s / D \\ Q = (1-\varphi)\varphi K_s / D \end{cases} \tag{1-3-10}$$

式中，$a = 1 - K_b/K_s$；$D = a - \varphi + \varphi K_s/K_f$；$K_s$ 为双相介质中固体颗粒的体积模量；K_b 为固体骨架的体积模量；K_f 为双相介质中流体的体积模量。

这样均匀弹性各向同性双相介质的本构关系就可以表示为

$$
\begin{cases}
\sigma_{xx} = 2Ne_{xx} + A\theta + Q\varepsilon \\
\sigma_{yy} = 2Ne_{yy} + A\theta + Q\varepsilon \\
\sigma_{zz} = 2Ne_{zz} + A\theta + Q\varepsilon \\
\tau_{xy} = Ne_{xy} \\
\tau_{xz} = Ne_{xz} \\
\tau_{yz} = Ne_{yz} \\
S = Q\theta + R\varepsilon
\end{cases}
\tag{1-3-11}
$$

在拉格朗日广义坐标系下取各向同性双相介质中的任一单位立方体，如图 1-3-1 所示，则此单位立方体所具有的动能可以用下式来表示（Biot，1956；张文忠，2007）：

$$
T = \frac{1}{2}\rho_{11}\left[\left(\frac{\partial u_x}{\partial t}\right)^2 + \left(\frac{\partial u_y}{\partial t}\right)^2 + \left(\frac{\partial u_z}{\partial t}\right)^2\right] + \rho_{12}\left[\frac{\partial u_x}{\partial t}\frac{\partial U_x}{\partial t} + \frac{\partial u_y}{\partial t}\frac{\partial U_y}{\partial t} + \frac{\partial u_z}{\partial t}\frac{\partial U_z}{\partial t}\right]
$$

$$
+ \frac{1}{2}\rho_{22}\left[\left(\frac{\partial U_x}{\partial t}\right)^2 + \left(\frac{\partial U_y}{\partial t}\right)^2 + \left(\frac{\partial U_z}{\partial t}\right)^2\right]
\tag{1-3-12}
$$

式中，ρ_{11} 为单位立方体内固相成分的有效质量；ρ_{12} 为单位立方体内固相和流相之间的质量耦合系数，也可称为视质量；ρ_{22} 为单位立方体内流相成分的有效质量。

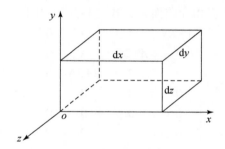

图 1-3-1　单位立方体示意图

弹性波在双相介质中传播的过程中，受到影响后的孔隙中流体的相对流动不具有统一性，质量系数 ρ_{11}、ρ_{12} 和 ρ_{22} 可以用下式来计算：

$$
\begin{cases}
\rho_{11} = \rho_s(1-\varphi) + \varphi\rho_f(\tau-1) \\
\rho_{12} = \varphi\rho_f(1-\tau) \\
\rho_{22} = \tau\varphi\rho_f
\end{cases}
\tag{1-3-13}
$$

式中，ρ_s 为固体的质量密度；ρ_f 为流体的质量密度；τ 为弯曲度。也可以计算双相介质单位立方体的总质量 ρ：

$$
\rho = (1-\varphi)\rho_s + \varphi\rho_f = \rho_{11} + 2\rho_{12} + \rho_{22}
\tag{1-3-14}
$$

Berryman（1980）在考虑流体流动过程中受到固体的阻碍作用后，提出弯曲度受到孔隙度影响的关系式：

$$
\tau = 1 - r(1-1/\varphi)
\tag{1-3-15}
$$

式中，r 为流体中颗粒的微观模型有关的因子，当流体中含有的微观固体颗粒为球形时，$r = 1/2$。弯曲度一般要满足 $\tau \geq 1$。

利用应力关系可以求出作用于单位立方体固体部分、流体部分在 x 方向上的总的作用力 q_x、Q_x 分别为

$$q_x = [\sigma_{xx}(x+\mathrm{d}x,y,z) - \sigma_{xx}(x,y,z)]\mathrm{d}y\mathrm{d}z + [\tau_{xy}(x,y+\mathrm{d}y,z) - \tau_{xy}(x,y,z)]\mathrm{d}x\mathrm{d}z$$
$$+ [\tau_{xz}(x,y,z+\mathrm{d}z) - \tau_{xz}(x,y,z)]\mathrm{d}x\mathrm{d}y$$

$$\doteq \frac{\partial \sigma_{xx}}{\partial x}\mathrm{d}x\mathrm{d}y\mathrm{d}z + \frac{\partial \tau_{xy}}{\partial y}\mathrm{d}x\mathrm{d}y\mathrm{d}z + \frac{\partial \tau_{xz}}{\partial z}\mathrm{d}x\mathrm{d}y\mathrm{d}z = \frac{\partial \sigma_{xx}}{\partial x} + \frac{\partial \tau_{xy}}{\partial y} + \frac{\partial \tau_{xz}}{\partial z} \tag{1-3-16a}$$

$$Q_x = [S(x+\mathrm{d}x,y,z) - S(x,y,z)]\mathrm{d}y\mathrm{d}z \doteq \frac{\partial S}{\partial x}\mathrm{d}x\mathrm{d}y\mathrm{d}z = \frac{\partial S}{\partial x} \tag{1-3-16b}$$

考虑坐标系中 x 方向上的运动，由分析力学中的拉格朗日方程可得 q_x、Q_x 分别为

$$q_x = \frac{\partial}{\partial t}\left(\frac{\partial T}{\partial v_x}\right) = \frac{\partial^2}{\partial t^2}(\rho_{11}u_x + \rho_{12}U_x) \tag{1-3-17a}$$

$$Q_x = \frac{\partial}{\partial t}\left(\frac{\partial T}{\partial V_x}\right) = \frac{\partial^2}{\partial t^2}(\rho_{12}u_x + \rho_{22}U_x) \tag{1-3-17b}$$

式中，v_x、V_x 为介质中固相与流体相质点在 x 方向上的振动速度。

Biot 假设流体在孔隙中的流动为稳态的平行层流，即 Darcy（达西）流动，这样流体流动过程中产生的耗散与孔隙度、渗透率等一些宏观量有关，与孔隙的形状无关，从而给出了流体在孔隙中相对流动所引起的摩擦耗散函数如下：

$$D_x = \frac{1}{2}b_x\left[(u_x - U_x)^2 + (u_y - U_y)^2 + (u_z - U_z)^2\right] \tag{1-3-18}$$

式中，b_x 为耗散系数，且 $b_i = \dfrac{\eta\,\varphi^2}{k_i}$，$i = x$，$y$，$z$，对于各向同性双相介质有 $b_x = b_y = b_z$，η 为孔隙中流体的黏滞系数，k 为渗透率。

这样，考虑加入耗散函数的拉格朗日方程可以表示为

$$q_x = \frac{\partial}{\partial t}\left(\frac{\partial T}{\partial v_x}\right) + \frac{\partial D_x}{\partial v_x} = \frac{\partial^2}{\partial t^2}(\rho_{11}u_x + \rho_{12}U_x) - \frac{\partial}{\partial t}b(u_x - U_x) \tag{1-3-19}$$

$$Q_x = \frac{\partial}{\partial t}\left(\frac{\partial T}{\partial V_x}\right) + \frac{\partial D_x}{\partial V_x} = \frac{\partial^2}{\partial t^2}(\rho_{12}u_x + \rho_{22}U_x) - \frac{\partial}{\partial t}b(u_x - U_x) \tag{1-3-20}$$

综合后可以得到 x 方向上的运动平衡方程：

$$\frac{\partial \sigma_{xx}}{\partial x} + \frac{\partial \tau_{xy}}{\partial y} + \frac{\partial \tau_{xz}}{\partial z} = \frac{\partial^2}{\partial t^2}(\rho_{11}u_x + \rho_{12}U_x) - \frac{\partial}{\partial t}b(u_x - U_x) \tag{1-3-21a}$$

$$\frac{\partial S}{\partial x} = \frac{\partial^2}{\partial t^2}(\rho_{12}u_x + \rho_{22}U_x) - \frac{\partial}{\partial t}b(u_x - U_x) \tag{1-3-21b}$$

同样地，可以得到各向同性双相介质中 y、z 方向上的运动平衡方程：

$$\frac{\partial \tau_{xy}}{\partial x} + \frac{\partial \sigma_{yy}}{\partial y} + \frac{\partial \tau_{yz}}{\partial z} = \frac{\partial^2}{\partial t^2}(\rho_{11}u_y + \rho_{12}U_y) - \frac{\partial}{\partial t}b(u_y - U_y) \tag{1-3-22a}$$

$$\frac{\partial S}{\partial y} = \frac{\partial^2}{\partial t^2}(\rho_{12}u_y + \rho_{22}U_y) - \frac{\partial}{\partial t}b(u_y - U_y) \tag{1-3-22b}$$

$$\frac{\partial \tau_{xz}}{\partial x} + \frac{\partial \tau_{yz}}{\partial y} + \frac{\partial \sigma_{zz}}{\partial z} = \frac{\partial^2}{\partial t^2}(\rho_{11}u_z + \rho_{12}U_z) - \frac{\partial}{\partial t}b(u_z - U_z) \tag{1-3-22c}$$

$$\frac{\partial S}{\partial z}=\frac{\partial^2}{\partial t^2}(\rho_{12}u_z+\rho_{22}U_z)-\frac{\partial}{\partial t}b(u_z-U_z) \tag{1-3-22d}$$

将应力-应变关系式代入上述的运动平衡方程中，可得用位移分量表示的运动平衡方程，即各向同性双相介质：

$$\begin{cases} N\nabla^2 u_x+(A+N)\dfrac{\partial\theta}{\partial x}+Q\dfrac{\partial\varepsilon}{\partial x}=\dfrac{\partial^2}{\partial t^2}(\rho_{11}u_x+\rho_{12}U_x)-\dfrac{\partial}{\partial t}b_x(u_x-U_x) \\[2mm] Q\dfrac{\partial\theta}{\partial x}+R\dfrac{\partial\varepsilon}{\partial x}=\dfrac{\partial^2}{\partial t^2}(\rho_{12}u_x+\rho_{22}U_x)-\dfrac{\partial}{\partial t}b_x(u_x-U_x) \end{cases} \tag{1-3-23a}$$

$$\begin{cases} N\nabla^2 u_y+(A+N)\dfrac{\partial\theta}{\partial y}+Q\dfrac{\partial\varepsilon}{\partial y}=\dfrac{\partial^2}{\partial t^2}(\rho_{11}u_y+\rho_{12}U_y)-\dfrac{\partial}{\partial t}b_y(u_y-U_y) \\[2mm] Q\dfrac{\partial\theta}{\partial y}+R\dfrac{\partial\varepsilon}{\partial y}=\dfrac{\partial^2}{\partial t^2}(\rho_{12}u_y+\rho_{22}U_y)-\dfrac{\partial}{\partial t}b_y(u_y-U_y) \end{cases} \tag{1-3-23b}$$

$$\begin{cases} N\nabla^2 u_z+(A+N)\dfrac{\partial\theta}{\partial z}+Q\dfrac{\partial\varepsilon}{\partial z}=\dfrac{\partial^2}{\partial t^2}(\rho_{11}u_z+\rho_{12}U_z)-\dfrac{\partial}{\partial t}b_z(u_z-U_z) \\[2mm] Q\dfrac{\partial\theta}{\partial z}+R\dfrac{\partial\varepsilon}{\partial z}=\dfrac{\partial^2}{\partial t^2}(\rho_{12}u_z+\rho_{22}U_z)-\dfrac{\partial}{\partial t}b_z(u_z-U_z) \end{cases} \tag{1-3-23c}$$

将其写成矩阵的形式，可得

$$\begin{cases} N\nabla^2\boldsymbol{u}+\nabla[(A+N)\theta+Q\varepsilon]=\dfrac{\partial^2}{\partial t^2}(\rho_{11}\boldsymbol{u}+\rho_{12}\boldsymbol{U})-\dfrac{\partial}{\partial t}\boldsymbol{b}(\boldsymbol{u}-\boldsymbol{U}) \\[2mm] \nabla(Q\theta+R\varepsilon)=\dfrac{\partial^2}{\partial t^2}(\rho_{12}\boldsymbol{u}+\rho_{22}\boldsymbol{U})-\dfrac{\partial}{\partial t}\boldsymbol{b}(\boldsymbol{u}-\boldsymbol{U}) \end{cases} \tag{1-3-24}$$

式中，$\boldsymbol{b}=\begin{bmatrix} b_x & 0 & 0 \\ 0 & b_y & 0 \\ 0 & 0 & b_z \end{bmatrix}$，为耗散系数；$\nabla=\dfrac{\partial}{\partial x}+\dfrac{\partial}{\partial y}+\dfrac{\partial}{\partial z}$，为拉普拉斯算子。

对包含应力分量双相介质 x 方向上的运动平衡方程进行整理，并将位移分量对时间的二阶导数项替换成速度分量对时间的一阶导数项，位移分量对时间的一阶导数项直接替换为速度项（Dvorkin and Nur，1993；杨宽德，2002a），可得

$$(\rho_{11}\rho_{22}-\rho_{12}^2)\frac{\partial v_x}{\partial t}=\rho_{22}\left(\frac{\partial\sigma_{xx}}{\partial x}+\frac{\partial\tau_{xz}}{\partial z}\right)-\rho_{12}\frac{\partial S}{\partial x}+b_x(\rho_{12}+\rho_{22})(V_x-v_x) \tag{1-3-25a}$$

$$(\rho_{12}^2-\rho_{11}\rho_{22})\frac{\partial V_x}{\partial t}=\rho_{12}\left(\frac{\partial\sigma_{xx}}{\partial x}+\frac{\partial\tau_{xz}}{\partial z}\right)-\rho_{11}\frac{\partial S}{\partial x}+b_x(\rho_{12}+\rho_{11})(V_x-v_x) \tag{1-3-25b}$$

式中，v_x、V_x 分别为固相、流相质点在 x 方向上的振动速度。

同样可以得到 z 方向一阶速度-应力方程，将两个方向的方程整合在一起，可以得到二维情况下 Biot 介质的一阶速度-应力方程：

$$(\rho_{11}\rho_{22}-\rho_{12}^2)\frac{\partial v_x}{\partial t}=\rho_{22}\left(\frac{\partial\sigma_{xx}}{\partial x}+\frac{\partial\tau_{xz}}{\partial z}\right)-\rho_{12}\frac{\partial S}{\partial x}+b_x(\rho_{12}+\rho_{22})(V_x-v_x) \tag{1-3-26a}$$

$$(\rho_{11}\rho_{22}-\rho_{12}^2)\frac{\partial v_z}{\partial t}=\rho_{22}\left(\frac{\partial\tau_{xz}}{\partial x}+\frac{\partial\sigma_{zz}}{\partial z}\right)-\rho_{12}\frac{\partial S}{\partial z}+b_z(\rho_{12}+\rho_{22})(V_z-v_z) \tag{1-3-26b}$$

$$(\rho_{12}^2-\rho_{11}\rho_{22})\frac{\partial V_x}{\partial t}=\rho_{12}\left(\frac{\partial\sigma_{xx}}{\partial x}+\frac{\partial\tau_{xz}}{\partial z}\right)-\rho_{11}\frac{\partial S}{\partial x}+b_x(\rho_{12}+\rho_{11})(V_x-v_x) \tag{1-3-26c}$$

$$(\rho_{12}^2 - \rho_{11}\rho_{22})\frac{\partial V_z}{\partial t} = \rho_{12}\left(\frac{\partial \tau_{xz}}{\partial x} + \frac{\partial \sigma_{zz}}{\partial z}\right) - \rho_{11}\frac{\partial S}{\partial z} + b_z(\rho_{12} + \rho_{11})(V_z - v_z) \qquad (1\text{-}3\text{-}26d)$$

式中，v_z、V_z 分别为固相、流相质点在 z 方向上的振动速度。

由各向同性双相介质的本构方程和几何方程可得二维情况下一阶应力-速度方程：

$$\frac{\partial \sigma_{xx}}{\partial t} = d_{11}\frac{\partial v_x}{\partial x} + d_{13}\frac{\partial v_z}{\partial z} + Q_1\varepsilon \qquad (1\text{-}3\text{-}27)$$

$$\frac{\partial \sigma_{zz}}{\partial t} = d_{31}\frac{\partial v_x}{\partial x} + d_{33}\frac{\partial v_z}{\partial z} + Q_3\varepsilon \qquad (1\text{-}3\text{-}28)$$

$$\frac{\partial \tau_{xz}}{\partial t} = d_{55}\left(\frac{\partial v_x}{\partial z} + \frac{\partial v_z}{\partial x}\right) \qquad (1\text{-}3\text{-}29)$$

$$\frac{\partial S}{\partial t} = Q_1\frac{\partial v_x}{\partial x} + + Q_3\frac{\partial v_z}{\partial z} + R\varepsilon \qquad (1\text{-}3\text{-}30)$$

（二）BISQ 模型

随着对双相介质的不断研究，一些学者发现 Biot 介质理论不能合理解释双相介质中地震波的频散和衰减，孔隙介质中流体在流动过程中还存在另外一种流动方式：喷射流动（Squirt 机制）。喷射流动理论表明，当平面波穿过岩石传播时，波的扰动使得孔隙空间发生形变，孔隙压力增加，在高频情况下由于孔隙空间不同部分的可压缩性不同，使得孔隙流体产生不同于载荷方向的运动。在实际油藏中，对于部分气饱和的储层，孔隙流体在压力梯度的作用下进入含有高压缩性气体的孔隙，对于完全饱和的岩层，孔隙流体从孔隙弹性低的裂隙进入周围大孔隙或不同方向的相邻孔隙（Mavko, 1979；Murphy et al., 1986）。Biot 流动机制描述的是宏观现象，喷射流动机制反映的是局部特征，这两种机制对弹性波的强衰减和高频散均有影响，其中喷射流动是弹性波强衰减和高频散的主要原因。

当弹性波在饱和多孔隙介质中传播的过程中，Biot 流动（Biot 介质理论中描述的孔隙中流体流动的机制）和喷射流动是同时存在的，并且相互影响，相互耦合，都对弹性波能量的衰减产生影响。Biot 流动机制描述的是宏观现象，而喷射流动机制则反映的是基于孔隙介质的微观性质，即在弹性波的传播过程中，小孔隙中的流体会向周围的大孔隙喷射而出，从而造成弹性波能量的衰减。

针对一维各向同性介质（图 1-3-2）做出如下假设（Dvorkin and Nur, 1993）：①双相介质是均匀、各向同性的，这样可以用 Biot 介质理论中的质量耦合附加密度来表述固相和流相之间相互影响、相互作用的力学耦合效应；②在弹性波传播方向，岩石固体骨架发生形变，且孔隙流体按 Biot 机制流动；③垂直弹性波传播方向上，岩石骨架不发生形变，孔隙流体按喷射流动机制流动，且具有轴对称特征；④模型边界处的压力不随时间变化，弹性波在双相介质中传播时，使得孔喉或细小裂缝中的流体喷射，或者泵入周围较大的孔隙、裂缝中；⑤该模型所考虑的圆柱体的截面半径称为喷射流动的平均长度，为岩石特性的基本物理量。然后提出了同时包含这两种机制的 BISQ 模型。

在微观流场情况下，双相介质孔隙中流相的相对速度分量可以表示为

$$v_{ri} = \alpha_{ix}\dot{w}_x + \alpha_{iy}\dot{w}_y + \alpha_{iz}\dot{w}_z, \, i = x, y, z \qquad (1\text{-}3\text{-}31)$$

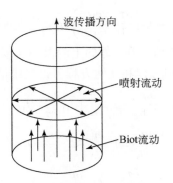

图 1-3-2　BISQ 模型示意图

式中，α_{ix}、α_{iy}、α_{iz} 表示与孔隙结构和孔隙位置有关的系数；$\dot{w}_i = \varphi \dfrac{\partial (U_i - u_i)}{\partial t}$ 表示流相介质相对于固相介质的位移分量。

基于之前的假设条件，根据 Biot 理论可得每单位立方体的物质总动能为

$$T = \frac{1}{2}\rho (\dot{u}_x^2 + \dot{u}_y^2 + \dot{u}_z^2) + \rho_f (\dot{u}_x \dot{w}_x + \dot{u}_y \dot{w}_y + \dot{u}_z \dot{w}_z) + \frac{1}{2}\sum^{i,j} m_{ij} \dot{w}_i \dot{w}_j \quad (1\text{-}3\text{-}32)$$

式中，$m_{ij} = \rho_f \iiint_{\Omega} (\sum^k \alpha_{ki} \alpha_{kj}) \, \mathrm{d}\Omega$；$\rho = (1-\varphi)\rho_s + \varphi \rho_f$；$\dot{u}_i = \dfrac{\partial u_i}{\partial t}$；$\dot{U}_i = \dfrac{\partial U_i}{\partial t}$；$i = x,\ y,\ z$。

耗散函数可以定义为

$$D = \frac{1}{2}\eta \sum^{i,j} r_{ij} \dot{w}_i \dot{w}_j \quad (1\text{-}3\text{-}33)$$

式中，r_{ij} 为流体阻抗系数，其逆矩阵 $(r_{ij})^{-1} = (k_{ij})$，k_{ij} 为渗透率。由平衡方程和牛顿定律可得 $(i = x,\ y,\ z)$：

$$\begin{cases} \sum^j \dfrac{\partial \sigma_{ij}}{\partial x_i} = \dfrac{\partial}{\partial t}\left(\dfrac{\partial T}{\partial \dot{u}_i}\right) \\[2mm] -\dfrac{\partial P}{\partial x_i} = \dfrac{\partial}{\partial t}\left(\dfrac{\partial T}{\partial \dot{w}_i}\right) + \dfrac{\partial D}{\partial \dot{w}_i} \end{cases} \quad (1\text{-}3\text{-}34)$$

将式（1-3-32）和式（1-3-33）代入式（1-3-34），可得基于微观流场的双相介质各向同性的运动平衡方程为

$$\frac{\partial \sigma_{xx}}{\partial x} + \frac{\partial \tau_{xy}}{\partial y} + \frac{\partial \tau_{xz}}{\partial z} = \frac{\partial^2}{\partial t^2}(\rho u_x + \rho_f w_x) \quad (1\text{-}3\text{-}35\text{a})$$

$$\frac{\partial \tau_{xy}}{\partial x} + \frac{\partial \sigma_{yy}}{\partial y} + \frac{\partial \tau_{yz}}{\partial z} = \frac{\partial^2}{\partial t^2}(\rho u_y + \rho_f w_y) \quad (1\text{-}3\text{-}35\text{b})$$

$$\frac{\partial \tau_{xz}}{\partial x} + \frac{\partial \tau_{yz}}{\partial y} + \frac{\partial \sigma_{zz}}{\partial z} = \frac{\partial^2}{\partial t^2}(\rho u_z + \rho_f w_z) \quad (1\text{-}3\text{-}35\text{c})$$

$$\frac{\partial \tau_{xz}}{\partial x} + \frac{\partial \tau_{yz}}{\partial y} + \frac{\partial \sigma_{zz}}{\partial z} = \frac{\partial^2}{\partial t^2}(\rho u_z + \rho_f w_z) \quad (1\text{-}3\text{-}35\text{d})$$

在 Biot 模型流体压力变化理论的基础上，可得二维介质中该模型的流体压力表达式如下：

$$P = -F\left[\frac{\partial U_x}{\partial x} + \frac{\partial U_z}{\partial z} + \frac{\alpha-\varphi}{\varphi}\left(\frac{\partial u_x}{\partial x} + \frac{\partial u_z}{\partial z}\right)\right] \tag{1-3-36}$$

式中，P 为流体压力；$\alpha = 1 - (2\mu/3 + \lambda)/K_s$，为有效应力孔隙弹性系数；$F = \left[\frac{1}{K_f} + \frac{1}{\varphi}\frac{\alpha-\varphi}{K_s}\right]^{-1}$ 为 Biot 流动系数，$K_f = V_0^2\rho_f$ 为流体体积模量，K_s 为固体体积模量，V_0 为流体声速。

基于 BISQ 模型的流体平均压力表达式为

$$P = -F\left[1 - \frac{2\,J_1(\lambda R)}{\lambda R\,J_0(\lambda R)}\right]\left[\frac{\partial U_x}{\partial x} + \frac{\alpha-\varphi}{\varphi}\frac{\partial u_x}{\partial x}\right] \tag{1-3-37}$$

式中，$\frac{\partial U_x}{\partial x}$ 为流相在 x 方向的质点振动速度；J_0、J_1 分别为零阶和一阶贝塞尔函数。

将式（1-3-37）进行推广可以得到，二维模型中基于 BISQ 理论的流体压力表达式：

$$P = -FS\left[\frac{\partial U_x}{\partial x} + \frac{\partial U_z}{\partial z} + \frac{\alpha-\varphi}{\varphi}\left(\frac{\partial u_x}{\partial x} + \frac{\partial u_z}{\partial z}\right)\right] \tag{1-3-38}$$

式中，S 为 BISQ 流动的喷射流动系数，对于双相各向同性介质：

$$S_i(\omega) = 1 - \frac{2\,J_1(\lambda_i R_i)}{\lambda_i R_i J_0(\lambda_i R_i)}$$

$$\lambda^2 = \frac{\rho_f\,\omega^2}{F}\left[\frac{\rho_a/\rho_f+\varphi}{\rho_f} + i\,\frac{\eta\varphi}{\omega\rho_f k}\right]$$

式中，$i = 1, 3$；R 为特征喷射长度；ρ_a 为固体和流体质量耦合附加密度；k 为渗透率；η 为黏滞系数；ω 为角频率；当 $S_i(\omega)$ 等于 1 时，BISQ 模型等同于 Biot 模型，说明 Biot 模型是 BISQ 模型的高频极限情况。

将 Biot 理论中的本构关系代入基于微观流场的弹性波动力学方程，整理可得基于 BISQ 理论的二维弹性波波动方程：

$$(\lambda+2\mu)\frac{\partial^2 u_x}{\partial x^2} + \mu\frac{\partial^2 u_x}{\partial z^2} + (\lambda+\mu)\frac{\partial^2 u_z}{\partial x\partial z} - \alpha\frac{\partial P}{\partial x} = \frac{\partial^2}{\partial t^2}(\rho_1 u_x + \rho_2 U_x) \tag{1-3-39a}$$

$$(\lambda+2\mu)\frac{\partial^2 u_z}{\partial z^2} + \mu\frac{\partial^2 u_z}{\partial x^2} + (\lambda+\mu)\frac{\partial^2 u_x}{\partial x\partial z} - \alpha\frac{\partial P}{\partial z} = \frac{\partial^2}{\partial t^2}(\rho_1 u_z + \rho_2 U_z) \tag{1-3-39b}$$

$$-\frac{\partial(\varphi P)}{\partial x} = \frac{\partial^2}{\partial t^2}(\rho_{12}u_x + \rho_{22}U_x) + \frac{\eta\,\varphi^2}{k}\left(\frac{\partial U_x}{\partial t} - \frac{\partial u_x}{\partial t}\right) \tag{1-3-39c}$$

$$-\frac{\partial(\varphi P)}{\partial z} = \frac{\partial^2}{\partial t^2}(\rho_{12}u_z + \rho_{22}U_z) + \frac{\eta\,\varphi^2}{k}\left(\frac{\partial U_z}{\partial t} - \frac{\partial u_z}{\partial t}\right) \tag{1-3-39d}$$

$$P = -F\left[\frac{\partial U_x}{\partial x} + \frac{\partial U_z}{\partial z} + \frac{\alpha-\varphi}{\varphi}\left(\frac{\partial u_x}{\partial x} + \frac{\partial u_z}{\partial z}\right)\right] \tag{1-3-39e}$$

式中，$\rho_1 = (1-\varphi)\rho_s$、$\rho_2 = \varphi\rho_f$ 分别为每单位体积固体与流体的质量。

（三）改进 BISQ 模型

BISQ 模型中的流体压力表达式中包含了许多微观参量，有些并不方便用数学公式的形式来描述，例如喷射流长度 R 就需要在实验室测量得到。针对该问题，Diallo 和 Appel 把 BISQ 模型中两个不同方向的流动机制通过流体质量守恒等式进行统一，推出了一种新的流体压力表达式（Sanou，2000）。

根据 BISQ 模型（Dvorkin and Nur，1993），在柱坐标系下对流体动力学基本方程整理可得

$$\frac{\varphi}{\rho_f}\frac{\partial \rho_f}{\partial t}+\frac{\partial \varphi}{\partial t}+\varphi\frac{\partial^2(U_x-u_x)}{\partial x\partial t}+\varphi\left(\frac{\partial^2 v}{\partial r\partial t}+\frac{1}{r}\frac{\partial v}{\partial r}\right)=0 \tag{1-3-40}$$

式中，v 为垂直 P 波传播方向即柱坐标系径向上的流相位移；u_x、U_x 为平行 P 波传播方向即柱坐标系轴向上的固相位移和流相位移；r 为柱坐标系。用 U_r 表示径向流相位移，代替 v，式（1-3-40）可以写成：

$$\frac{\varphi}{\rho_f}\frac{\partial \rho_f}{\partial t}+\frac{\partial \varphi}{\partial t}+\varphi\frac{\partial^2(U_x-u_x)}{\partial x\partial t}+\varphi\left(\frac{\partial^2 U_r}{\partial r\partial t}+\frac{1}{r}\frac{\partial U_r}{\partial r}\right)=0 \tag{1-3-41}$$

Biot（1941）推导出了双相介质中岩石孔隙度变化与流体压力变化和固体骨架所受应力变化的关系：

$$\mathrm{d}\varphi=\mathrm{d}P/Q+\alpha\mathrm{d}e \tag{1-3-42}$$

式中，α 为孔隙弹性常数；$\frac{1}{Q}=\frac{1-\alpha}{K}-\frac{1-\alpha+\varphi}{K_s}$；固体骨架形变在柱坐标系下可以表示为：$e=\frac{\partial U_r}{\partial r}+\frac{U_r}{r}+\frac{\partial u_x}{\partial x}$。将这些参数代入关系式，并假设各方向上的形变相同，进行整理可得

$$\frac{\partial \varphi}{\partial t}=\frac{\alpha}{3}\frac{\partial e}{\partial t}+\frac{1}{Q}\frac{\partial P}{\partial t}=\frac{\alpha}{3}\frac{\partial}{\partial t}\left(\frac{\partial u_r}{\partial r}+\frac{u_r}{r}+\frac{\partial u_x}{\partial x}\right)+\frac{1}{Q}\frac{\partial P}{\partial t} \tag{1-3-43}$$

式中，u_r 为柱坐标系下径向上的固相位移。

结合柱坐标系下流体动力学方程，经过整理可得

$$P=-\frac{F}{\varphi}\left(\frac{\partial W_r}{\partial r}+\frac{W_r}{r}+\frac{\partial W_x}{\partial x}\right)+F\frac{\partial u_x}{\partial x}-\frac{F\gamma_1}{\varphi}\left(\frac{\partial u_r}{\partial r}+\frac{u_r}{r}+\frac{\partial u_x}{\partial x}\right) \tag{1-3-44}$$

式中，$W_r=\varphi(U_r-u_r)$ 为径向上流相、固相位移的关系式；$\gamma_1=\frac{\alpha}{3}+\varphi$。

根据三维双相介质各向同性 BISQ 模型（Parra，1997），改进 BISQ 模型中流体压力表达式如下：

$$P=-\frac{F}{\varphi}\left[\frac{\partial W_x}{\partial x}+\frac{\partial W_y}{\partial y}+\frac{\partial W_z}{\partial z}+\frac{\alpha+2\varphi}{3}\left(\frac{\partial u_x}{\partial x}+\frac{\partial u_y}{\partial y}+\frac{\partial u_z}{\partial z}\right)\right] \tag{1-3-45}$$

改进 BISQ 模型与 BISQ 模型相对比，只是流体压力的表达式有所不同，不再含有喷射流长度 R，其他弹性波方程的形式是完全相同的。这样可由前面推导所得的基于微观流场双相介质各向同性的运动平衡方程进行整理，并且将位移分量对时间的二阶导数项替换成速度分量对时间的一阶导数项，将位移分量对时间的一阶导数项直接替换为速度项（王俊，2009；Sanou，2000），可得二维双相各向同性一阶速度-应力方程如下：

$$(\rho_2\rho_{12}-\rho_1\rho_{22})\frac{\partial v_x}{\partial t}=-\rho_{22}\left(\frac{\partial \sigma_{xx}}{\partial x}+\frac{\partial \tau_{xz}}{\partial z}\right)+\rho_2\frac{\partial S}{\partial x}-\rho_2\,b_x(V_x-v_x) \tag{1-3-46a}$$

$$(\rho_2\rho_{12}-\rho_1\rho_{22})\frac{\partial V_x}{\partial t}=\rho_{12}\left(\frac{\partial \sigma_{xx}}{\partial x}+\frac{\partial \tau_{xz}}{\partial z}\right)-\rho_1\frac{\partial S}{\partial x}+\rho_1 b_x(V_x-v_x) \tag{1-3-46b}$$

$$(\rho_2\rho_{12}-\rho_1\rho_{22})\frac{\partial v_z}{\partial t}=-\rho_{22}\left(\frac{\partial\tau_{xz}}{\partial x}+\frac{\partial\sigma_{zz}}{\partial z}\right)+\rho_2\frac{\partial S}{\partial x}-\rho_2\,b_z(V_z-v_z)\qquad(1\text{-}3\text{-}46\mathrm{c})$$

$$(\rho_2\rho_{12}-\rho_1\rho_{22})\frac{\partial V_z}{\partial t}=\rho_{12}\left(\frac{\partial\tau_{xz}}{\partial x}+\frac{\partial\sigma_{zz}}{\partial z}\right)-\rho_1\frac{\partial S}{\partial z}+\rho_1 b_z(V_z-v_z)\qquad(1\text{-}3\text{-}46\mathrm{d})$$

由各向同性双相介质的本构方程和几何方程可得二维情况下一阶应力-速度方程：

$$\frac{\partial\sigma_{xx}}{\partial t}=d_{11}\frac{\partial v_x}{\partial x}+d_{13}\frac{\partial v_z}{\partial z}-\alpha\frac{\partial P}{\partial t}\qquad(1\text{-}3\text{-}47\mathrm{a})$$

$$\frac{\partial\sigma_{zz}}{\partial t}=d_{31}\frac{\partial v_x}{\partial x}+d_{33}\frac{\partial v_z}{\partial z}-\frac{\partial P}{\partial t}\qquad(1\text{-}3\text{-}47\mathrm{b})$$

$$\frac{\partial\tau_{xz}}{\partial t}=d_{55}\left(\frac{\partial v_x}{\partial z}+\frac{\partial v_z}{\partial x}\right)\qquad(1\text{-}3\text{-}47\mathrm{c})$$

$$\frac{\partial P}{\partial t}=-\frac{F}{\varphi}\left[\varphi\frac{\partial(V_x-v_x)}{\partial x}+\varphi\frac{\partial(V_z-v_z)}{\partial z}+\frac{\alpha+2\varphi}{3}\left(\frac{\partial v_x}{\partial x}+\frac{\partial v_z}{\partial z}\right)\right]\qquad(1\text{-}3\text{-}47\mathrm{d})$$

（四）裂缝诱导 HTI 双孔隙介质

裂缝岩石模型主要有两个发展方向：①双重介质模型；②非双重介质模型。主要的差别在于是否考虑岩石所含流体在裂缝系统与孔隙系统之间进行交换。而这里所要介绍的裂缝诱导各向异性双孔隙介质（杜启振等，2009）主要针对岩石裂缝为高角度，且平面上方向性较强的情况，比较适合模拟弹性波在裂缝型低渗透砂岩中的传播。

该模型的主要假设条件包括：①岩石处于开放条件下，孔隙中的流体受到的静压力是不变的，且可以流动，能被排出岩石；②应力主要作用在岩石骨架上；③裂缝均匀分布且相互平行，岩石孔隙之间相互连通。

根据前面介绍的 Biot 介质理论，可以得到双相介质中本构关系，对弹性系数矩阵求逆，就可以得到用柔度系数来表示的应变与应力之间的关系，如式（1-3-48）所示。

$$\begin{bmatrix}e_{xx}\\e_{yy}\\e_{zz}\\e_{xy}\\e_{xz}\\e_{yz}\\\varepsilon\end{bmatrix}=\begin{bmatrix}S_{11}&S_{12}&S_{13}&S_{14}&S_{15}&S_{16}&\bar\beta_1\\S_{21}&S_{22}&S_{23}&S_{24}&S_{25}&S_{26}&\bar\beta_2\\S_{31}&S_{32}&S_{33}&S_{34}&S_{35}&S_{36}&\bar\beta_3\\S_{41}&S_{42}&S_{43}&S_{44}&S_{45}&S_{46}&\bar\beta_4\\S_{51}&S_{52}&S_{53}&S_{54}&S_{55}&S_{56}&\bar\beta_5\\S_{61}&S_{62}&S_{63}&S_{64}&S_{65}&S_{66}&\bar\beta_6\\\bar\beta_1&\bar\beta_2&\bar\beta_3&\bar\beta_4&\bar\beta_5&\bar\beta_6&\bar\gamma\end{bmatrix}\begin{bmatrix}\sigma_{xx}\\\sigma_{yy}\\\sigma_{zz}\\\tau_{xy}\\\tau_{xz}\\\tau_{yz}\\S\end{bmatrix}\qquad(1\text{-}3\text{-}48)$$

当岩石中的裂隙为平行裂隙，且具有线性光滑界面时（Schoenberg and Sayer，1995），介质的特征可以使用下面的矩阵形式表示（镇晶晶和刘洋，2011）：

$$\boldsymbol{S}=\boldsymbol{S}^{(0)}+\boldsymbol{S}^{\mathrm{f}}\qquad(1\text{-}3\text{-}49)$$

式中，$\boldsymbol{S}^{(0)}$ 为各向同性背景介质的有效柔度矩阵；$\boldsymbol{S}^{\mathrm{f}}$ 为裂缝柔度系数。其中：

$$S^{(0)} = \begin{bmatrix} 1/E & -\nu/E & -\nu/E & 0 & 0 & 0 \\ -\nu/E & 1/E & -\nu/E & 0 & 0 & 0 \\ -\nu/E & -\nu/E & 1/E & 0 & 0 & 0 \\ 0 & 0 & 0 & 1/\mu & 0 & 0 \\ 0 & 0 & 0 & 0 & 1/\mu & 0 \\ 0 & 0 & 0 & 0 & 0 & 1/\mu \end{bmatrix} \quad (1\text{-}3\text{-}50)$$

式中，E 为杨氏模量；ν 为泊松比；$\mu = E/[2(1+\nu)]$。S^f 只含有 S_{11}^f、S_{55}^f、S_{66}^f 三个非零值，在岩石裂缝为低密度的情况下，可以表述为（Schoenberg and Douma，1988）：

$$S^f = \begin{bmatrix} u_{33}e_1/\mu & 0 & 0 & 0 & 0 & 0 \\ 0 & 0 & 0 & 0 & 0 & 0 \\ 0 & 0 & 0 & 0 & 0 & 0 \\ 0 & 0 & 0 & 0 & 0 & 0 \\ 0 & 0 & 0 & 0 & u_{11}e_1/\mu & 0 \\ 0 & 0 & 0 & 0 & 0 & u_{11}e_1/\mu \end{bmatrix} \quad (1\text{-}3\text{-}51)$$

式中，$u_{11} = \dfrac{16}{3(3-2g)(1+M)}$；$u_{33} = \dfrac{4}{3(1-g)(1+K)}$；$M = \dfrac{4\mu_i}{\pi d(3-2g)\mu}$；$K = \dfrac{\lambda_i+2\mu_i}{\pi d(1-g)\mu}$。其中，$\lambda_i$、$\mu_i$ 分别为裂缝填充物的拉梅常数；d 为裂缝纵横比；e_1 为裂缝密度。

考虑 HTI 介质时，假设应力变化只作用在固体骨架上，柔度系数矩阵就可以写成：

$$\begin{bmatrix} e_{xx} \\ e_{yy} \\ e_{zz} \\ e_{xy} \\ e_{xz} \\ e_{yz} \\ \varepsilon \end{bmatrix} = \begin{bmatrix} S_{11} & S_{13} & S_{13} & 0 & 0 & 0 & \beta_1 \\ S_{13} & S_{33} & S_{23} & 0 & 0 & 0 & \beta_3 \\ S_{13} & S_{23} & S_{33} & 0 & 0 & 0 & \beta_3 \\ 0 & 0 & 0 & S_{44} & 0 & 0 & 0 \\ 0 & 0 & 0 & 0 & S_{66} & 0 & 0 \\ 0 & 0 & 0 & 0 & 0 & S_{66} & 0 \\ \beta_1 & \beta_3 & \beta_3 & 0 & 0 & 0 & \gamma \end{bmatrix} \begin{bmatrix} \sigma_{xx} \\ \sigma_{yy} \\ \sigma_{zz} \\ \tau_{xy} \\ \tau_{xz} \\ \tau_{yz} \\ S \end{bmatrix} \quad (1\text{-}3\text{-}52)$$

式中，$\beta_1 = \dfrac{1}{3\varphi K_s} + \left(1-\dfrac{1}{\varphi}\right)(S_{11}+2S_{13})$；$\beta_3 = \dfrac{1}{3\varphi K_s} + \left(1-\dfrac{1}{\varphi}\right)(S_{13}+S_{23}+S_{33})$；$\gamma = \dfrac{1}{\varphi}\left(\dfrac{1}{K_f}-\dfrac{1}{K_s}\right) + \left(2-\dfrac{1}{\varphi}\right)\dfrac{1}{\varphi K_s}$。

对式（1-3-52）求逆，就可以得到裂缝诱导 HTI 双孔隙介质的本构方程（Du et al.，2011）：

$$
\begin{bmatrix}
\sigma_{xx} \\
\sigma_{yy} \\
\sigma_{zz} \\
\tau_{xy} \\
\tau_{xz} \\
\tau_{yz} \\
S
\end{bmatrix}
=
\begin{bmatrix}
D_{11} & D_{13} & D_{13} & 0 & 0 & 0 & Q_1 \\
D_{13} & D_{33} & D_{23} & 0 & 0 & 0 & Q_3 \\
D_{13} & D_{23} & D_{33} & 0 & 0 & 0 & Q_3 \\
0 & 0 & 0 & D_{44} & 0 & 0 & 0 \\
0 & 0 & 0 & 0 & D_{66} & 0 & 0 \\
0 & 0 & 0 & 0 & 0 & D_{66} & 0 \\
Q_1 & Q_3 & Q_3 & 0 & 0 & 0 & R
\end{bmatrix}
\begin{bmatrix}
e_{xx} \\
e_{yy} \\
e_{zz} \\
e_{xy} \\
e_{xz} \\
e_{yz} \\
\varepsilon
\end{bmatrix}
\tag{1-3-53}
$$

其中

$$ D_{11} = \frac{2\beta_3^2 - (S_{23} + S_{33})\gamma}{M} $$

$$ D_{23} = \frac{2S_{13}\beta_1\beta_3 - S_{23}\beta_1^2 - S_{11}\beta_3^2 - S_{23}^2\gamma + S_{11}S_{23}\gamma}{M(S_{33} - S_{23})} $$

$$ D_{13} = \frac{-\beta_1\beta_3 + S_{13}\gamma}{M} $$

$$ Q_1 = \frac{-2S_{13}\beta_3 + (S_{23} + S_{33})\beta_1}{M} $$

$$ Q_3 = \frac{-S_{13}\beta_1 + S_{11}\beta_3}{M} $$

$$ R = \frac{2S_{13}^2 - S_{11}(S_{23} + S_{33})}{M} $$

$$ D_{33} = \frac{-2S_{13}\beta_1\beta_3 + S_{33}\beta_1^2 + S_{11}\beta_3^2 + S_{13}^2\gamma - S_{11}S_{33}\gamma}{M(S_{33} - S_{23})} $$

$$ M = S_{23}\beta_1^2 + S_{33}\beta_1^2 + 2S_{33}\beta_3^2 - 4S_{13}\beta_1\beta_3 + 2S_{13}^2\gamma - S_{11}S_{23}\gamma - S_{11}S_{33}\gamma $$

$$ D_{66} = \frac{1}{S_{66}} $$

$$ D_{44} = \frac{1}{S_{44}} $$

把相应的参数代入 Biot 介质理论的本构方程中，结合几何方程就可得到裂缝诱导 HTI 介质的一阶速度–应力方程。该模型中的运动平衡方程和 Biot 介质理论中的相同，推导得到的一阶应力–速度方程也是相同的。

（五）孔隙黏弹介质理论

1. 二维孔隙黏弹介质

孔隙黏弹介质的运动方程包括如下（Carcione，1998）。

（1）Biot-Newton 动态方程（Biot，1962）：

$$ \frac{\partial \sigma_{xx}}{\partial x} + \frac{\partial \tau_{xz}}{\partial z} = \rho\frac{\partial v_x}{\partial t} + \rho_{\mathrm{f}}\frac{\partial V_x}{\partial t} \tag{1-3-54a} $$

$$\frac{\partial \tau_{xz}}{\partial x} + \frac{\partial \sigma_{zz}}{\partial z} = \rho \, \frac{\partial v_z}{\partial t} + \rho_{\mathrm{f}} \, \frac{\partial V_z}{\partial t} \tag{1-3-54b}$$

（2）动态达西定律：

$$-\frac{\partial P}{\partial x} = \rho_{\mathrm{f}} \, \frac{\partial v_x}{\partial t} + m \, \frac{\partial V_x}{\partial t} + \frac{\eta}{k} V_x \tag{1-3-55a}$$

$$-\frac{\partial P}{\partial z} = \rho_{\mathrm{f}} \, \frac{\partial v_z}{\partial t} + m \, \frac{\partial V_z}{\partial t} + \frac{\eta}{k} V_z \tag{1-3-55b}$$

式中，$m = \tau \rho_{\mathrm{f}} / \varphi$；$\tau$ 为弯曲度。

由式（1-3-54）和式（1-3-55）进行整理，并将位移分量对时间的二阶导数项替换成速度分量对时间的一阶导数项，位移分量对时间的一阶导数项直接替换为速度项，可得二维孔隙黏弹非均匀各向同性介质的一阶速度-应力方程如下：

$$(\rho_{\mathrm{f}}^2 - \rho m) \, \frac{\partial v_x}{\partial t} = -m \left(\frac{\partial \sigma_{xx}}{\partial x} + \frac{\partial \tau_{xz}}{\partial z} \right) - \rho_{\mathrm{f}} \, \frac{\partial P}{\partial x} - \frac{\rho_{\mathrm{f}} \eta}{k} V_x \tag{1-3-56a}$$

$$(\rho_{\mathrm{f}}^2 - \rho m) \, \frac{\partial V_x}{\partial t} = \rho_{\mathrm{f}} \left(\frac{\partial \sigma_{xx}}{\partial x} + \frac{\partial \tau_{xz}}{\partial z} \right) + \rho \, \frac{\partial P}{\partial x} + \frac{\rho \eta}{k} V_x \tag{1-3-56b}$$

$$(\rho_{\mathrm{f}}^2 - \rho m) \, \frac{\partial v_z}{\partial t} = -m \left(\frac{\partial \tau_{xz}}{\partial x} + \frac{\partial \sigma_{zz}}{\partial z} \right) - \rho_{\mathrm{f}} \, \frac{\partial P}{\partial z} - \frac{\rho_{\mathrm{f}} \eta}{k} V_z \tag{1-3-56c}$$

$$(\rho_{\mathrm{f}}^2 - \rho m) \, \frac{\partial V_z}{\partial t} = \rho_{\mathrm{f}} \left(\frac{\partial \tau_{xz}}{\partial x} + \frac{\partial \sigma_{zz}}{\partial z} \right) + \rho \, \frac{\partial P}{\partial z} + \frac{\rho \eta}{k} V_z \tag{1-3-56d}$$

在平面应变的条件下，二维非均匀各向同性双相介质的本构方程可以表示为（Biot and Willis，1957；Biot，1962）

$$\frac{\partial \sigma_{xx}}{\partial t} = E \, \frac{\partial v_x}{\partial x} + (E - 2\mu) \, \frac{\partial v_z}{\partial z} + \alpha M \varepsilon \tag{1-3-57a}$$

$$\frac{\partial \sigma_{zz}}{\partial t} = (E - 2\mu) \, \frac{\partial v_x}{\partial x} + E \, \frac{\partial v_z}{\partial z} + \alpha M \varepsilon \tag{1-3-57b}$$

$$\frac{\partial \tau_{xz}}{\partial t} = \mu \left(\frac{\partial v_x}{\partial z} + \frac{\partial v_z}{\partial x} \right) \tag{1-3-57c}$$

$$\frac{\partial P}{\partial t} = -M \varepsilon \tag{1-3-57d}$$

$$\varepsilon = \alpha \left(\frac{\partial v_x}{\partial x} + \frac{\partial v_z}{\partial z} \right) + \frac{\partial V_x}{\partial x} + \frac{\partial V_z}{\partial z} \tag{1-3-57e}$$

式中，$E = K_{\mathrm{m}} + 4\mu/3$；$M = K_{\mathrm{s}}^2 / (D - K_{\mathrm{m}})$；$D = K_{\mathrm{s}} [1 + \varphi (K_{\mathrm{s}} K_{\mathrm{f}}^{-1} - 1)]$；$\alpha = 1 - K_{\mathrm{m}} / K_{\mathrm{s}}$。其中，$K_{\mathrm{m}}$、$K_{\mathrm{s}}$、$K_{\mathrm{f}}$ 分别为干骨架体积模量、固体体积模量和流体体积模量；E 为干骨架的纵波模量；M 为固流耦合模量；α 为有效应力的孔隙弹性参数。

Carcione（1998）将固流耦合模量 M 替换为与时间有关的松弛函数，并假设 E 和 μ 与频率无关。这样 M 就可以写成 $\psi(t)$，即：

$$\psi(t) = M \left(1 + \frac{1}{L} \sum_{l=1}^{L} \phi_l \right)^{-1} \left[1 + \frac{1}{L} \sum_{l=1}^{L} \phi_l \exp(-t/\tau_{\sigma l}) \right] H(t) \tag{1-3-58}$$

式中，$H(t)$ 为海维赛德函数；$\phi_l = \dfrac{\tau_{\varepsilon l}}{\tau_{\sigma l}} - 1$。其中的松弛时间可以用 Q 因子和基准频率 f 来表示：

$$\tau_{\varepsilon l} = \frac{1}{2\pi f_l Q_l}\left[\sqrt{Q_l^2+1}+1\right] \qquad (1\text{-}3\text{-}59\text{a})$$

$$\tau_{\sigma l} = \frac{1}{2\pi f_l Q_l}\left[\sqrt{Q_l^2+1}-1\right] \qquad (1\text{-}3\text{-}59\text{b})$$

考虑到流体具有黏滞性，并引入松弛函数后，就可以得到孔隙黏弹介质的本构方程（Carcione，1998）：

$$\frac{\partial \sigma_{xx}}{\partial t} = E\frac{\partial v_x}{\partial x} + (E-2\mu)\frac{\partial v_z}{\partial z} + \alpha\left(M\varepsilon + \sum_{l=1}^{L} e_l\right) \qquad (1\text{-}3\text{-}60\text{a})$$

$$\frac{\partial \sigma_{zz}}{\partial t} = (E-2\mu)\frac{\partial v_x}{\partial x} + E\frac{\partial v_z}{\partial z} + \alpha\left(M\varepsilon + \sum_{l=1}^{L} e_l\right) \qquad (1\text{-}3\text{-}60\text{b})$$

$$\frac{\partial \tau_{xz}}{\partial t} = \mu\left(\frac{\partial v_x}{\partial z}+\frac{\partial v_z}{\partial x}\right) \qquad (1\text{-}3\text{-}60\text{c})$$

$$\frac{\partial P}{\partial t} = -\left(M\varepsilon + \sum_{l=1}^{L} e_l\right) \qquad (1\text{-}3\text{-}60\text{d})$$

式中，e_l，$l=1$，$\cdots$，L；L 为记忆变量，且 $\dfrac{\partial e_l}{\partial t} = -\dfrac{1}{\tau_{\sigma l}}\left[M\left(L+\sum_{m=1}^{L}\varphi_m\right)^{-1}\varphi_l\varepsilon + e_l\right]$。

2. 三维孔隙黏弹介质

与前节得到二维孔隙黏弹介质的一阶速度–应力方程类似，由三维双相介质中的 Biot-Newton 动态方程和达西动态方程，经过整理后可得三维孔隙黏弹介质的一阶速度–应力方程（Carcione，1999）：

$$(\rho_f^2 - \rho m)\frac{\partial v_x}{\partial t} = -m\left(\frac{\partial \sigma_{xx}}{\partial x}+\frac{\partial \tau_{xy}}{\partial y}+\frac{\partial \tau_{xz}}{\partial z}\right) - \rho_f\frac{\partial P}{\partial x} - \frac{\rho_f\eta}{k}V_x \qquad (1\text{-}3\text{-}61\text{a})$$

$$(\rho_f^2 - \rho m)\frac{\partial V_x}{\partial t} = \rho_f\left(\frac{\partial \sigma_{xx}}{\partial x}+\frac{\partial \tau_{xy}}{\partial y}+\frac{\partial \tau_{xz}}{\partial z}\right) + \rho\frac{\partial P}{\partial x} + \frac{\rho\eta}{k}V_x \qquad (1\text{-}3\text{-}61\text{b})$$

$$(\rho_f^2 - \rho m)\frac{\partial v_y}{\partial t} = -m\left(\frac{\partial \tau_{xy}}{\partial x}+\frac{\partial \sigma_{yy}}{\partial y}+\frac{\partial \tau_{yz}}{\partial z}\right) - \rho_f\frac{\partial P}{\partial y} - \frac{\rho_f\eta}{k}V_y \qquad (1\text{-}3\text{-}61\text{c})$$

$$(\rho_f^2 - \rho m)\frac{\partial V_y}{\partial t} = \rho_f\left(\frac{\partial \tau_{xy}}{\partial x}+\frac{\partial \sigma_{yy}}{\partial y}+\frac{\partial \tau_{yz}}{\partial z}\right) + \rho\frac{\partial P}{\partial y} + \frac{\rho\eta}{k}V_y \qquad (1\text{-}3\text{-}61\text{d})$$

$$(\rho_f^2 - \rho m)\frac{\partial v_z}{\partial t} = -m\left(\frac{\partial \tau_{xz}}{\partial x}+\frac{\partial \tau_{yz}}{\partial y}+\frac{\partial \sigma_{zz}}{\partial z}\right) - \rho_f\frac{\partial P}{\partial z} - \frac{\rho_f\eta}{k}V_z \qquad (1\text{-}3\text{-}61\text{e})$$

$$(\rho_f^2 - \rho m)\frac{\partial V_z}{\partial t} = \rho_f\left(\frac{\partial \tau_{xz}}{\partial x}+\frac{\partial \tau_{yz}}{\partial y}+\frac{\partial \sigma_{zz}}{\partial z}\right) + \rho\frac{\partial P}{\partial z} + \frac{\rho\eta}{k}V_z \qquad (1\text{-}3\text{-}61\text{f})$$

同样，可以得到三维黏弹孔隙介质的一阶应力–速度方程：

$$\frac{\partial \sigma_{xx}}{\partial t} = E\frac{\partial v_x}{\partial x} + (E-2\mu)\left(\frac{\partial v_y}{\partial y}+\frac{\partial v_z}{\partial z}\right) + \alpha\left(M\varepsilon + \sum_{l=1}^{L} e_l\right) \qquad (1\text{-}3\text{-}62\text{a})$$

$$\frac{\partial \sigma_{zz}}{\partial t} = (E - 2\mu)\left(\frac{\partial v_x}{\partial x} + \frac{\partial v_y}{\partial y}\right) + E\frac{\partial v_z}{\partial z} + \alpha\left(M\varepsilon + \sum_{l=1}^{L} e_l\right) \qquad (1\text{-}3\text{-}62\text{b})$$

$$\frac{\partial \tau_{xz}}{\partial t} = \mu\left(\frac{\partial v_x}{\partial z} + \frac{\partial v_z}{\partial x}\right) \qquad (1\text{-}3\text{-}62\text{c})$$

$$\frac{\partial \tau_{xy}}{\partial t} = \mu\left(\frac{\partial v_x}{\partial y} + \frac{\partial v_y}{\partial x}\right) \qquad (1\text{-}3\text{-}62\text{d})$$

$$\frac{\partial \tau_{yz}}{\partial t} = \mu\left(\frac{\partial v_y}{\partial z} + \frac{\partial v_z}{\partial y}\right) \qquad (1\text{-}3\text{-}62\text{e})$$

$$\frac{\partial P}{\partial t} = -\left(M\varepsilon + \sum_{l=1}^{L} e_l\right) \qquad (1\text{-}3\text{-}62\text{f})$$

$$\varepsilon = \alpha\left(\frac{\partial v_x}{\partial x} + \frac{\partial v_y}{\partial y} + \frac{\partial v_z}{\partial z}\right) + \frac{\partial V_x}{\partial x} + \frac{\partial V_y}{\partial y} + \frac{\partial V_z}{\partial z} \qquad (1\text{-}3\text{-}62\text{g})$$

二、数值模拟

（一）二维波场模拟

1. 各向同性 Biot 介质

设计区域大小为 2000m×2000m，空间采样间隔为 5m，时间步长为 1ms。模型介质在自然坐标系下的弹性参数如表 1-3-1 所示。震源采用里克子波，主频为 30Hz，加载方向为 x 方向，震源位置为（1000m，1000m）。

表 1-3-1　Biot 介质弹性参数

固相参数				流相参数		耦合参数		耗散参数
d_{11}	d_{13}	d_{44}	ρ_{11}	R	ρ_{22}	Q	ρ_{12}	b
26.4	12.72	6.84	2.17	0.331	0.191	0.953	−0.083	3.00

注：d_{ij}、R、Q 单位是 $10^9 \text{kg}/(\text{m} \cdot \text{s}^2)$；$\rho_{ij}$ 单位是 10^3kg/m^3；b 单位是 $\text{kg}/(\text{m}^3 \cdot \text{s})$。

由图 1-3-3 和图 1-3-4 所示的波场快照中可以看到，弹性波在各向同性 Biot 介质的传播过程中，同时存在快纵波、慢纵波和横波，其传播速度由大到小依次为快纵波、横波和慢纵波。慢纵波的能量在固相分量上比较弱。三种波在固相和流相中的传播速度相等。这些结论与 Biot 介质理论在各向同性的情况下得出的结论相同。

2. 各向同性改进 BISQ 介质

设计区域大小为 2000m×2000m，空间采样间隔为 5m，时间步长为 1ms。模型介质在自然坐标系下的弹性参数如表 1-3-2 所示。震源采用里克子波，主频为 20Hz，加载方向为 x 方向，位置为（1000m，1000m）。

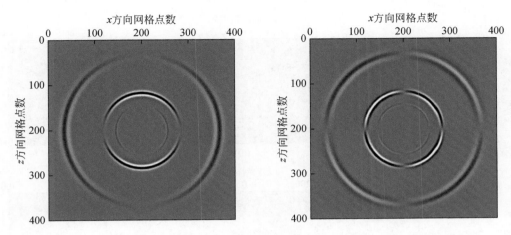

图 1-3-3　Biot 介质理论固相分量波场快照（左侧为水平分量，右侧为垂直分量）

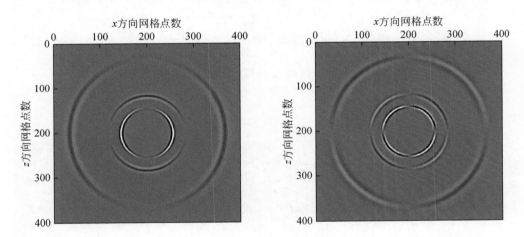

图 1-3-4　Biot 介质理论流相分量波场快照（左侧为水平分量，右侧为垂直分量）

表 1-3-2　改进 BISQ 模型弹性参数

固相参数				耦合参数	流相参数				
λ	μ	K_s	ρ_s	ρ_a	K_f	ρ_f	φ	η	k
12.72	6.84	56.81	2738	83	1.46	454	0.2378	10^{-6}	10

注：λ、μ、K_s、K_f 单位是 GPa；ρ_s、ρ_a、ρ_f 单位是 kg/m³；η 单位是 Pa·s；k 单位是 mD，1D=0.986923×10⁻¹²m²。

　　图 1-3-5 和图 1-3-6 为各向同性改进 BISQ 模型的波场快照，与 Biot 介质理论中相同的是该模型波场快照中也存在快纵波、横波和慢纵波。在固相分量上慢纵波的能量也比较弱，这样相同的条件下，在流相中更容易观测到慢纵波的传播。而且慢纵波是高耗散波，在黏滞相界的条件下衰减得比较剧烈，该模型中给出的黏滞系数较小，近似理想相界，但随着传播距离的增加仍然可以观测到慢纵波能量的衰减。实际地下地层基本上可认为是黏滞相界的，慢纵波衰减得非常剧烈，所以在实际野外数据采集中，基本上观测不到慢纵波。

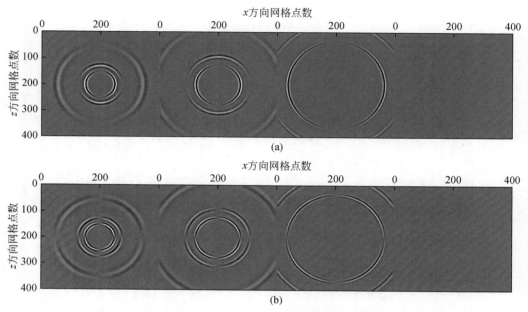

图 1-3-5　改进 BISQ 模型流相波场快照

（a）水平分量；（b）垂直分量

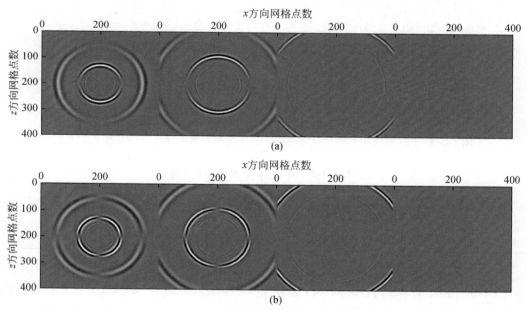

图 1-3-6　改进 BISQ 模型固相波场快照

（a）水平分量；（b）垂直分量

　　图 1-3-5 和图 1-3-6 中还展示了不同时刻的波场快照，直到慢纵波也传播出计算区域，可以看到在整个区域内的任何方向上基本看不到反射波出现，说明了完美匹配层（perfectly matched layer，PML）吸收边界条件应用的效果比较理想。

3. 裂缝诱导 TTI 介质

区域大小为 2000m×2000m，方位角为 45°，对称轴倾角为 60°。空间采样间隔为 $\Delta x = \Delta z = 4\text{m}$，时间步长为 1ms。模型介质在自然坐标系下的弹性参数如表 1-3-3 所示。震源采用里克子波，主频为 15Hz，加载方向为 x 方向，位置为（1000m，1000m）。

表 1-3-3　TTI 介质模型弹性参数

c_{11}	c_{13}	c_{33}	c_{44}	c_{66}	ρ
10.123	3.093	8.996	1.925	3.850	3.0

注：c_{ij} 单位为 10^9N/m^2；ρ 单位为 g/m^3。

在图 1-3-7 每个分量上的波场快照中都可以清晰地观测到纵波、横波，由于模拟介质中裂缝的存在，横波发生横波分裂现象。在 y 分量上纵波的能量较弱。图 1-3-7 中展示了不同时刻的波场快照，可以看出每个分量到人工边界处的纵波与横波都得到了很好的吸收，基本上没有观测到反射波，说明了 PML 吸收边界在 TTI 介质模型中也得到了很好的应用。

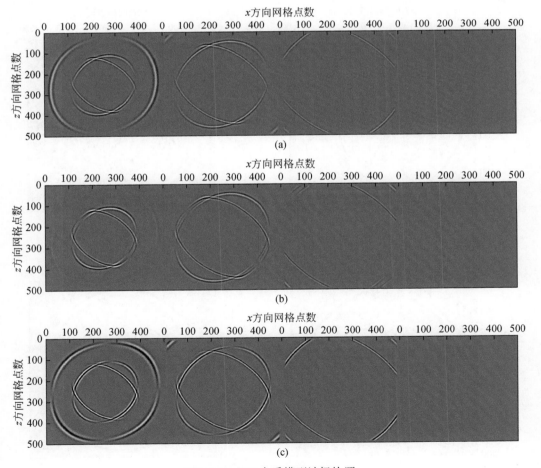

图 1-3-7　TTI 介质模型波场快照
（a）x 分量；（b）y 分量；（c）z 分量

4. 裂缝诱导 HTI 双孔隙介质

设计区域大小为 2500m×2500m，空间采样间隔为 $\Delta x = \Delta z = 5\text{m}$，时间步长为 1ms，裂缝密度为 0.1，裂缝纵横比为 0.01。模型介质在自然坐标系下的弹性参数如表 1-3-4 所示。震源采用里克子波，主频为 20Hz，加载方向为 x 方向，位置为（1250m，1250m）。

表 1-3-4　介质模型弹性参数

K_s	E	ν	K_f	φ	ρ_{11}	ρ_{22}	ρ_{12}	b_x	b_z
39	14.4	0.2	2.3	0.178	2170.0	191.0	−83.0	0.5	3

注：K_s、K_f、E 和 ν 单位是 GPa；ρ_{ij} 单位是 g/m³；b_x、b_z 单位是 kg/（m³·s）。

图 1-3-8 和图 1-3-9 展示了裂缝诱导 HTI 双孔隙介质的波场快照，考虑的裂缝模型为 Schoenberg（舍恩伯格）模型。由波场快照可以看出，在该模型中只存在两种波：纵波和横波。纵波的波前面不再是规则的圆形，而且横波的波前面出现尖角现象。由于同时考虑了双相介质的特性，波场快照中还包括流相分量的快照。综合考虑认为该模型可以对裂缝型油气藏进行较好的描述。

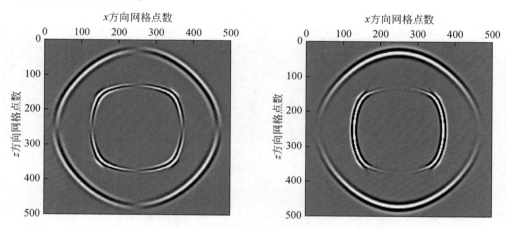

图 1-3-8　介质模型流相波场快照（左侧为水平分量，右侧为垂直分量）

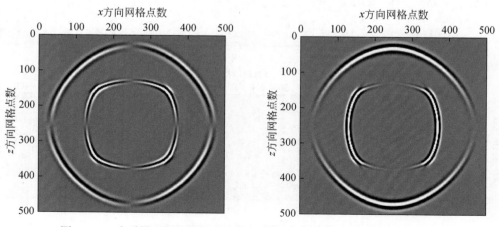

图 1-3-9　介质模型固相波场快照（左侧为水平分量，右侧为垂直分量）

5. 二维孔隙黏弹介质

设计区域为双层模型，上层介质孔隙中饱含气体，下层介质孔隙中饱含水。网格大小为 500×500，空间采样间隔为 $\Delta x = \Delta z = 0.005\mathrm{m}$，时间步长为 $0.00025\mathrm{ms}$。$L=1$，$Q=10$，$f=3000\mathrm{Hz}$。模型介质在自然坐标系下的弹性参数如表 1-3-5 所示。震源采用里克子波，主频为 $5000\mathrm{Hz}$，加载到固相两个正应力和流体压力上，震源网格点位置为（$1.250\mathrm{m}$，$0.625\mathrm{m}$）。

表 1-3-5 孔隙黏弹模型弹性参数（a）

固相参数		骨架参数			
K_s	ρ_s	K_m	μ	φ	k
35	2650	1.7	1.855	0.3	1

表 1-3-5 孔隙黏弹模型弹性参数（b）

气体			水		
K_g	ρ_g	η_g	K_w	ρ_w	η_w
0.022	100	0.015	2.4	1000	1

注：K_s、K_m、K_g、K_w 分别为固体体积模量、干骨架体积模量、气体体积模量和水的体积模量，单位是 GPa；ρ_s、ρ_g 和 ρ_w 分别为干骨架密度、气体密度和水的密度，单位是 $\mathrm{kg/m^3}$；k 为渗透率，单位是 D；η_g 和 η_w 分别为气体和水的黏滞系数，单位是 cP（$10^{-3}\mathrm{Pa \cdot S}$）；$\mu$ 为拉梅系数；φ 为岩石的孔隙度。

由图 1-3-10 和图 1-3-11 可看出，弹性波在黏弹孔隙介质中只存在两种形式：快纵波和慢纵波。在流相中快纵波的能量相对较弱，所以这里展示的波场快照是经过增益的，以便在流相分量的波场快照上也可以观测快纵波，相应的固相分量的波场快照以及它们的单炮记录都经过了相应的增益。在波场快照中可以清晰地看到，快纵波传播到分界面后，产生了反射和透射。反射波也存在两种：快反射波和慢反射波。其中慢反射波在流相分量的波场快照上比较清晰，而快反射波则在固相分量的波场快照上比较明显。还可以观测到透射波振幅和能量上的变化，这是由于喷射机制和孔隙中流体黏滞性的影响。

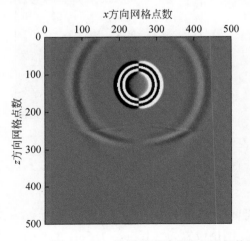
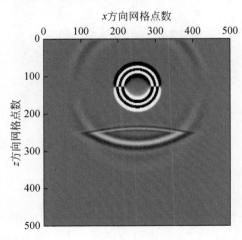

图 1-3-10 孔隙黏弹模型流相波场快照（左侧为水平分量，右侧为垂直分量）

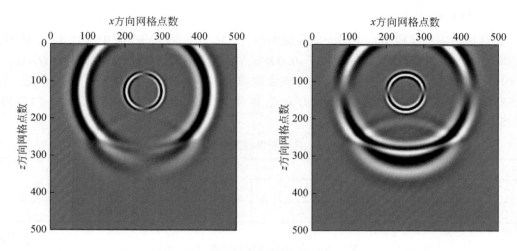

图 1-3-11　孔隙黏弹模型固相波场快照（左侧为水平分量，右侧为垂直分量）

　　图 1-3-12 和图 1-3-13 分别展示了流相和固相分量的单炮记录，流相分量上快纵波的能量较弱，反射波的能量更弱，即便经过增益也不是很明显。在固相分量上就可以观测到比较清晰的快反射波。而且即使经过了增益，在边界处也基本观测不到反射波，且在波场快照中，上边界处也看不到反射波，表明了数值模拟过程中成功实现了 PML 吸收边界条件。

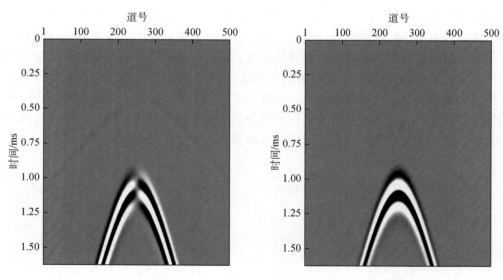

图 1-3-12　流相单炮记录（左侧为水平分量，右侧为垂直分量）

（二）三维波场模拟

　　设计模拟区域的大小为 $101 \times 101 \times 101$，时间步长为 $1\mu s$，空间采样间隔为 $\Delta x = \Delta y = \Delta z = 3cm$。震源采用里克子波，主频为 $1000Hz$，网格位置为（1.5m，1.5m，1.5m）。模型

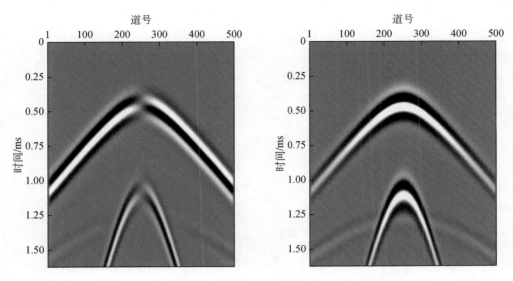

图 1-3-13　固相单炮记录（左侧为水平分量，右侧为垂直分量）

介质骨架弹性参数和固相弹性参数与二维模型中的参数完全相同。孔隙中饱含水，其弹性参数与二维模型中的相同。且 $L=1$，$Q=10$，$f=3000\mathrm{Hz}$。

在图 1-3-14 中，快纵波传播到计算区域接近边界处，而慢纵波在震源附近，传播的距离比较短。也可以看出此时慢纵波主要集中在震源附近，由于慢纵波的能量相对较大，在三维作图过程中，没有对波场值进行增益，所以快纵波相对并不明显。图 1-3-15 展示了波场传播到 2.7ms 时刻的快照，快纵波已经从计算区域中传播出去，慢纵波传播到计算区域的边界处，基本看不到反射波，说明该三维数值模拟过程的 PML 吸收边界条件应用效果良好。

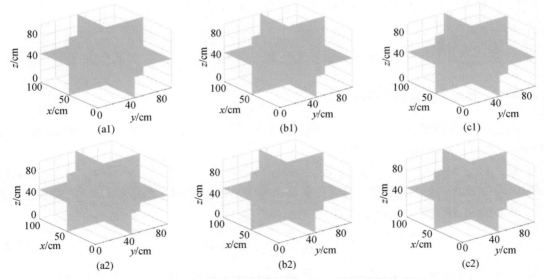

图 1-3-14　三维孔隙黏弹模型 1.5ms 时刻的波场快照

（a1）、（b1）、（c1）分别表示流相 x 分量、y 分量、z 分量；（a2）、（b2）、（c2）分别表示固相 x 分量、y 分量、z 分量

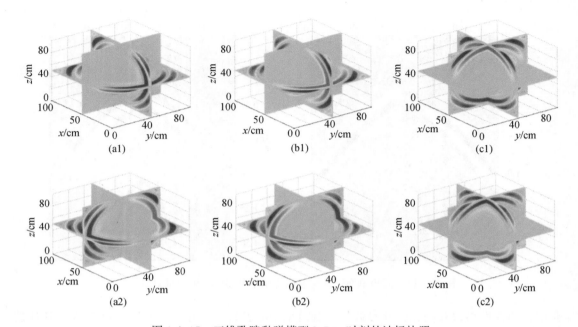

图 1-3-15　三维孔隙黏弹模型 2.7ms 时刻的波场快照

（a1）、（b1）、（c1）分别表示流相 x 分量、y 分量、z 分量；（a2）、（b2）、（c2）分别表示固相 x 分量、y 分量、z 分量

第四节　黏弹性介质

地震波在地下介质传播过程中通常存在吸收衰减效应，黏弹性波方程充分考虑了介质的吸收衰减特性，可以更加准确地描述地震波的传播规律及波场特征。在地震勘探频带范围内，一般假设品质因子 Q 不随频率发生变化，即常 Q 模型。

一、基本原理

（一）各向同性黏弹性介质

在黏弹性介质中，应力与应变之间的关系可以表示为（Carcione et al.，2002；Zhu and Harris，2014；Kjartansson，1979）

$$\sigma(t) = \psi(t) * \partial_t \varepsilon(t) \tag{1-4-1}$$

式中，$\sigma(t)$ 和 $\varepsilon(t)$ 分别为应力和应变张量；∂_t 为一阶时间偏导数；星号"$*$"表示卷积关系；$\psi(t)$ 为松弛函数，其表达式如下：

$$\psi(t) = \frac{M_0}{\Gamma(1-2\gamma)} \left(\frac{t}{t_0}\right)^{-2\gamma} H(t) \tag{1-4-2}$$

式中，M_0 为体积模量；Γ 为欧拉伽马函数；$H(t)$ 为阶跃函数；$t_0 = \dfrac{1}{\omega_0}$ 为参考时间，$\omega_0 =$

$2\pi f_0$ 为参考角频率，f_0 为参考频率。分数阶 γ 是一个与品质因子 Q 相关的参数，可以表示成：

$$\gamma = \frac{\arctan\left(\dfrac{1}{Q}\right)}{\pi} \approx \frac{1}{\pi Q} \tag{1-4-3}$$

将式（1-4-2）代入式（1-4-1）并化简，得到：

$$\sigma(t) = M_0\, \omega_0^{-2\gamma}\, (\partial_t)^{2\gamma}\, \varepsilon(t) \tag{1-4-4}$$

式（1-4-4）变换到频率域可以表示为

$$\tilde{\sigma}(\omega) = \tilde{D}(\omega)\tilde{\varepsilon}(\omega) \tag{1-4-5}$$

式中，$\tilde{\sigma}(\omega)$ 和 $\tilde{\varepsilon}(\omega)$ 分别为频率域应力与应变；$\tilde{D}(\omega)$ 为介质的复数模量，形式如下：

$$\tilde{D}(\omega) = M_0\left(\frac{\mathrm{i}\omega}{\omega_0}\right)^{2\gamma} \tag{1-4-6}$$

式中，$\mathrm{i} = \sqrt{-1}$ 为虚数单位。在各向同性介质中，主要与纵波和横波速度及品质因子相关，因此可以将式（1-4-6）改写为

$$\tilde{D}_{\mathrm{P,S}}(\omega) = M_{\mathrm{P0,S0}}\left(\frac{\mathrm{i}\omega}{\omega_0}\right)^{2\gamma_{\mathrm{P,S}}} \tag{1-4-7}$$

在黏弹性介质中，角频率与实波数之间的关系可以近似表示为 $\omega \approx k v_{\mathrm{P0,S0}}$，其中 $k = |\boldsymbol{k}|$ 为波数的模。根据 $\omega \approx k v_{\mathrm{P0,S0}}$ 和 $\mathrm{i}^{2\gamma_{\mathrm{P,S}}} = \cos(\pi\,\gamma_{\mathrm{P,S}}) + \mathrm{i}\sin(\pi\,\gamma_{\mathrm{P,S}})$，式（1-4-7）可以变形为

$$\tilde{D}_{\mathrm{P,S}}(\omega) \approx a_{\mathrm{P,S}} k^{2\gamma_{\mathrm{P,S}}} + b_{\mathrm{P,S}} k^{2\gamma_{\mathrm{P,S}}-1}(\mathrm{i}\omega) \tag{1-4-8}$$

其中

$$a_{\mathrm{P,S}} = M_{\mathrm{P0,S0}}\left(\frac{v_{\mathrm{P0,S0}}}{\omega_0}\right)^{2\gamma_{\mathrm{P,S}}}\cos(\pi\,\gamma_{\mathrm{P,S}}) \tag{1-4-9a}$$

$$b_{\mathrm{P,S}} = M_{\mathrm{P0,S0}}\left(\frac{v_{\mathrm{P0,S0}}}{\omega_0}\right)^{2\gamma_{\mathrm{P,S}}-1}\omega_0^{-1}\sin(\pi\,\gamma_{\mathrm{P,S}}) \tag{1-4-9b}$$

$$M_{\mathrm{P0,S0}} = \rho v_{\mathrm{P0,S0}}^2 \cos^2\left(\frac{\pi\,\gamma_{\mathrm{P,S}}}{2}\right) \tag{1-4-9c}$$

式中，v_{P0} 和 v_{S0} 为纵波和横波参考速度。对于一般黏弹性介质，$\pi\,\gamma_{\mathrm{P,S}} \approx \arctan\left(\dfrac{1}{Q_{\mathrm{P,S}}}\right) = 1$，因此可以近似认为 $M_{\mathrm{P0,S0}} \approx \rho v_{\mathrm{P0,S0}}^2$。

将式（1-4-8）变换回时间域：

$$D_{\mathrm{P,S}}(t) \approx a_{\mathrm{P,S}}(-\nabla^2)^{\gamma_{\mathrm{P,S}}} + b_{\mathrm{P,S}}(-\nabla^2)^{\gamma_{\mathrm{P,S}}-0.5}\partial_t \tag{1-4-10}$$

式中，∇^2 为拉普拉斯算子。根据式（1-4-5）和式（1-4-10），并结合动量守恒和几何方程，可以得到二维各向同性介质黏弹性波方程如下：

$$\frac{\partial v_x}{\partial t} = \frac{1}{\rho}\frac{\partial \tau_{xx}}{\partial x} + \frac{1}{\rho}\frac{\partial \tau_{xz}}{\partial z} \tag{1-4-11a}$$

$$\frac{\partial v_z}{\partial t} = \frac{1}{\rho}\frac{\partial \tau_{xz}}{\partial x} + \frac{1}{\rho}\frac{\partial \tau_{zz}}{\partial z} \tag{1-4-11b}$$

$$\frac{\partial \tau_{xx}}{\partial t} = D_P \frac{\partial v_x}{\partial x} + D_P \frac{\partial v_z}{\partial z} - 2D_S \frac{\partial v_z}{\partial z} \qquad (1\text{-}4\text{-}11c)$$

$$\frac{\partial \tau_{zz}}{\partial t} = D_P \frac{\partial v_x}{\partial x} + D_P \frac{\partial v_z}{\partial z} - 2D_S \frac{\partial v_x}{\partial x} \qquad (1\text{-}4\text{-}11d)$$

$$\frac{\partial \tau_{xz}}{\partial t} = D_S \frac{\partial v_z}{\partial x} + D_S \frac{\partial v_x}{\partial z} \qquad (1\text{-}4\text{-}11e)$$

式（1-4-11）中，$v = (v_x, v_z)$ 为速度张量，$\tau = (\tau_{xx}, \tau_{zz}, \tau_{xz})$ 为应力张量，ρ 为密度。式（1-4-10）包含两个分数阶拉普拉斯算子，因此这类黏弹性方程被称为分数阶方程。由式（1-4-3）可知，分数阶 γ 是品质因子 Q 的函数，随空间位置而发生变化，因此 $(-\nabla^2)^\gamma$ 属于混合域算子，直接求解比较困难。目前对于分数阶方程的研究主要集中在如何高效、准确地求解该算子，实现黏弹性波波场快速、准确地递推。

式（1-4-10）右侧第一项代表相位畸变，第二项代表振幅衰减，通过选取各项，分别可以获得介质不同的吸收衰减特征。如果忽略振幅衰减项，式（1-4-10）变为

$$D_{P,S}(t) \approx a_{P,S}(-\nabla^2)^{\gamma_{P,S}}$$

在忽略相位畸变项的情况下，式（1-4-10）则变为

$$D_{P,S}(t) \approx \rho v_{P0,S0}^2 + b_{P,S}(-\nabla^2)^{\gamma_{P,S}-0.5}\partial_t \qquad (1\text{-}4\text{-}12)$$

如果同时忽略振幅衰减与相位畸变效应，式（1-4-10）则退回到如下形式：

$$D_{P,S}(t) \approx \rho v_{P0,S0}^2 \qquad (1\text{-}4\text{-}13)$$

地震波在黏弹性介质中传播，不可避免地存在吸收衰减作用，影响逆时偏移成像的结果。式（1-4-10）中振幅和相位变化相互解耦，公式右边第二项符号"＋"表示沿着地震波传播路径振幅发生衰减。在 Q 补偿逆时偏移中，保持相位相关项符号不变，同时改变振幅相关项符号为"－"，使地震波振幅逐渐得到补偿，最终改善逆时偏移成像结果。

（二）VTI 黏弹性介质

黏弹性波方程充分考虑了介质对地震波场的影响，可以较好地描述黏弹性介质中地震波振幅衰减和相位变化的特征。但是，传统黏弹性波方程数值模拟主要基于各向同性介质，忽略了介质的各向异性，严重影响了地震波场的运动学和动力学特征，不利于对地震资料的处理和解释。考虑各向异性及黏弹性，发展基于各向异性黏弹性波方程的模拟方法对地震资料处理及逆时偏移成像具有重要意义。类似于速度各向异性，衡量介质黏弹性强弱的物理量（品质因子）也存在各向异性。

1. VTI 介质 Thomsen 各向异性参数表征

为了描述地震波在各向异性黏弹性介质中的传播规律，这里分别采用速度和品质因子 Thomsen（汤姆森）各向异性参数对复数模量进行表征（Zhu and Tsvankin，2006；Zhu and Bai，2019；Zhu，2017；Qiao et al.，2019）。

在 VTI 介质条件下，弹性系数矩阵可以表示如下：

$$C = \begin{bmatrix} C_{11} & C_{12} & C_{13} & 0 & 0 & 0 \\ C_{12} & C_{11} & C_{13} & 0 & 0 & 0 \\ C_{13} & C_{13} & C_{33} & 0 & 0 & 0 \\ 0 & 0 & 0 & C_{55} & 0 & 0 \\ 0 & 0 & 0 & 0 & C_{55} & 0 \\ 0 & 0 & 0 & 0 & 0 & C_{66} \end{bmatrix}$$ (1-4-14)

式（1-4-14）中的系数 C_{ij} 分别可以被介质的密度 ρ，纵、横波速度 v_{P0}、v_{S0} 以及 Thomsen 各向异性参数 ε、δ 和 γ 等参数进行表征。

根据 $Q_{ij} = \dfrac{D_{ij}^R}{D_{ij}^i}$，假设品质因子与速度具有相同的对称轴，此时品质因子矩阵具有如下的表达式：

$$Q = \begin{bmatrix} Q_{11} & Q_{12} & Q_{13} & 0 & 0 & 0 \\ Q_{12} & Q_{11} & Q_{13} & 0 & 0 & 0 \\ Q_{13} & Q_{13} & Q_{33} & 0 & 0 & 0 \\ 0 & 0 & 0 & Q_{55} & 0 & 0 \\ 0 & 0 & 0 & 0 & Q_{55} & 0 \\ 0 & 0 & 0 & 0 & 0 & Q_{66} \end{bmatrix}$$ (1-4-15)

同样地，式（1-4-15）中的系数 Q_{ij} 分别可以用弹性系数矩阵 C_{ij}、纵横波品质因子 Q_P、Q_S 及其各向异性参数 ε_Q、δ_Q 和 γ_Q 等参数进行表征。

2. 基于分数阶的二维 VTI 介质黏弹性波方程

在各向异性黏弹性介质中，频率域复数模量具有如下形式：

$$\hat{D}_{ij}(\omega) = C_{ij}\left(\frac{\mathrm{i}\omega}{\omega_0}\right)^{2\gamma_{ij}}$$ (1-4-16)

式中，C_{ij} 为弹性系数矩阵。结合欧拉方程及角频率近似公式，式（1-4-16）可以改写成：

$$\hat{D}_{ij}(\omega) \approx a_{ij}k^{2\gamma_{ij}} + b_{ij}k^{2\gamma_{ij}-1}(\mathrm{i}\omega)$$ (1-4-17)

式（1-4-17）中，参数 a_{ij} 和 b_{ij} 分别可以表示如下：

$$a_{ij} = C_{ij}\left(\frac{v_{P0,S0}}{\omega_0}\right)^{2\gamma_{ij}}\cos(\pi\gamma_{ij})$$ (1-4-18a)

$$b_{ij} = C_{ij}\left(\frac{v_{P0,S0}}{\omega_0}\right)^{2\gamma_{ij}-1}\omega_0^{-1}\sin(\pi\gamma_{ij})$$ (1-4-18b)

在各向异性介质中，刚度系数 D_{13} 可以近似表示为

$$D_{13} \approx D_{33}(1+\delta) - 2D_{55}$$ (1-4-19)

根据式（1-4-19），二维 VTI 介质分数阶黏弹性波方程可以写成：

$$\frac{\partial v_x}{\partial t} = \frac{1}{\rho}\frac{\partial \tau_{xx}}{\partial x} + \frac{1}{\rho}\frac{\partial \tau_{xz}}{\partial z}$$ (1-4-20a)

$$\frac{\partial v_z}{\partial t} = \frac{1}{\rho}\frac{\partial \tau_{xz}}{\partial x} + \frac{1}{\rho}\frac{\partial \sigma_{zz}}{\partial z}$$ (1-4-20b)

$$\frac{\partial \tau_{xx}}{\partial t} = D_{11}\frac{\partial v_x}{\partial x} + D_{33}(1+\delta)\frac{\partial v_z}{\partial z} - 2D_{55}\frac{\partial v_z}{\partial z} \qquad (1\text{-}4\text{-}20\mathrm{c})$$

$$\frac{\partial \tau_{zz}}{\partial t} = D_{33}(1+\delta)\frac{\partial v_x}{\partial x} - 2D_{55}\frac{\partial v_x}{\partial x} + D_{33}\frac{\partial v_z}{\partial z} \qquad (1\text{-}4\text{-}20\mathrm{d})$$

$$\frac{\partial \tau_{xz}}{\partial t} = D_{55}\frac{\partial v_z}{\partial x} + D_{55}\frac{\partial v_x}{\partial z} \qquad (1\text{-}4\text{-}20\mathrm{e})$$

结合式（1-4-19）和式（1-4-20），即可实现二维 VTI 介质分数阶黏弹性波方程数值模拟。

二、数值模拟

（一）二维波场模拟

1. 均匀模型

考虑到黏弹性波解耦方程的不同吸收衰减特征，这里首先利用简单模型对弹性波方程、仅包含振幅衰减、仅包含相位畸变，以及常规黏弹性波方程进行测试，分别模拟振幅衰减与相位畸变的解耦波场。

模型大小为 3000m×3000m，空间步长为 10m，时间步长为 1ms。纵、横波速度分别为 1700m/s 和 1200m/s，品质因子都为 20。参考角频率为 1000rad/s，震源采用 20Hz 里克子波，在模型中心进行激发，激发信号加载在横向速度分量上，采用 20 层完全匹配层作为吸收边界。如图 1-4-1 展示了常规分数阶解耦方程计算的 800ms 时刻的波场快照。与弹性波场相比，仅包含振幅衰减的黏弹性波波场振幅存在严重衰减，而旅行时基本没有变化；相反，仅包含相位畸变的黏弹性波波场的振幅与弹性波场基本一致，但其旅行时明显滞后；而标准的黏弹性波波场同时包含振幅衰减和相位畸变的特征，较为全面地刻画了地震波在黏弹性介质中的传播规律，对地震资料处理和解释具有重要意义。

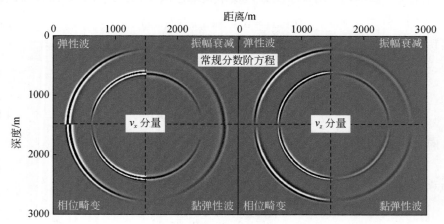

图 1-4-1　常规分数阶方程在简单模型中 800ms 时刻的波场快照

为了对比不同 Q 值条件下的黏弹性波波场特征，我们在上述简单模型中分别采用 $Q=200$、$Q=100$、$Q=50$、$Q=20$ 对常规黏弹性波方程进行试算，得到的黏弹性波波场如图 1-4-2 所示。由图 1-4-2 可知，不同 Q 值对应的地震波场在振幅和相位方面都存在一定的差异；随着 Q 值的减小，地震波场的吸收衰减特征逐渐增强，尤其在 $Q=20$ 时，其波场与 $Q=100$ 时的波场之间存在着明显的振幅和相位变化。

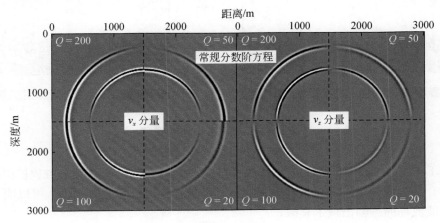

图 1-4-2　不同 Q 值的简单模型 800ms 时刻的波场快照

2. 复杂模型

采用修改的 BP2004 模型进行数值计算，模型参数如图 1-4-3 所示。模型大小为 5000m×3830m，空间和时间网格间隔分别为 10m 和 1ms。震源采用 20Hz 主频的里克子波激发，激发位置在（2800m，1350m）处，激发信号加载在 v_x 分量。计算过程中，参考角频率为 1000rad/s。

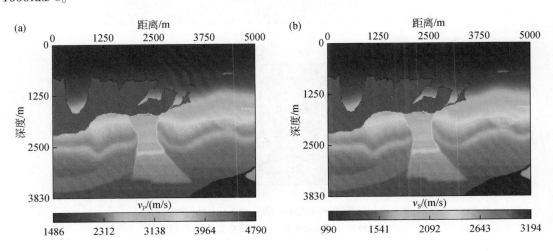

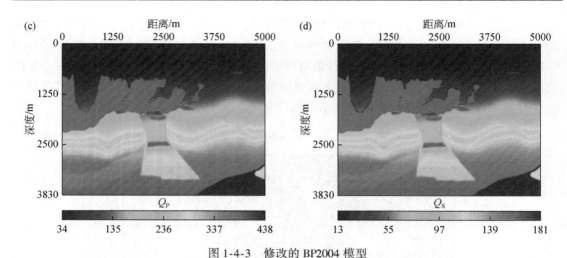

图 1-4-3　修改的 BP2004 模型

（a）v_P 模型；（b）v_S 模型；（c）Q_P 模型；（d）Q_S 模型

　　如图 1-4-4 为 600ms 时刻的波场快照，其中图 1-4-4（a）为弹性波方程模拟结果，图 1-4-4（b）为常规分数阶黏弹性波方程的计算结果。相比于弹性波波场，可以明显地观测到黏弹性波波场的振幅出现了衰减。

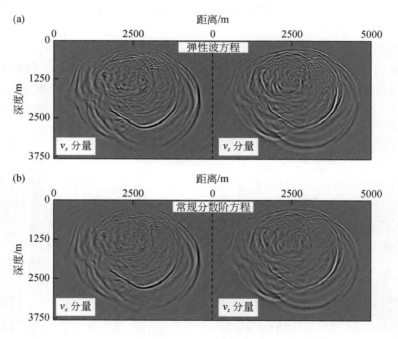

图 1-4-4　修改的 BP2004 模型 600ms 时刻波场快照

（a）弹性波方程波场快照；（b）分数阶方程波场快照

（二）三维波场模拟

1. VTI BP2007 模型

图 1-4-5 为相关的模型参数，包括垂直方向的 P 波和 S 波参考速度 v_P 和 v_S、纵波和横波的品质因子 Q_P 和 Q_S、速度各向异性参数 ε 和 δ，以及品质因子各向异性参数 ε_Q 和 δ_Q。计算模型的大小为 9000m×5400m，使用空间网格大小为 15m、时间网格大小为 1ms。震源采用 20Hz 主频的里克子波，在（4500m，2100m）位置激发产生地震信号，并加载到 v_x 分量上。

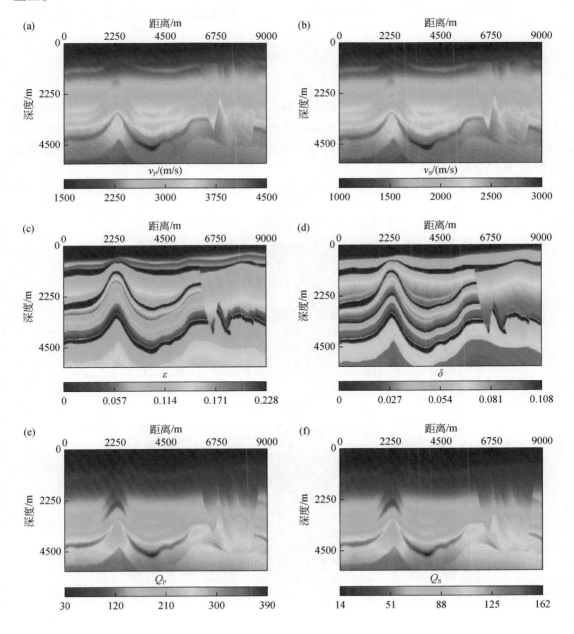

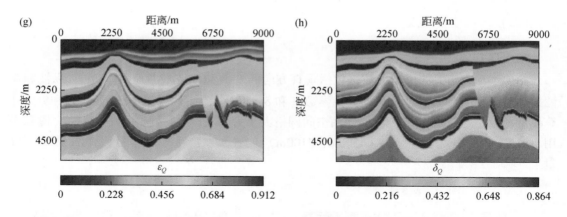

图 1-4-5　VTI BP2007 模型

(a) v_P; (b) v_S; (c) ε; (d) δ; (e) Q_P; (f) Q_S; (g) ε_Q; (h) δ_Q

　　如图 1-4-6 为采用弹性波方程、最小二乘二阶整数阶多项式拟合、最小二乘三阶整数阶多项式拟合、最小二乘二阶分数阶多项式拟合方法计算的波场快照及其与参考解之间的误差。采用高精度 low-rank 分解算法计算得到的结果作为参考解，分解过程中选择系数矩阵的秩 $M=N=3$。

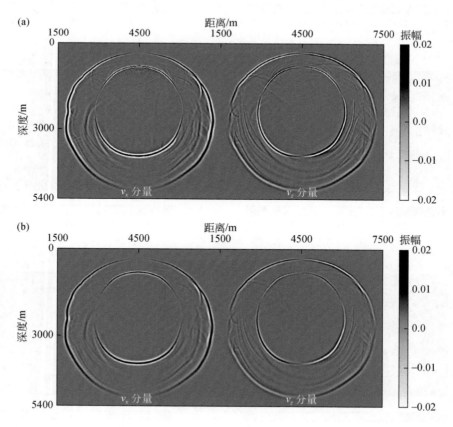

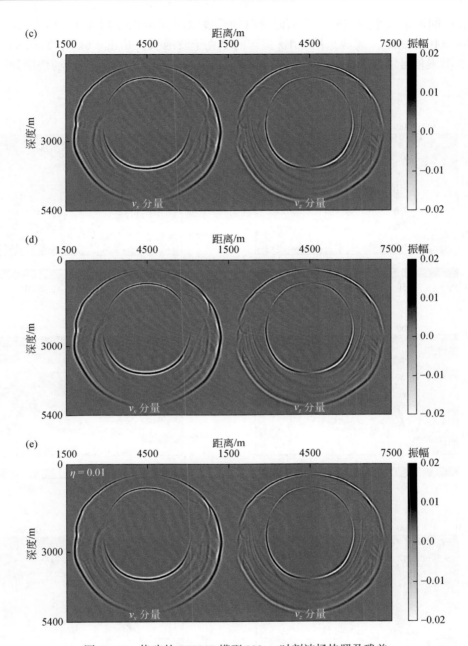

图 1-4-6 修改的 BP2007 模型 900ms 时刻波场快照及残差

（a）弹性波方程；（b）参考解；（c）～（e）分别为最小二乘二阶、三阶整数阶多项式拟合及
最小二乘二阶分数阶多项式拟合方法计算的波场

2. 修改的 BP2007 模型

图 1-4-7 为模型参数，包括垂直方向纵横波速度、垂直方向纵横波品质因子、速度各
向异性参数以及品质因子各向异性参数，模型对称轴倾角设置为 0。模型大小为 12km×

7.2km，空间网格大小为20m，模拟记录时间长度及时间步长分别为1.81s和2ms，参考角频率$\omega_0 = 1000\text{rad/s}$。震源采用20Hz主频的里克子波函数，并在（6km，2.8km）位置进行激发，激发信号加载于横向速度分量。修改的BP2007模型1.2s时刻波场快照如图1-4-8所示。

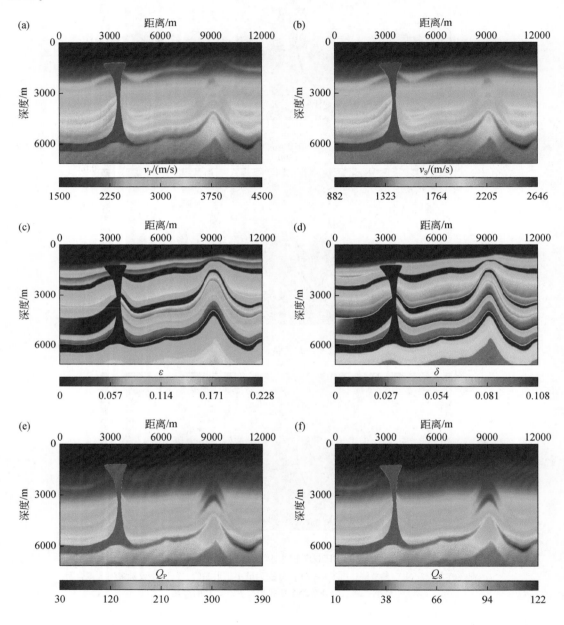

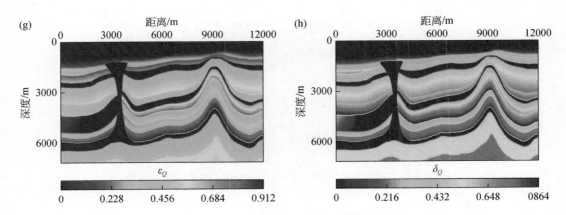

图 1-4-7 修改的 BP2007 模型参数

(a) v_P; (b) v_S; (c) ε; (d) δ; (e) Q_P; (f) Q_S; (g) ε_Q; (h) δ_Q

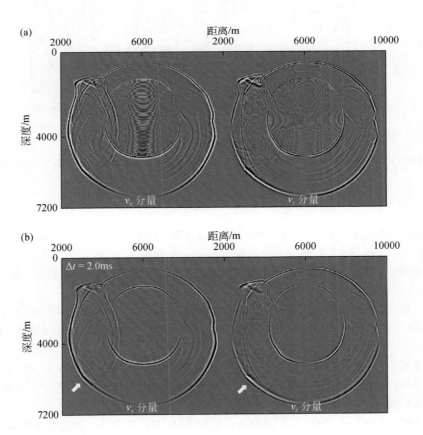

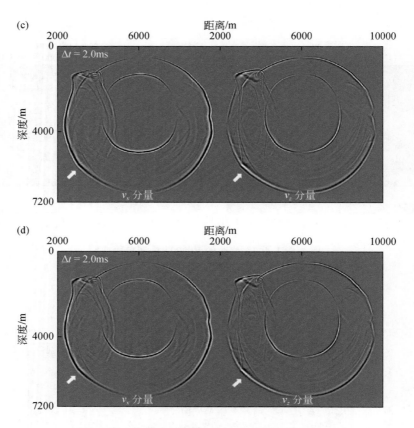

图 1-4-8　修改的 BP2007 模型 1.2s 时刻波场快照
（a）弹性波方程；（b）黏弹性波方程 TEM 方法；（c）黏弹性波方程 LSM 方法；（d）黏弹性波方程 LSK 方法

参 考 文 献

杜启振，孔丽云，韩世春．2009．裂缝诱导各向异性双孔隙介质波场传播特征．地球物理学报，52（4）：1049-1058．

全红娟，朱光明，王晋国，等．2012．地震波震源加载方式对波场特征的影响．西北大学学报（自然科学版），42（6）：902-906．

王俊．2009．基于改进 BISQ 模型的双相介质波场数值模拟方法研究．北京：中国石油大学．

严红勇，刘洋．2012．黏弹 TTI 介质中旋转交错网格高阶有限差分数值模拟．地球物理学报，55（4）：1354-1365．

杨宽德，杨顶辉，王书强．2002a．基于 Biot-Squirt 方程的波场模拟．地球物理学报，45（6）：853-861．

杨宽德，杨顶辉，王书强．2002b．基于 BISQ 高频极限方程的交错网格法数值模拟．石油地球物理勘探，37（5）：463-468．

杨宽德，杨顶辉，王书强．2009．基于横向各向同性 BISQ 方程的弹性波传播数值模拟．地震学报，24（6）：599-606．

张文忠．2007．Biot 介质的交错网格差分法波场模拟研究．北京：中国地质大学．

镇晶晶，刘洋．2011．裂缝介质岩石物理模型研究综述．地球物理进展，26（5）：1708-1716．

Berryman J G. 1980. Long-wavelength propagation in composite elastic media. I. Spherical inclusions. Journal of the Acoustical Society of America, 68 (6): 1809-1819.

Biot M A. 1941. General theory of three-dimensional consolidation. Journal of Applied Physics, 12: 155-164.

Biot M A. 1956. Theory of propagation of elastic waves in a fluid-saturated porous solid: low-frequency range. Journal of the Acoustical Society of America, 28: 168-178.

Biot M A. 1962. Generalized theory of acoustic propagation in porous dissipative media. Journal of the Acoustical Society of America, 34: 1254-1264.

Biot M A, Willis D G. 1957. The elastic coefficients of the theory of consolidation. Journal of Applied Mechanics, 24 (4): 594-601.

Carcione J M. 1998. Viscoelastic effective rheologies for modelling wave propagation in porous media. Geophysical Prospecting, 46: 249-270.

Carcione J M, Helle H B. 1999. Numerical solution of the poroviscoelastic wave equation on a staggered mesh. Journal of Computational Physics, 154: 520-527.

Carcione J M, Cavallini F, Mainardi F, et al. 2002. Time-domain modeling of constant-Q seismic waves using fractional derivatives. Pure and Applied Geophysics, 159 (7): 1719-1736.

Crampin S. 1981. A review of wave motion in anisotropic and cracked elastic media. Wave Motion, 3 (4): 343-391.

Crampin S. 1984. Effective anisotropic elastic constants for wave propagation through cracked solids. Geophysical Journal International, 76 (1): 135-145.

Du Q Z, Wang X M, Ba J. 2011. An equivalent medium model for wave simulation in fractured porous rocks. Geophysical Prospecting, 60 (5): 940-956.

Dvorkin J, Nur A. 1993. Dynamic poroelasticity: a unified model with the squirt and the Biot mechanisms. Geophysics, 58 (4): 524.

Geertsma J, Smit D C. 1961. Some aspects of elastic wave propagation in fluid-saturated porous solids. Geophysics, 26 (2): 138-266.

Kjartansson E. 1979. Constant Q-wave propagation and attenuation. Journal of Geophysical Research, 84 (B9): 4737-4748.

Mavko G M. 1979. Friction attenuation: an inherent amplitude dependence. Journal of Geophysical Research Atmospheres, 84 (B9): 4769-4776.

Murphy W F, Winkler K W, Kleinberg R L. 1986. Acoustic relaxation in sedimentary rocks: dependence on grain contacts and fluid saturation. Geophysics, 51 (3): 757-766.

Parra T O. 1997. The transversely isotropic poroelastic wave equation including the Biot and squirt mechanisms: theory and application. Geophysics, 62 (1): 75-81.

Qiao Z, Sun C, Wu D. 2019. Theory and modelling of constant-Q viscoelastic anisotropic media using fractional derivative. Geophysical Journal International, 217 (2): 798-815.

Sanou M. 2000. Acoustic wave propagation saturated porous media: reformulation of the Biot-squirt flow theory. Journal of Applied Geophysics, 3 (44): 313-325.

Schoenberg M, Douma J. 1988. Elastic wave propagation in media with parallel fractures and aligned cracks. Geophysical Prospecting, 36 (6): 571-590.

Schoenberg M, Sayer C M. 1995. Seismic anisotropy of fractured rock. Geophysics, 60: 204-211.

Stoll R D. 1974. Acoustic waves in saturated sediments// Hampton L. Physics of Sound in Marine Sediments. New York: Springer.

Thomsen L. 1986. Weak elastic anisotropy. Geophysics, 51 (10): 1954-1966.

Zhu T. 2017. Numerical simulation of seismic wave propagation in viscoelastic-anisotropic media using frequency-independent Q wave equation. Geophysics, 82 (4): WA1-WA10.

Zhu T, Bai T. 2019. Efficient modeling of wave propagation in a vertical transversely isotropic attenuative medium based on fractional Laplacian. Geophysics, 84 (3): T121-T131.

Zhu T, Harris J M. 2014. Modeling acoustic wave propagation in heterogeneous attenuating media using decoupled fractional Laplacians. Geophysics, 79 (3): T105-T116.

Zhu Y, Tsvankin I. 2006. Plane-wave propagation in attenuative transversely isotropic media. Geophysics, 71: T17-T30.

第二章　地震资料采集技术

第一节　激发装备及技术

在油气勘探应用中，纵波在含气岩层中会发生传递速度的改变，导致地质成像差，影响成果解释。然而，横波在含气岩层中不会发生传递速度的改变，可以得到比纵波更好的地质成果，尤其在天然气勘探中，横波能够解决低幅度含气构造成像、低丰度含气预测、岩性储层预测等勘探技术难题。

一、横波地震勘探概述

在油气工业领域，地球物理勘探技术通常用于寻找和评价地下油气藏。通过人工方法激发大地震动，产生一个传入地下的地震波，通常情况下，至少有部分的地震信号被地下地震反射层反射（例如，不同声阻抗的地层间的界面）。这些反射信号被放置在地表附近、水中或确定深度井中的地震检波器采集，同时利用地震仪器在地面记录地震波在地下岩层中的传播情况。通过资料处理、分析解释，研究地下地质构造特征和地层岩性，从而达到勘探石油和天然气的目的。地球物理勘探的一种方式是用脉冲能量源，如炸药、海上气枪，产生一个地震勘探信号。用脉冲能量源，大量的能量在很短的时间内被传入地下，因此数据结果通常有相对很高的信噪比，这有利于后续数据处理操作。另外，用脉冲能量源还会产生一定的安全和环境问题。

从 20 世纪 50 年代后期到 60 年代前期，一种被称作可控震源的地球物理勘探方法被应用。可控震源勘探采用陆地或海上可控震源作为能量源进行地震勘探。在陆地实施地震勘探时，可控震源将一个比脉冲能量源能量相当低的信号传入地下，但是可控震源产生一个长时间信号（陆基孟等，1993；谢里夫和吉尔达特，1999）。

由可控震源产生的地震勘探信号是可控的，包含不同频率，可以传入地下、水中、井下的扫频信号。在陆地上使用可控震源时，能量以扫频信号的形式被传入地下，其特点是，传入地下的能量是由液压系统驱动一个具有很大重量的重锤上下振动产生的。重锤通过和地面接触的平板，将振动传入地下。为了进行地震勘探，将产生能量的地震波导入地表，有两种基本形式，即压缩波（有时称为 P 波）和正交剪切波（有时称为 S1 和 S2 波）。简单地说，纵波通常是沿垂直轴向地表振动，波的传播方向和振动方向相同，而横波通常是沿水平方向平行于地表振动，波的传播方向同振动方向垂直。横波地震勘探还被应用于多波勘探中，以弥补纵波震源的不足，提高油气勘探的效率和精度。因此，横波震源作为一种浅层横波地震勘探技术，具有广阔的发展前景（陆基孟等，1993；谢里夫和吉尔达特，1999）。

由于可控震源激发纵波较为容易，因此纵波可控震源从 20 世纪 80 年代开始得到了充分的发展。到 21 世纪初，伴随着低频地震技术的兴起，纵波可控震源的激发频带也逐步得到提高。其中，中国石油集团东方地球物理勘探有限责任公司自主研发的 EV-56 型可控震源首次实现了低频激发的工业应用，其激发频带更是达到了 1.5 ~ 160Hz，激发的倍频程超过了 6 个。伴随着低频可控震源的应用，一系列勘探难题得到解决。然而由于横波自身较难激发，因此横波地震勘探一直未能得到充分发展。

早在 20 世纪 30 年代，苏联就开展了研究横波的地震勘探，直到 60 年代苏联学者 Molotava 和 Vasilyev 研究出 v_P/v_S（v_P 为纵波速度，v_S 为横波速度）与深度的关系。

美国（1966 年）、法国（1969 年）、联邦德国（1971 年）相继开展了横波勘探方法研究，探索利用横波低速的特点得到比纵波高的地震分辨率剖面，以便研究小幅度构造、断层、尖灭超覆等复杂地质现象，但由于横波的频率低，利用分辨率特性所要解决的问题未能完全达到目的（Garotta，2000）。

20 世纪七八十年代，受到横波震源限制，国际学者放弃了单纯追求分辨率的方法，纯横波地震勘探逐步被成本更低的转换波取代。转换波 SV 传播不受流体影响，利用转换波对气云区成像在全世界多个油田获得成功。通常，纵波静校正成果用于改进转换波静校正。进一步，纵横波联合反演用于识别储层及流体，改为综合利用纵、横波实现多波联合勘探，充分利用了纵、横波多信息开展流体及岩性储层预测。20 世纪八九十年代，由于横波可控震源的出现，多波多分量勘探成为国际热点，利用快慢横波分裂研究各向异性及裂缝预测（Hardage et al.，2011；Stewart et al.，2003）。

采用可控震源激发的横波地震信号一直面临极大的技术挑战，主要表现在：①横波的传输方式（剪切传递）决定了激发信号衰减极快，难以达到深部目的层；②横波的传输机理使横波的激发能量远远小于同级别的纵波；③横波信号的传递结构导致系统的可靠性大大降低；④横波的频带扩展极其困难。除设备本身的调整外，静校正、偏振等信号处理方面也面临许多难题。由于存在这些挑战与难题，横波地震技术应用一度举步维艰，更多的时候是通过激发转换波实现的纵横波联合勘探，因此，地震数据的品质也难以满足地质解释需要，从此规模化的应用在后期消失殆尽。

中国石油集团东方地球物理勘探有限责任公司从 2017 年开始尝试使用横波地震勘探技术在青海三湖地区开展横波地震勘探，地震数据品质取得了显著的改善，激发了人们对应用横波地震勘探解决气藏识别问题的期待（Deng，2022；王海立等，2019）。

二、横波可控震源

目前，国内外横波震源多为夯击式、电磁式、旋转偏心轮式、摆锤式。在地震勘探应用比较广的输出能量比较大的横波震源常常是液压驱动方式（Garotta，2000；Hardage et al.，2011）。

1984 年，西方地球物理（Western Geophysical）公司在专利 *Dual-Mode Vibrator*（4639905）提出双模式可控震源，该震源可以产生纵波和一个方向上的横波，但是两种波不能同时产生，需要进行切换。

1987 年，康纳和（Conoco）石油公司在专利 *Rotatable Horizontal Vibrator*（4842094）提出横波可控震源，该震源在激发完成一个方向上的横波后，需要旋转其振动器 90°，然后激发另一个方向上的横波。

1996 年，I/O 勘探产品（I/O Exploration Products）有限公司在专利 *Three Axis Seismic Vibrator*（5666328）提出一种三轴式可控震源，可以按时序要求分别产生纵波和两个方向的横波，也可以同时产生纵波和横波，可以说是一种全波可控震源。但是该可控震源产生的主要是纵波，横波只是在其产生纵波时垂直于地表运动重锤产生的部分水平分量，所以横波的激发能量比较小。

1998 年，国际工业车辆（Industrial Vehicles International）公司在专利 *System for Imparting Compressional and Shear Waves Into the Earth*（6065562）也提出一种可以按时序要求分别产生纵波和两个方向的横波的可控震源。但是三种波只能依次产生，不能同时产生，而且需要转换时间。

为了实现 SH/SV 波的转换激发，中国石油集团东方地球物理勘探有限责任公司设计制造了两种横波可控震源的振动器。两种振动器需要分别安装在 EV56S 平台上，如图 2-1-1 所示，两种横波可控震源振动器振动方向沿着车行进方向的为 SHX 横波可控震源，振动方向垂直车行进方向的为 SHY 横波可控震源，EV-56S 可控震源主要技术参数见表 2-1-1。

图 2-1-1　SHX 横波可控震源（上）SHY 横波可控震源（下）

表 2-1-1　EV-56S 可控震源主要技术参数

参数	单位	参数值
额定振动出力	kN（lb）	133（30000）
频率范围	Hz	4 ~ 100
最大静载荷压重	kN（lb）	227（51000）
重锤质量	kg（lb）	2722（6000）
重锤行程	mm	177
平板质量	kg（lb）	2268（5000）
活塞面积	mm^2	6045
平板面积	m^2	2.9

注：1lb = 0.004448kN = 0.453592kg。

三、横波激发角度检测与记录装置

在地震勘探中，横波具有波速低、分辨率高等特征，且其传播不受岩石孔隙中的液体和气体影响，只与岩石的骨架有关，因此横波勘探不仅可以得到比纵波更高分辨率的资料，而且可以有效解决纵波勘探中的气云区不成像的问题。所以从 20 世纪 30 年代开始，多个国家相继开展了横波勘探方法研究，但因为激发等多种因素制约，均未取得良好效果。80 年代起，随着纵波勘探在成本上的优势，横波勘探一度被搁置。直到 2017 年，中国石油集团东方地球物理勘探有限责任公司再次在我国西部某地开展了横波地震勘探，并取得了良好的效果。这再次激发了人们利用横波勘探解决地质问题的热情。但在实际应用中，横波的激发，特别是采用横波可控震源的横波激发，存在诸多不同于纵波激发的问题，横波激发角度就是这些问题中的重点。

1）不同方向的横波激发

九分量三维地震反射资料是通过相互垂直的横波震源激发和相互垂直的水平检波器接受获得的，相互垂直的横波可控震源激发的地震波即勘探中所谓的 SV 波和 SH 波，如图 2-1-2 所示。这就意味着在施工激发时，需要横波可控震源的振动平行于测线或者垂直于测线，因此，需要对横波可控震源横波激发的角度进行控制，保证振动方向垂直或平行于测线。若激发时，横波激发角度与设计相差过大，则平行于测线的激发和垂直于测线的激发角度相差不大，进而无法区分两种激发状态。同时，在数据处理时，也需要根据三分量检波器的接收方向和横波震源的激发方向，将两个水平分量数据旋转到 R 和 T 两个分量上。因此，也需要记录横波可控震源激发的横波角度，用于完成数据处理。

2）极性问题

横波可控震源在施工过程中，通常采用沿测线的行进方式，可控震源从测线的小号方向向大号方向行进与可控震源从大号向小号方向行进所激发的横波方向相差 180°，即所谓的极性反向。后期对检波器接收到的信号做叠加处理的时候，同一目的层的反射信号因为极性不同，能量不仅不能相互增强，反而在叠加时相互削弱。图 2-1-3 为极性校正前后的

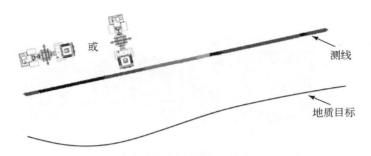

图 2-1-2　九分量施工时的横波可控震源激发方向（红色箭头表示激发方向）

资料对比，可以看出极性对目的层的能量影响较大。因此，数据处理时，也需要横波激发角度，从而在叠加之前根据横波激发角度对资料极性进行校正。

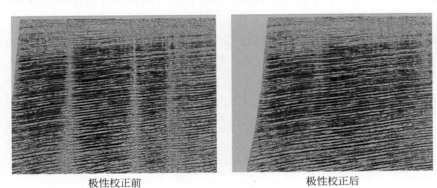

极性校正前　　　　　　　　　　　　　极性校正后

图 2-1-3　极性校正前后的资料对比

（一）横波可控震源极性定义

为了对横波可控震源信号进行处理，国际勘探地球物理学家学会（SEG）对横波可控震源极性做出了定义。为了定义横波可控震源极性，需要定义一个横波可控震源三维坐标系。SEG 规定，以平板中心为坐标系原点，将横波可控震源车身前进的方向定义为 X 轴正方向，将从 X 轴正方向顺时针旋转 $90°$ 的方向定义为 Y 轴正方向，将重力方向定义为坐标系 Z 轴方向，如图 2-1-4 所示。

Z 正向：重力方向；

X 正向：横波可控震源前进方向；

Y 正向：X 方向顺时针旋转（右手定则）$90°$ 的方向。

SEG 对横波可控震源的加速度表极性做了如下规定：在已确定的横波可控震源的坐标系中，沿着坐标轴正方向敲击加速度表，加速度表将获得一个正跳信号。

（二）横波激发角度定义

纵波可控震源的振动方向平行于 Z 轴，而横波可控震源分为两种，一种振动平行于 X

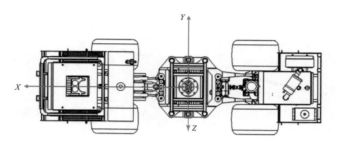

图 2-1-4   横波可控震源坐标系

轴，一种振动平行于 Y 轴，在这个坐标系下，可控震源可以定义自己的极性，对于符合 SEG 正极性的可控震源振动控制器，可控震源加权和地面力与可控震源参考信号相关，相关信号正跳。对于反 SEG 极性的可控震源振动控制器，可控震源加权和地面力与可控震源参考信号相关，相关信号负跳。

根据以上定义，两种不同的横波可控震源，即振动方向垂直车身和振动方向平行车身，均统一到了定义之中，具体的角度关系如图 2-1-5 所示。

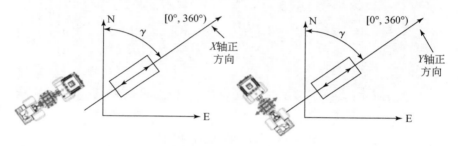

图 2-1-5   不同类型横波可控震源的角度关系（E 为正东，N 为正北，γ 为 X 轴或 Y 轴夹角）

对于 SHX 横波可控震源，平板振动方向平行于车身，车头所指的方向与正北方向的顺时针夹角即为 SHX 横波可控震源的横波激发角度。

对于 SHY 横波可控震源，平板振动方向垂直于车身，车身右侧方向与正北方向的顺时针夹角即为 SHY 横波可控震源的横波激发角度。

从角度关系上可以看出，SHX 横波可控震源和 SHY 横波可控震源的横波激发角度关系是：SHX 横波可控震源的横波激发角度增加 90°，然后对 360° 取余数，即获得上面定义的横波激发角度（图 2-1-5）。

（三）横波激发角度检测原理

上面定义的横波激发角度可以通过两种方法获得：①获得可控震源后段车身上的两个点的地理坐标，然后通过三角函数运算，便可以计算出震源坐标系 Y 轴与正北方向的夹角，即横波激发角度。我们称这种方法为基于导航系统的横波激发角度检测及记录方法。②采用电子罗盘传感器，直接检测当前位置可控震源平板与地磁北极的夹角，然后通过运算，补偿磁偏角，获得横波激发角度。我们称这种方法为基于电子罗盘的横波角度检测及记录方法。

（四）野外试验

为了验证横波激发角度检测装置在野外应用的可行性，本书开展了横波角度激发检测装置的野外施工应用试验，基于导航系统的横波激发角度检测装置在九分量地震采集实验中进行了首次横波激发角度检测试验。

记录得到的数据如图 2-1-6 所示，显示了某条测线上 180 个炮点数的激发角度数据。

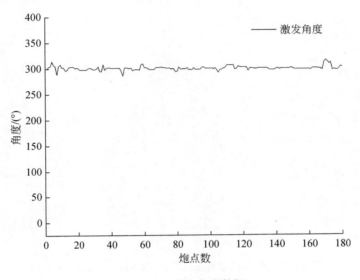

图 2-1-6　激发角度数据

通过对试验数据的分析可知，试验成功实现了横波激发角度的记录，记录的成功率达到 100%。

按照正常流程设置震源服务中心（VSC）导航流动站及基站参数。

在整个二维施工过程中，横波激发角度检测及记录装置完成了所有激发角度的记录工作，记录完整率达到 100%。

（1）横波激发角度检测及记录装置可以很好地检测并记录横波可控震源的激发角度。

（2）横波激发角度检测及记录装置中的震源类型切换、角度限定、极性检测、数据记录及精度均达到了设计要求，所有功能稳定可靠。

（3）整条测线上所有炮点的激发角度均检测到并实现了记录，横波角度记录的成功率为 100%。

（五）不同地表条件横波激发试验

三湖地区地震地质条件相对比较好，纵波资料信噪比整体较高，但在含气区、表层异常区纵波能量吸收严重、高频成分衰减快，纵波同相轴下拉，振幅、频率变低，成像效果明显变差，导致地震成像不可靠，构造形态畸变严重、低幅度构造难以落实。我们尝试开展 P 波+SH 波+SV 波联合激发：一是利用高精度可控震源 EV56S 激发纵波，高精度可控震源激发相对于常规可控震源，可以同时增强地震波低频信号和高频信号能量，利用低频信号穿透性强的特点，减少异常区能量吸收衰减影响，增强异常区反射信息能量，拓宽高频信息有利于提高纵波分辨率；二是利用 EV56S 分别激发 SH 波和 SV 波，由于横波能在岩石骨架中传播且不受含气吸收衰减影响，含气异常区单炮记录信噪比较高，有利于含气异常区低幅度构造成像。从图 2-1-7 可以看出，非气区 P-P 波单炮记录在第四系目的层时间 1~2s 能明显看到有效反射波；非气区纯横波 SH-SH 和 SV-SV 单炮记录信噪比非常高，在第四系目的层时间 2~6s 能看到有效反射波同相轴连续性好并且分辨率更高。

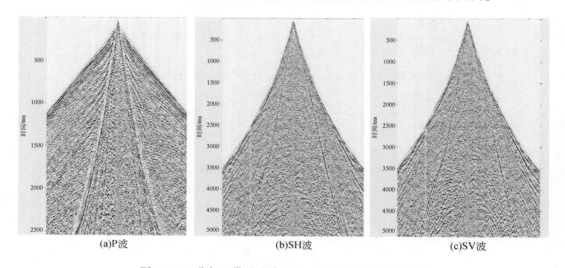

(a)P波　　　　　　　　　　(b)SH波　　　　　　　　　　(c)SV波

图 2-1-7　非气区带通滤波（20~40Hz）单炮记录对比

　　由于纵波可控震源和横波可控震源激发特性不一致，横波驱动幅度参数设计需要综合考虑地表耦合、震源机械性能、激发子波幅频特性、震源指标超限等因素。从试验资料来看（图 2-1-8），随着横波可控震源驱动幅度增加，输出基值出力增加，单炮能量增强，但是频宽明显变窄。因此选择适当的驱动幅度十分必要，既要保证单炮激发能量，又要保证一定的频带宽度和资料分辨率，从而满足地质需求。坚硬地表明显比松软地表资料频谱宽，出力受地表影响比较大（图 2-1-9）。

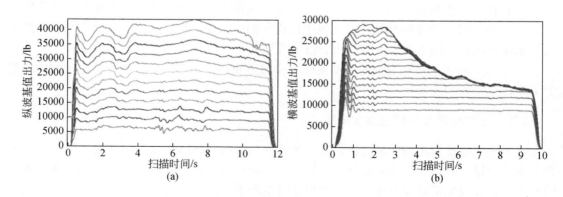

图 2-1-8　纵横波可控震源基值出力分析

（a）纵波驱动幅度（从下到上为 10%~65%）；（b）横波驱动幅度（从下到上为 30%~100%）；1lb≈0.45kg

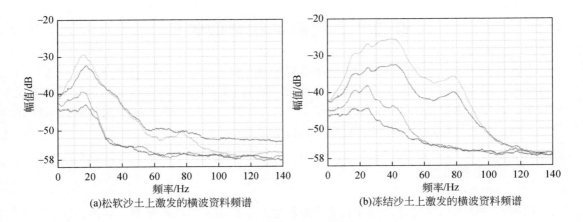

(a)松软沙土上激发的横波资料频谱   (b)冻结沙土上激发的横波资料频谱

图 2-1-9 不同地表横波激发资料频谱分析

（a）（b）均为井中接收，扫描频率 3～120Hz，扫描长度 12s，驱动幅度 70%；从下到上曲线为：
182m 井中接收、182m 井中去力控接收、82m 井中接收、82m 井中去力控接收

横波激发受地表影响比较明显，实践证明，在硬碱壳地区，横波震源激发效果最好，其次是戈壁，沙漠和软碱地的激发效果差（图 2-1-10），地表凹凸不平也会产生振板与大地的耦合差而影响激发效果。

(a)沙漠地表   (b)硬碱壳地表

(c)沙漠地表横波记录   (d)硬碱壳地表横波记录

图 2-1-10 不同地表条件横波资料对比

第二节　观测系统参数论证

首次将高密度成像理念与九分量观测有机融合,遵循"充分性、对称性、均匀性"的设计原则,形成了以小面元、小线距、高密度、均匀采样为核心的高密度均匀采样横波观测技术,其覆盖次数是以往纵波和转换波的 10～20 倍,实现了横波波场充分对称采样观测,提高了低幅度构造及薄砂体储层成像精度和分辨率。

一、横波正演分析

根据三湖地区以往钻井、测井及地质资料建立了典型楔形地质模型,如图 2-2-1 所示,为建立的正演模型,其中 P 和 SH 波速度按照速度比 2:1 进行横波速度填充,密度与纵波保持一致,采用观测系统参数:排列长度 2995m-5m-10m-5m-2995m,道距:10m,炮距:20m,道数:600 道,覆盖次数:150 次,P 和 SH 波分别激发了 500 炮,合计激发了1000 炮。

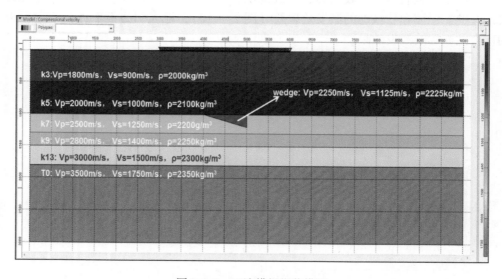

图 2-2-1　正演模拟楔装模型

从图 2-2-2～图 2-2-4 可以看出,由于横波速度低,走时差,在数值模拟过程中频散比较严重,需要更小网格和更小时间采样间隔;对 150 炮 P 波和 SH 波单炮记录进行叠前时间偏移,可以得到 P 波和 SH 波成像剖面,剖面结果表明:由于 SH 横波速度低,走时长,SH 波分辨率明显高于 P 波。

二、观测系统分析

三湖地区九分量纵横波联合采集项目的观测系统设计与常规纵波采集有明显差别,既

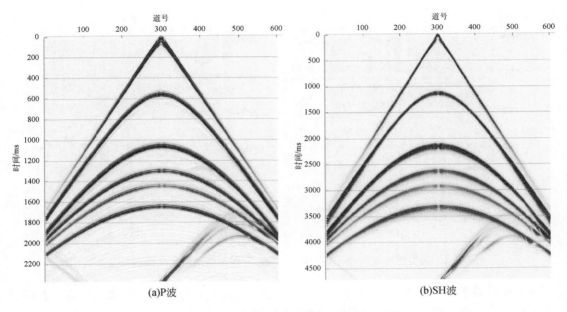

图 2-2-2　P 波和 SH 波弹性波正演单炮记录

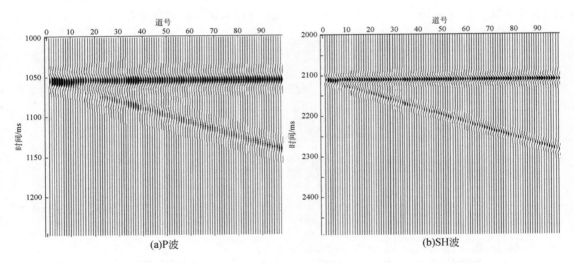

图 2-2-3　典型楔形 P 波和 SH 波弹性波叠前时间偏移剖面（波形显示）

要满足第四系目的层低幅度构造成像要求，又要兼顾横波成像要求。观测系统设计有以下原则：一是采用小道距和小线距提高地震波场空间采样密度，解决横波空间成像问题；二是增加炮道密度，提高横波目的层实际有效覆盖次数，有利于提高含气异常区低幅度构造成像信噪比（Deng et al., 2010；Zou et al., 2007, 2009b）。

　1）面元道距选择

　　理论研究表明，弹性纵横波波动方程基本一致且纵横波射线路径对称，纵波观测系统设计理论公式和处理方法可以直接用于纯横波。根据空间采样定理和菲涅耳带成像原理，

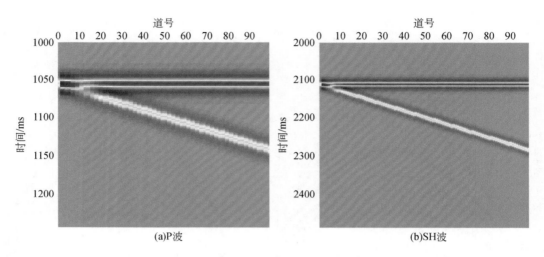

图 2-2-4　典型楔形 P 波和 SH 波弹性波叠前时间偏移剖面（变面积彩色显示）

空间采样间隔必须小于视波长的四分之一。满足地质体空间分辨率的要求，综合分析横波速度相对比较低，横波面元尺寸是纵波的 0.57～0.64 倍。

　　从实际资料对比分析可以看出（图 2-2-5），小面元观测能有效减少空间假频，提高空间采样密度，实现波场"无污染"均匀采样，提高目标体空间成像精度。

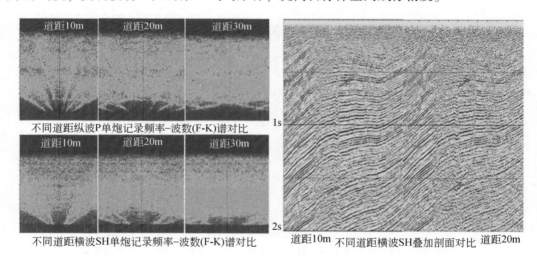

图 2-2-5　不同道距资料对比分析

2）排列长度选择

　　综合考虑策普里兹（Zoeppritz）方程计算反射系数、时距曲线、Q 值吸收衰减等因素进行仿真模拟 PP 波和 SS 波正演记录，结果表明 SS 波速度低、走时长，吸收衰减快，双曲线斜率更陡，SS 波有效偏移距比 PP 波更小。

　　采用两层介质模型进行论证，上覆介质参数为：$\rho_1 = 2.4\text{g/cm}^3$，$v_{P1} = 3600\text{m/s}$，$v_{S1} = 1600\text{m/s}$；下伏介质参数为：$\rho_2 = 2.5\text{g/cm}^3$，$v_{P2} = 4200\text{m/s}$，$v_{S2} = 2000\text{m/s}$。反射系数曲线

见图 2-2-6，可以看出，接收纵波需要的排列最长，SH 横波次之，SV 横波最短。

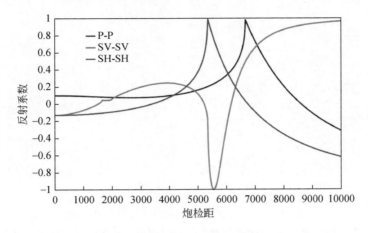

图 2-2-6　反射系数随炮检距变化曲线

从实际资料看图 2-2-7，地层 K9 纵波偏移距有效叠加范围到 2400m 左右，横波偏移距有效叠加范围到 1600m 左右，横波的排列长度比纵波短。

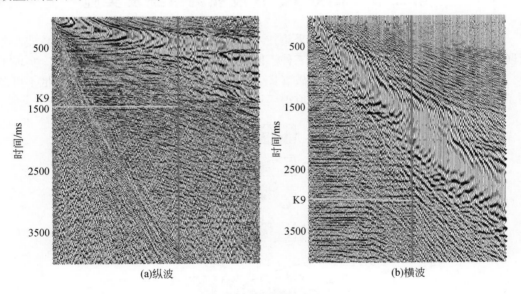

(a)纵波　　　　　　　　　　　　　　　(b)横波

图 2-2-7　纵横波道集对比

3）覆盖次数选择

横波观测通过大幅度增加炮道密度，提高目的层有效覆盖次数，提高横波低幅度构造成像信噪比和增强目的层有效波能量。在三湖三维九分量采集前期开展了高密度纵横波宽线二维先导试验，通过不同覆盖次数纵横波二维剖面对比（图 2-2-8），可以看出随着覆盖次数增加，纵横波剖面异常区低幅度构造信噪比明显提高，特别是浅层同相轴波组成像更清晰。

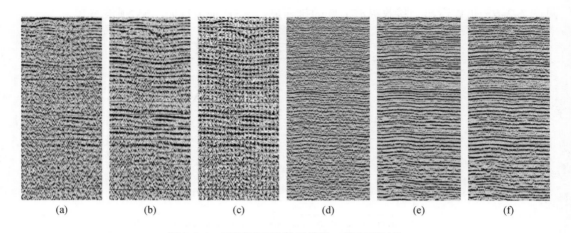

图 2-2-8　不同覆盖次数纵横波二维剖面对比

（a）P-P 波 250 次；（b）P-P 波 1000 次；（c）P-P 波 2250 次；（d）SH-SH 波 250 次；
（e）SH-SH 波 1000 次；（f）SH-SH 波 2250 次

第三节　高效 P、S 波观测系统及实施

首创了纵横波联合滑动扫描高效采集技术，采用 P 波震源、SH 波震源、SV 波震源进行联合滑动并创建了 428 主机系统的三种不同波源统一滑动参数 Swath 数据库，实现了从单一纵波到三种波源联合滑动扫描突破（图 2-3-1、图 2-3-2）。在可控震源数量不可改变的条件下，极大地提升了施工效率，取得了可观的经济效益。

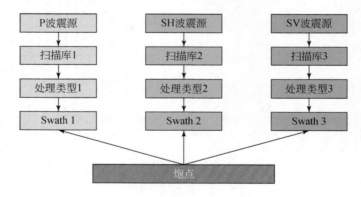

图 2-3-1　428 主机系统三种不同波源统一滑动参数 Swath 数据库示意图

抽取相同两束线生产（滑动时间 20s）和滑动试验（滑动时间 6s）数据进行相同去噪流程处理，生产和滑动试验纵波剖面品质基本相当。

抽取相同两束线生产（滑动时间 20s）和滑动试验（滑动时间 6s）数据进行相同去噪流程处理，生产和滑动试验横波 SH 和 SV 剖面品质基本相当，滑动试验剖面深层信噪比略低（图 2-3-3、图 2-3-4）。

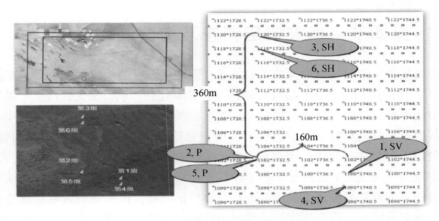

图 2-3-2 纵横波联合滑动扫描示意图

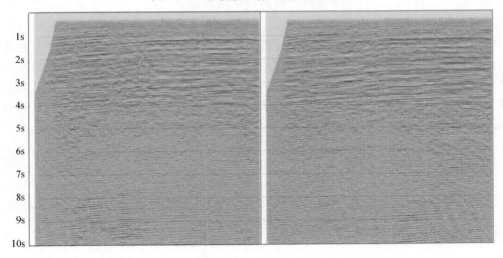

图 2-3-3 生产（左）与滑动试验（右）SH 波剖面对比

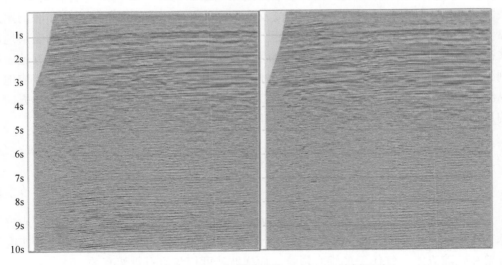

图 2-3-4 生产（左）与滑动试验（右）SV 波剖面对比

第四节　横波表层调查及横波静校正技术

纵波地震勘探一直是油气勘探的主要技术，但在气云区的地震勘探中，由于纵波受岩石中流（气）体的影响较大，其地震传播速度和频率受到影响，极大地降低了纵波资料的信噪比，造成纵波在气云区的成像质量无法满足油气勘探的需要。为了解决这个问题，人们尝试用转换波地震勘探技术来改善气云区的成像质量，并在实际应用中得到较好效果，但在资料处理中存在许多问题。同纵波勘探一样，横波地震勘探也面临严重的表层问题，即横波低速层对横波反射波的时延影响了横波地震资料的成像质量，因此在横波地震勘探中，有必要建立准确的横波表层模型解决横波静校正问题。由于横波表层速度更低、表层厚度更大，其对横波地震资料成像的影响更为严重。有学者从纵波静校正方法出发，研究过转换波静校正技术。而目前未见纯横波静校正技术相关研究。由于纵波和横波受岩石物理的影响不同，二者的表层结构差别很大。横波和纵波虽然受岩石物性的影响不一样，但从对地震资料成像的影响来看，其表层建模的原理和方法基本一样，即纵波的表层调查和表层建模方法也适用于横波表层建模。在横波表层建模中，横波由于传播机制的特点，在一些具体方法上与纵波表层建模有所不同。针对这些问题，本章主要从横波表层调查、横波初至拾取、面波反演、横波初至静校正技术等几个方面分别进行介绍（Wiest and Edelmann，1984；Zou et al.，2009a；Cox，1999；Deng et al.，2004）。

一、横波表层调查技术

本节从介绍横波表层特点入手，然后分别介绍横波微测井调查及横波微测井解释。

（一）横波表层特点

横波不受流体和气体影响，在一些纵波勘探受限的地方（如气区）具有明显的优势，越来越多地用于气区构造识别、含气检测及定量评价方面。横波在近地表传播时的速度相比纵波更低，会带来更严重的静校正问题，影响横波地震资料精度。对相同的表层地质结构来说，横波与纵波传播机理不一样，也就具有不同的地球物理响应特征，对近地表的速度刻画也存在明显的差异性。地层介质在外力的作用下，会产生体变和切变，相应地出现了纵波和横波。当切向应力作用下介质质点相互交替错动引起振动，振动的传播方向与质点的运动方向垂直，这就产生了横波。由弹性理论可以导出纵、横波速度公式：

$$v_P = \sqrt{\frac{K + 4/3\mu}{\rho}} \tag{2-4-1}$$

$$v_S = \sqrt{\frac{\mu}{\rho}} \tag{2-4-2}$$

式中，v_P 为纵波速度；v_S 为横波速度；ρ 为地层密度；K 为体积模量，它描述介质抗围压的体积变化；μ 为剪切模量，代表剪切应变和剪切角的关系。可见，纵波的传播速度受岩石骨架和孔隙流体（气体）的综合影响，而横波速度仅与岩石骨架有关。

对 P 波而言，P 波速度取决于体积模量 K。K 不仅由岩石骨架决定而且受孔隙充填物的影响。由于气体、液体易压缩，在相对疏松的近地表表层，岩石体积模量在多孔岩层的上下分界面上 P 波易发生变化，速度差异大，因此 P 波速度分层更明显。

S 波速度仅取决于密度 ρ 和剪切模量 μ。由于液体和气体都没有剪切模量（$\mu=0$），故 S 波速度主要由岩石骨架的剪切模量 μ、密度变化决定。表层岩石骨架和密度比值变化不明显，且 S 波通过具有不同孔隙充填物的地层时，速度不会发生明显突变，表现出一种渐变的速度特征，横波与纵波速度层往往不对应，其高速层比纵波埋深更低；表层岩石骨架和密度比值变化明显，特别是疏松介质向致密介质转变，岩石剪切模量变化较大时，横波速度变化相对明显，横波与纵波速度层相对能较好对应。因此，由以上分析得到近地表横波速度具有如下特点：

表层横波速度分层较纵波多。一般情况下，近地表横波速度分层更多（图 2-4-1），横波速度与深度线性关系不如纵波明显，横波速度界面上下的速度差异相对较小，变化范围一般在 20～200m/s 之间。

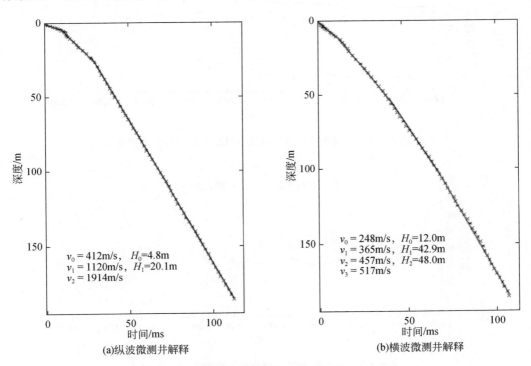

图 2-4-1　柴达木盆地三湖地区相同位置纵横波微测井时距图

表层横波速度界面与纵波速度界面对应性差。横波表层速度层位与纵波速度界面通常情况下很难一致。表 2-4-1 是中国西部某地区相同位置纵横波微测井速度层位统计表，可以看到，横波速度分层更多，各层速度、厚度与纵波微测井速度、厚度差异明显。但是在有些地区，存在相对致密高速度界面，纵横波均可刻画，具有一定的对应关系。

表 2-4-1　　中国西部某地区相同位置纵横波微测井速度层位统计表

类型	$v_0/(\text{m/s})$	H_0/m	$v_1/(\text{m/s})$	H_1/m	$v_2/(\text{m/s})$	H_2/m	$v_3/(\text{m/s})$	H_3/m	$v_4/(\text{m/s})$	总厚度/m
纵波微测井	349	6.6	670	16.1	1946					22.7
横波微测井	276	12	351	34.8	407	32.2	436	51.2	528	130.2

横波低降速带厚度一般比纵波更厚。横波速度低，最小速度可在 100m/s 以下，横波表层低降速带厚度一般大于纵波厚度，低降速带厚度可达纵波厚度的 4 倍以上。因而横波静校正值变化更大，静校正问题相对纵波更突出。图 2-4-2 是中国西部某地区横波与纵波表层模型界面对比，可以看到横波相比纵波低降速带模型更厚。由此可知，横波静校正量更大，相对变化也更剧烈，见图 2-4-3。

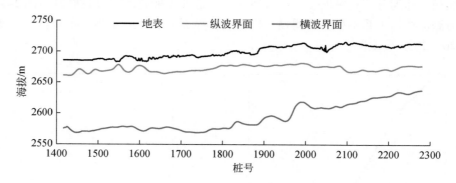

图 2-4-2　中国西部某地区横波与纵波表层模型界面对比

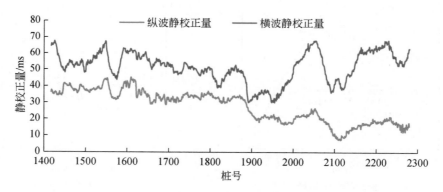

图 2-4-3　中国西部某地区横波与纵波静校正量对比

（二）横波微测井调查

为了提高横波静校正计算精度和表层建模精度，横波表层调查工作越来越受到重视。受激发源特点、安全环保要求、调查精度、调查效率等因素的影响，目前生产中越来越多地采用地面激发横波、井中三分量检波器接收方式进行井中微测井调查。本节仅就这种调查方式展开分析。

横波微测井常用的震源有两种方式，一种是敲击式激发横波，另一种是可控震源激发横波。

1. 敲击式激发横波

敲击式横波震源是将受撞体沿垂直测线方向（接收方向）放置，受撞体一般采用特制枕木，底部带有锯齿，确保能与地面紧密耦合（图2-4-4），重锤垂直测线沿水平方向敲击受撞体，受撞体受到撞击，产生质点的水平位移，激发横波。

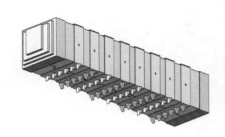 

(a)受撞体设计图   (b)受撞体实物图

图2-4-4 敲击式枕木受撞体

敲击方式通常采用人工敲击或机械摆锤敲击。

人工敲击：人工用铁锤敲击受撞体激发横波。在井中检波器的每个设计深度，用重锤在地面人工敲击枕木，可分别激发多次进行叠加，枕木必须压实，保证与地面紧密耦合。这种方法的主要优点是效率较高，适应交通不便的复杂地表。但是，人工激发能量弱，激发稳定性差，会造成横波起跳不干脆，容易出现初至能量不稳定，影响横波初至的准确辨认和拾取，同时调查深度有限，通常只能满足50m深度以内的横波微测井施工。

机械摆锤敲击：目前主要发展的是体积小、能量强，而且移动灵活、操作方便的摆锤撞击装置。重锤重500~1000kg，升高2~3m，沿弧线落下撞击受撞体产生SH波。这种方法具有较好的方向性、机动性、可重复性，调查深度可达200m。但是，这种敲击装置比较重，需要集成在特制车辆上（图2-4-5），敲击时装置载体的稳定性会给记录带来一定干扰和影响。车载装置对通行条件要求高，在复杂地表到位较为困难。

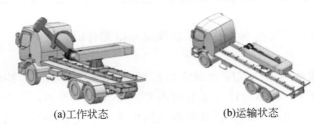

(a)工作状态   (b)运输状态

图2-4-5 机械摆锤敲击装置示意图

2. 可控震源激发横波

横波可控震源是中国石油集团东方地球物理勘探有限责任公司自主研制的新型横波激

发源，具有频带宽、能量强的特点（图2-4-6）。采用横波可控震源激发可进行深井微测井调查，探测深度可达500m。但是，横波可控震源微测井采集与大炮生产存在一定差别，特别是为了减弱可控震源浅层干扰强度和横波记录资料精度，针对不同地表特点，需要针对扫描频率、扫描长度、驱动幅度、出力、斜坡长度、井口距离等方面进行适应性分析。

图 2-4-6　横波可控震源

试验表明，在采用横波可控震源采集微测井时，参数设计遵循如下要求：①频段不能太窄，确保不同深度横波初至记录差异不明显；②扫描长度应满足深层横波初至能量要求；③扫描斜坡长度应满足记录稳定性需要；④出力大小在尽量降低激发干扰的情况下，避免脱耦现象，满足初至辨识的需求；⑤可控震源作业位置合理，与井口距离能正常接收到浅层透射波，初至波场符合微测井采集要求。表2-4-2是柴达木盆地不同地区横波可控震源微测井主要参数设计表。总体上看，横波可控震源激发相比敲击式激发横波能量更强，从图2-4-7横波微测井记录（井深200m）对比看，敲击激发能量衰减较为严重，在120m以后固定增益记录上横波初至难以识别，可见横波可控震源探测深度更有优势。

表 2-4-2　柴达木盆地不同地区横波可控震源微测井主要参数设计表

地表类型	扫描频带/Hz	扫描长度/ms	斜坡长度/ms	出力大小/%	井口距离/m
盐碱地	5～80	6	250	20～30	4～8
戈壁	3～72	6	300～500	40	4～8
山地	3～72	8	500～500	45	5～10

目前的横波微测井采集基本上遵循了常规纵波微测井的设计原理，在采集时还应注意以下问题。

（1）原则上横波微测井井深应确保在目标层（通常为高速层，特殊情况除外）中有15m以上的有效观测段。具体设计井深时可参考三个方面的资料：一是同位置相关横波资料，如初至反演模型、面波、测井、其他调查结果等；二是根据纵波表层情况预测；三是在没有任何资料参考的情况下，根据打井时的岩性变化情况确定。横波微测井的井深设计也可以根据特定的需求确定，如仅需要调查低降速带的时深关系变化情况，可以不需要打入高速层。同时，设计井深时要充分考虑激发源激发横波能量的衰减，要确保测井最深处能接收到横波初至，否则更深的测井也没有意义。

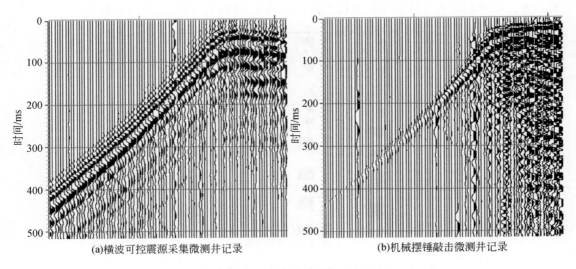

(a)横波可控震源采集微测井记录　　　　　　　(b)机械摆锤敲击微测井记录

图 2-4-7　不同方式激发横波微测井记录对比

（2）井中三分量检波器接收时，一般采用弹簧推靠或气囊推靠，应确保检波器与井壁耦合较好，检波器电缆保持松弛状态。检波器遵循从浅到深点距逐渐增大的原则，一般为 0.5~5m，当某一层段横波总厚度较大时，最大点距不宜超过 5m。

（3）激发偏移距原则上越小越好，考虑到可控震源等激发装置的尺寸大小，偏移距应尽量在 10m 以内。激发源与井口之间的距离必须实测，并且激发源与井口位置尽量在一个水平面内，当两者之间的高差大于 0.5m 时，应实测其高差并进行校正。

（三）横波微测井

横波微测井解释与纵波微测井解释原理基本一样，通过初至拾取、垂直 t_0 时间转换、时深解释等步骤实现。但是，由于横波的矢量特性和横波激发、接收的特殊性，采集的原始横波微测井资料相比纵波微测井资料初至信噪比要低，层位解释不如纵波明显，因此在横波微测井的初至识别和解释方面需要开展相关的处理分析，提高微测井的解释精度。

1. 横波初至识别

准确识别横波初至是横波微测井解释工作的基础。通常横波微测井的初至拾取存在一定的困难，主要有两方面因素影响：一是横波微测井初至会受到各种各样的干扰，这种干扰有纵波干扰、环境干扰、震源干扰、水流干扰（水井作业）等，导致初至起跳不干脆，模糊不清；二是三分量检波器在井中旋转，导致 X、Y 分量的横波初至并非始终一个方向起跳，能量时强时弱，横波初至识别较为困难。

（1）同分量相减叠加。横波微测井的采集可以分别通过左侧和右侧敲击枕木获取 SH波，从微测井记录上可以看出，对于相同的接收分量来说，左敲击和右敲击的初至相位是相反的，可以通过相减叠加、提高初至波峰能量、压制干扰，增加横波初至的辨识度。图 2-4-8 是同分量相减叠加示意图，可以看到，相减叠加后横波波组特征较为清晰，干扰减弱，能够更好地识别横波初至。这种方法对左右敲击记录的质量要求较高，当敲击系统稳定性差，造成记录畸变或形态差异较大时，叠加效果较差，初至位置也会改变。

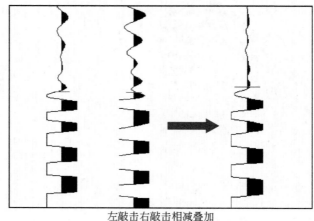

左敲击右敲击相减叠加

图 2-4-8　横波微测井 X 分量左右敲击相减叠加记录示意图

（2）X、Y 分量横波初至对比识别技术。三分量检波器在井中会发生旋转，与横波激发方向（Y 方向激发）的相对位置关系不断变化，表现出不一样的初至波形特征。当 XOY 平面内的检波器芯体同时投影在 Y 轴正半轴时，X、Y 分量初至均为负值，初至振幅有差异；当 XOY 平面内的检波器芯体同时投影在 Y 轴负半轴时，X、Y 分量初至均为正值，初至振幅也有差异；当 XOY 平面内的检波器芯体分别投影在 Y 轴正负半轴，X、Y 分量初至起跳相位相反，如图 2-4-9 所示。

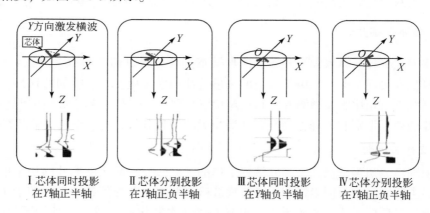

Ⅰ芯体同时投影　　Ⅱ芯体分别投影　　Ⅲ芯体同时投影　　Ⅳ芯体分别投影
在 Y 轴正半轴　　　在 Y 轴正负半轴　　在 Y 轴负半轴　　　在 Y 轴正负半轴

图 2-4-9　横波微测井激发方向与 X、Y 分量检波器初至相位变化关系示意图

根据以上特征，可以通过 X、Y 分量的相位变化特征识别横波初至位置。实际数据处理中，将 X、Y 分量抽出来进行显示，可以相对较为清楚地识别出横波初至的位置，见图 2-4-10。

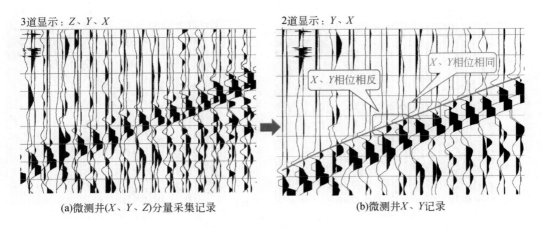

(a)微测井(X、Y、Z)分量采集记录　　　(b)微测井X、Y记录

图2-4-10　横波微测井抽道显示图

（3）基于X、Y分量振幅的矢量旋转。针对横波初至位置，采用径切向（RT）旋转方法进行0°～180°范围角度扫描，求取X、Y分量均方根振幅最大值，得到旋转后的初至记录，进一步提高横波初至拾取精度。从图2-4-11记录旋转0°～180°与道能量变化可以看到，旋转到25°时，Y（红）分量与X分量（蓝）能量存在最大差异［图2-4-11（a）］，说明此时的Y分量初至能量具有最大值，对Y分量数据进行矢量旋转后横波初至能量明显增强［图2-4-11（b）］，从图2-4-12可以看到，旋转后横波初至能量变化一致性更好，初至信噪比得到了提高，记录上的横波初至更清晰，便于拾取。

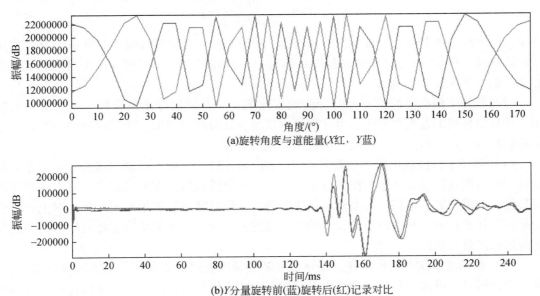

(a)旋转角度与道能量(X红，Y蓝)

(b)Y分量旋转前(蓝)旋转后(红)记录对比

图2-4-11　横波微测井Y分量矢量旋转图

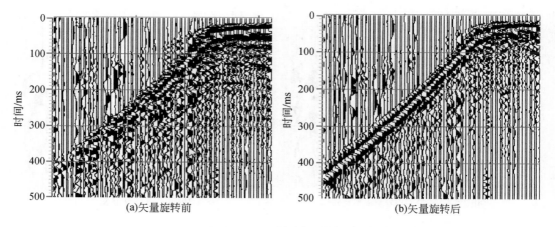

图 2-4-12　矢量旋转前与矢量旋转后横波微测井记录

2. 横波微测井解释

横波微测井解释前应正确定义微测井的井中观测点深度、地面激发点与井口之间的距离、原始记录文件号等参数，准确拾取每一道的初至时间，拾取时要尊重原始记录，不得随意修改初至时间。在可控震源等横波激发装置难以布设在与井口同一平面上时（高差大于 0.5m），应实测激发点与井口之间的高差，在垂直时间转换时应考虑该高差的影响。此时应采用的垂直时间转换公式为

$$t_0 = t \times \frac{H}{\sqrt{(H+\Delta H)^2 + D^2}} \tag{2-4-3}$$

式中，t_0 为校正到井口的单程垂直传播时间，单位 ms；t 为初至时间，单位 ms；H 为井中接收点深度，单位 m；ΔH 为地面激发点高程与井口高程之差，单位 m；D 为地面激发点与井口的水平距离，单位 m。

时深解释应根据横波微测井时深曲线变化规律，合理划分出各横波速度层的深度范围，计算出各层的速度和厚度，具体解释方法与纵波微测井类似。为确保横波速度解释结果的合理性，还可以参考上行波、纵波结果进行解释。

（1）基于上行波场的横波微测井解释（图2-4-13）。对横波微测井横波分量记录进行旋转，获得旋转后较高质量的横波分量记录后，在旋转后的横波分量记录上可以观察并确定反射上行波位置。根据上行波对应的速度界面，通过微测井班报确定产生反射上行波的记录道的深度位置，参考反射上行波的深度位置，在初至时深关系图上将对应的初至道作为分层拐点进行微测井解释。

（2）纵横波微测井对比解释。充分利用 Z 分量纵波信息或同一位置纵波微测井信息，开展对比解释。纵波的传播速度受岩石骨架和孔隙流体的综合影响，而横波速度仅与岩石骨架有关。在低速和降速层，横波和纵波分层很难一致，也就是说低降速带受孔隙流体的影响相对较大，纵波上解释出来的层位，横波解释结果不一定有与之对应的；而有些高速层，主要受岩石骨架的影响，纵波和横波基本能反映出来，可以作为标志层进行对比解释。图2-4-14（a）是纵波微测井解释图，50m 深度速度拐点明显，但横波微测井速度拐

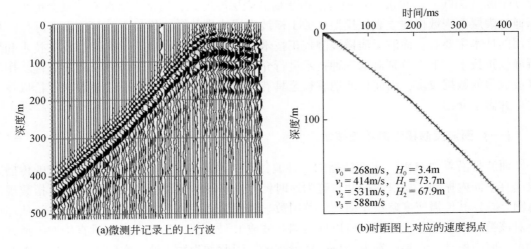

(a)微测井记录上的上行波　　　　　　　　　(b)时距图上对应的速度拐点

图 2-4-13　基于上行波场的横波微测井解释

点难以确定，通过对比解释，可以较为准确地确定拐点位置。

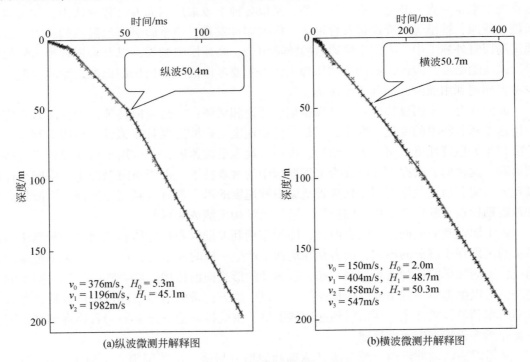

(a)纵波微测井解释图　　　　　　　　　　　(b)横波微测井解释图

图 2-4-14　纵横波微测井对比解释图

二、横波静校正技术

表层调查只是从点上帮助我们认识横波表层结构，要想解决横波静校正问题，就必须建立全区（测线）的横波表层模型。由于横波表层厚度大，通常表层调查数量会更少，难以通过表层调查数据建立表层模型。关于横波表层建模及横波静校正，目前在实际生产中应用的技术主要有：面波反演横波静校正技术、基于横波地震初至的折射静校正技术和层析静校正技术。下面分别对这三种技术进行介绍。另外由于横波地震波场的复杂性，用于横波成像的数据较多，因而横波地震初至具有特殊性。为此本章对横波地震初至拾取技术也一并做了介绍。

（一）面波反演横波静校正技术

面波是沿着"自由"表面传播的一种波，有两种基本类型，一种是质点在波的传播方向垂直平面内振动，质点的振动轨迹为逆时针方向转动的椭圆，且振幅随深度呈指数规律急剧衰减，其传播速度略小于横波。英国数学物理学家瑞利（Rayleigh）于1887年从理论上对该类型的波给予了证明，所以称为瑞利波或 R 波；另一种是质点在垂直于波传播方向的水平面内振动，它是由勒夫（Love）发现的，因此称为勒夫波。在常规地震记录中存在的主要是瑞利波。

面波是地震记录中主要的规则干扰波之一。从第一次石油地震模拟记录开始，勘探地球物理学家就一直不断地与面波做斗争，采取各种手段来压制面波。普遍认为，在类似于新疆戈壁滩、沙漠等低降速带发育地区，面波非常发育，严重影响了反射波的接收。当前地震勘探野外施工中，人们主要通过检波器组合、高速层中激发，以及采用各种信号处理手段来滤除面波。因此，石油地球物理工作者主要考虑的是如何压制面波、滤除面波，较少考虑如何利用面波，使其"变废为宝"。

面波具有三个明显特性：一是强振幅、低速和低频；二是频散特征，即在层状介质中传播速度随着频率的变化而变化；三是其传播速度与横波速度具相关性。利用瑞利面波的频散与相关性特性可以研究表层结构，推断近地表横波速度，并可用于后期静校正或多次波消除。这种面波勘探方法已成为工程勘探中的常规技术，由于地震勘探中，空间采样间隔较大，瑞利面波数据可用于估算近地表横波速度的潜力没有得到充分发挥，但随着高密度地震勘探技术的广泛应用，面波用于近地表结构反演成为可能。

人工源瑞利面波勘探方法有两种，即瞬态瑞利波勘探和稳态瑞利波勘探。瞬态法与稳态法的区别在于震源的不同，前者是在地面上产生一瞬时冲击力，产生一定频率范围的瑞利波，不同频率的瑞利波叠加在一起，以脉冲的形式向前传播。后者则产生单一频率的瑞利波，可以测得单一频率波的传播速度。所以，瞬态记录的信号要经过频谱分析，把各个频率的瑞利波分离开来，从而得到速度频散谱，由此推断地下介质的岩石物理信息。下面主要介绍多道瞬态法面波反演。

多道瞬态法面波反演，瞬态法又称瑞利波谱分析法，由美国得克萨斯大学首先提出。20 世纪 70 年代，F. K. Chang 和 R. F. Ballard 进行了一次瞬态瑞利波勘探试验，并在第 42 届 SEG 年会上报告了他们的成果，但当时未引起人们的关注。1985 年，斯托克（Stokoe）和纳扎里安（Nazarian）采用了冲击震源，通过两个检波器之间波的互谱相位信息，求出了不同频率面波的相速度，进而求出道路断面的瑞利波速度分布，这是最初的瞬态瑞利波勘探试验，从而也引起了瞬态瑞利波勘探方法的真正兴起。

多道瞬态面波分析方法（MASW）是以多道记录为分析基础，首先，将时间-偏移距域中的多道记录变换到频率-速度域，得到$f-v$谱；通过拾取$f-v$谱中的极大值，得到瑞利面波的频散曲线；利用频散曲线进行横波速度、密度反演，其中包括基于初始模型进行正演模拟，然后根据正演频散曲线与实际频散曲线之差，迭代反演得到近地表的横波速度、密度。

频散曲线计算，通过提取$f-v$谱的最大能量可以得到瑞利面波的频散曲线。在$f-v$谱方面，前期已取得了较丰富的研究成果，包括$f-k$、$\tau-p$和相移。可以看出相移法提供了比其他两种方法更宽的频谱。对于$f-k$方法，在计算$v=f/k$时，重采样可能会带来误差，在地震道间距不相等时也会出现问题。在实际应用中，$\tau-p$计算量大，因此相移法是三种方法中的首选。一种精确的频散曲线提取方法对瑞利面波反演非常关键。实际数据的$f-v$谱通常分辨率较低，需要对$f-v$谱进行归一化处理。本节提出了一种两步法归一化方案，首先，对每个频率的$f-v$谱沿相速度方向归一化，然后对上一步的结果应用指数归一化。该方案能够产生适合于频散曲线拾取的高分辨率$f-v$谱。从图2-4-15（e）中可以发现，归一化结果分辨率得到大幅度提高。

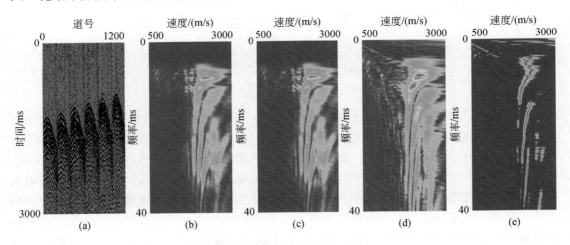

图 2-4-15　不同算法计算的频散谱比较

（a）三维地震原始记录；（b）$f-k$；（c）$\tau-p$；（d）相移；（e）归一化后的$f-v$谱

模型正演算法，一种好的正演模拟方法是提高反演精度的关键。瑞利面波相速度可以用一个非线性的隐式方程来表示，它是v_P、v_S、密度和层厚的函数。对于层状模型，瑞利面波频散曲线可以用Knopoff（诺波夫）方法计算，是一种递推估计。传统的Knopoff方法在近地表存在低速层时存在一些缺陷。测得的频散曲线（点曲线）与传统的Knopoff方法（平方曲线）有较大的差异。这是因为用常规Knopoff方法计算的高频区瑞利面波相速度接近最低的S波速度，而不是表层的S波速度。为了解决这一问题，我们提出在高频段计算相速度时，建立一个以最低横波速度层为半空间的替代模型。图2-4-16中的红色曲线是最终的改进结果，它与测量的色散曲线非常吻合。当近地表存在多个低速层时，我们需要做多次代换工作。

$$F_j(f_j,c_{R_j},v_S,v_P,\rho,h)=0,(j=1,2,\cdots,m) \tag{2-4-4}$$

式中，f_j 为频率；c_{Rj} 为瑞利面波速度；v_S 为横波速度；v_P 为纵波速度；ρ 为介质密度；h 为层厚度。

ΔH/m	v_P/(m/s)	v_S/(m/s)	ρ/(g/cm³)
30	4500	2250	2.0
15	3800	1900	2.0
∞	3200	1600	2.0

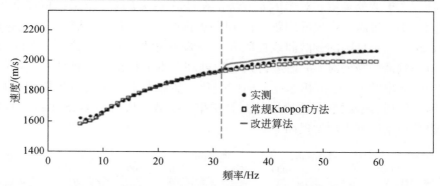

图 2-4-16　常规 Knopoff 方法与改进算法的综合比较
以低速夹层为例

　　反演算法，将瑞利面波频散曲线的反演作为一个基于泰勒级数展开的线性问题来解决，Xia 等（1999）在反演算法中采用了 Levenberg- Marquardt（L- M 列文伯格–马夸特）方法和奇异值分解（SVD）技术。如我们所知，如果一个初始模型与真实模型偏离太大，线性化反演会产生局部最小解。幸运的是，我们在地震勘探中经常有钻井、井口或折射数据，这些数据可以为初始速度模型的建立提供很好的参考。此外，直接从色散曲线计算的半波长结果在大多数情况下也可以作为令人满意的初始模型。考虑到瑞利面波的频散对所有参数（S 波速度、P 波速度、密度和厚度）中的 S 波速度最敏感（Xia et al.，1999），我们选择仅反演 S 波速度，而不是同时反演厚度和 S 波速度。在许多情况下，反演可以减少 S 波速度反演模型的模糊度。该算法的另一个优点是计算速度快于非线性方法，更好地满足了高密度三维地震勘探的大数据面波反演的要求。

　　应用实例，在三维横波勘探中，用地震数据中的面波反演近地表模型时，优选激发点最近一条接收线的纵波 Z 分量地震记录进行频散分析，拾取频散曲线，反演速度模型，计算静校正量。

　　在图 2-4-17 的频散图中，（a）是用纵波激发 Z 分量接收的地震记录建立的频散谱；（b）是用横波 X 分量激发 Y 分量接收的地震记录建立的频散谱，从谱中可以看出要拾取的频散曲线（黑色已经拾取，连续红色线是可拾取的），从曲线的连续性和长短明显看出，纵波优于横波。

　　在用地震记录中的面波反演近地表速度模型时，一般是优选纵波激发 Z 分量地震记录作为面波频散分析时的数据。理论上，横波激发 Y 分量接收到的地震波中，面波中主要是

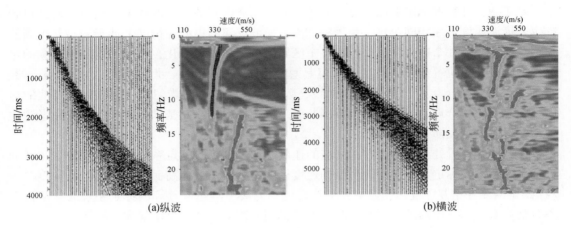

(a)纵波　　　　　　　　　　　　　　(b)横波

图 2-4-17　面波频散图

勒夫波，该地震波不受纵波影响，应该有利于面波的频散分析，但是频散谱中，面波成像质量不如纵波，具体原因还有待进一步研究。

地震数据的波长等于波速除以频率。根据半波长理论，面波反演的最大深度就是一个波长，可信深度一般是波长的一半。因此炮检距范围很关键，它决定了面波反演的可信深度和浅层的模型精度。

在面波频散分析时，确定数据源后，对不同炮检距数据建立的频散谱进行分析，优选最佳的炮检距范围。如图 2-4-18 所示，炮检距大，使用的道数多，频散图中曲线细，低频干扰小，有利于频散曲线的自动批量拾取，反演模型的深度大，但是高频干扰大，反演模型的浅层精度会降低；炮检距小，使用的地震数据道数少，频散曲线粗，低频干扰大，反演的模型较浅，但是曲线高频精度高，浅层模型的精度高。

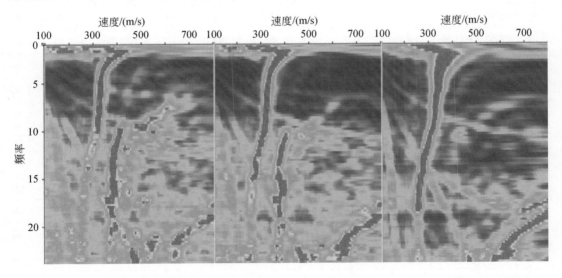

图 2-4-18　不同炮检距建立的频散谱（左图 100～1500m，中图 100～1000m，右图 100～500m）

　　基于微测井数据标定的面波反演方法：面波反演得到的是横波速度，横波微测井得到的也是横波速度，在相同位置，相同深度内，面波反演的模型在精度上低于微测井得到的模型。但是微测井个数少，不易控制整个区域的速度横纵向变化，虽然用微测井建立的速度模型，在单点位置处模型精度高，但是总体上精度低。面波频散曲线，来源于地震数据，在台东三维分析了 7610 个频散曲线，数量多，空间分布均匀，用频散曲线反演的速度模型总体趋势合理，局部需要用微测井成果进行标定。在此基础上，提出了采用微测井成果标定的面波反演方法。

　　在微测井位置处，用微测井和面波的速度，建立单点的标定系数后，构建整个工区的标定系数，用该标定系数对面波反演的速度模型进行校正，提高面波速度模型的精度。表2-4-3 是微测井钻井深度内，微测井平均速度和面波平均速度计算的标定系数表。从标定系数整体看，面波反演的速度和微测井解释得到的速度整体上是非常吻合的。

表 2-4-3　微测井平均速度和面波平均速度计算的标定系数表

线号	点号	东坐标	北坐标	海拔/m	深度/m	微测井_T_0/ms	面波_T_0/ms	差值/ms	微测井_v_0/(m/s)	面波_v_0/(m/s)	系数
1093	16772	592877	4135022	2689.0	50.0	153.9	145.5	8.4	324.89	343.64	0.95
1093	18262	592856	4135022	2700.2	50.0	132.8	143.1	−10.3	376.51	349.61	1.08
1093	19762	598856	4135022	2711.1	50.0	116.4	138.2	−21.8	429.55	361.79	1.19
1093	22512	604357	4135022	2711.7	80.0	193	191.3	1.7	414.51	418.19	0.99
1101	15172	589676	4135182	2685.5	32.0	100.5	103.5	−3	318.41	309.18	1.03
1113	15702	590737	4135422	2692.4	80.0	223.6	217.7	5.9	357.78	367.48	0.97
1169	14822	588977	4136542	2691.6	50.0	141.4	146.3	−4.9	353.61	341.76	1.03
1169	16302	591937	4136541	2689.6	105.8	274.5	268	6.5	385.43	394.78	0.98
1169	17952	595236	4136542	2700.2	50.0	129.6	141.4	−11.8	385.8	353.61	1.09
1169	19522	598376	4136542	2708.0	80.0	192.7	204.8	−12.1	415.15	390.63	1.06
1169	20782	600896	4136542	2710.4	80.0	202.2	197.2	5	395.65	405.68	0.98
1169	21882	603096	4136542	2707.0	50.0	127.3	130.3	−3	392.77	383.73	1.02
1257	14642	588617	4138302	2690.9	80.0	222.2	211.5	10.7	360.04	378.25	0.95
1257	15722	590776	4138302	2685.6	80.0	219.9	203.5	16.4	363.8	393.12	0.93
1257	16762	592856	4138302	2687.1	77.0	200.8	196.2	4.6	383.47	392.46	0.98
1257	18562	596456	4138302	2700.3	80.0	197.9	209	−11.1	404.24	382.78	1.06
1257	20602	600536	4138302	2705.3	80.0	190.1	202.3	−12.2	420.83	395.45	1.06
1257	21442	602217	4138302	2708.7	74.0	164.7	180.7	−16	449.3	409.52	1.10
1257	22482	604296	4138301	2701.6	38.0	94	104	−10	404.26	365.38	1.11

续表

线号	点号	东坐标	北坐标	海拔/m	深度/m	微测井_T_0/ms	面波_T_0/ms	差值/ms	微测井_v_0/(m/s)	面波_v_0/(m/s)	系数
1321	20482	600296	4139582	2706.8	77.0	187.3	191.4	-4.1	411.11	402.3	1.02
1321	21742	602816	4139582	2699.5	50.0	120.3	130.6	-10.3	415.63	382.85	1.09
1337	19312	597956	4139902	2703.5	80.0	195.3	209.8	-14.5	409.63	381.32	1.07
1337	18722	596776	4140702	2691.3	74.0	177.9	194.4	-16.5	415.96	380.66	1.09
1337	19882	599096	4140702	2698.0	80.0	189.5	197.3	-7.8	422.16	405.47	1.04
1337	21102	601537	4140702	2698.5	118.5	266.4	266.4	0	444.82	444.82	1.00
1337	22222	603776	4140702	2695.2	32.9	82	88.5	-6.5	401.22	371.75	1.08

对标定系数进行平面网格化，得到整个工区的标定系数，如图 2-4-19 所示，图中的颜色代表的是标定系数，蓝色说明面波反演的速度高于微测井解释得到的速度，红色说明面波反演的速度低于微测井解释得到的速度。

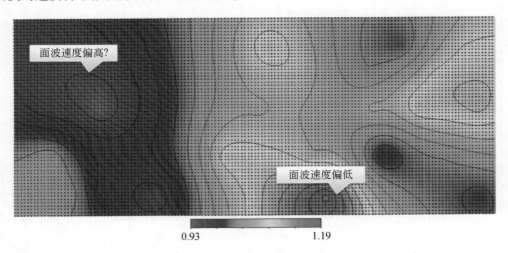

图 2-4-19　标定系数平面分布图

用平面标定系数对面波反演的速度模型进行整体校正，速度校正前后及差值见图 2-4-20。

对于校正后的速度模型，同样提取速度是 500m/s 的界面为高速顶界面，如图 2-4-21 所示，白色是校正前的高速顶界面，黑色是校正后的高速顶界面，可见，用微测井成果校正后的速度模型，相同速度对应的高速顶界面形态有较大变化。

计算高速顶界面对应的静校正量，图 2-4-22 是校正前后的静校正量，对比可知，二者静校正量的差值在±10ms 左右，在一定程度上改变了长波长，从而影响了构造形态。

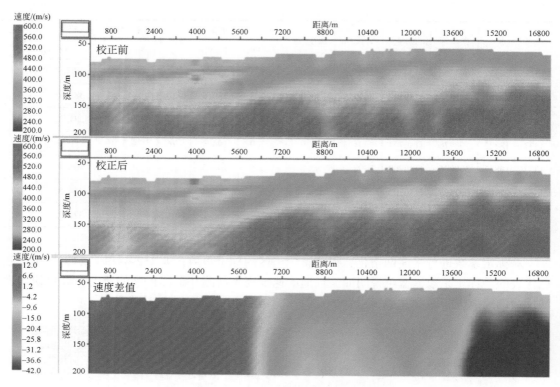

图 2-4-20　面波速度校正比较图

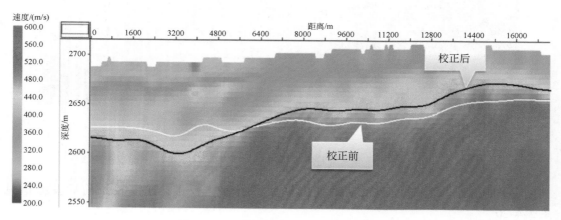

图 2-4-21　高速顶界面校正前后对比图

在微测井位置，提取面波反演速度模型相同深度内的垂直时间，与微测井拾取垂直时间进行比较。速度校正前后对比见图 2-4-23 和图 2-4-24，红色是面波反演的深度-时间曲线，绿色是利用微测井资料建立的深度-时间曲线。对比可知，校正后模型静校正量整体与微测井更加吻合，这也说明近地表速度模型精度得到了进一步提高。

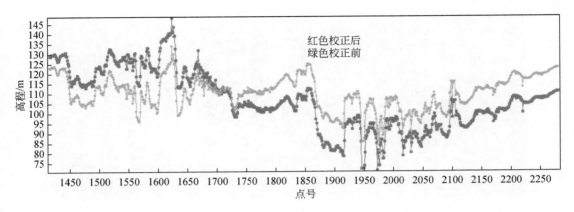

图 2-4-22　静校正量校正前后对比图

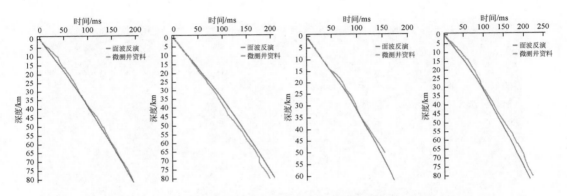

图 2-4-23　速度校正前微测井时深曲线与面波反演模型的时深对比图

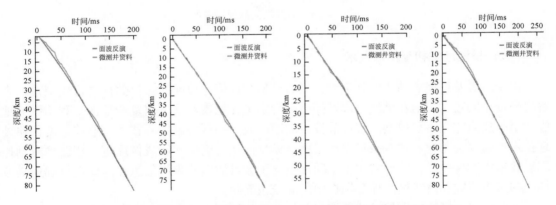

图 2-4-24　速度校正后微测井时深曲线与面波反演模型的时深对比图

图 2-4-25 是高程静校正剖面，图 2-4-26 是面波反演静校正剖面。从上述叠加剖面看出，高程静校正成像质量较差，并且存在明显的长波长静校正，应用面波反演静校正的叠加剖面成像质量得到明显改善，反射轴连续，构造完整，形态基本正确，表明在较大程度上解决了横波长波长静校正问题。

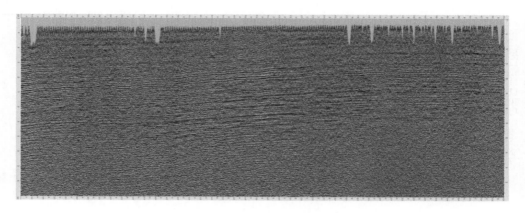

图 2-4-25　高程静校正剖面

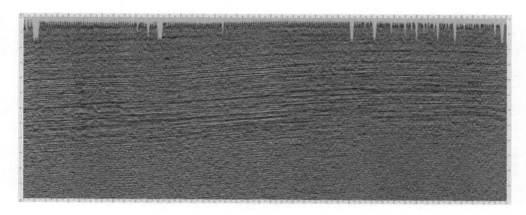

图 2-4-26　面波反演静校正剖面

（二）横波地震初至拾取技术

由于地表及近地表结构的复杂性，表层模型难以依靠单纯的表层数据进行表层建模来解决静校正问题。目前在纵波地震勘探中，特别是在地表及地下双复杂地区，利用纵波地震初至来反演建立表层模型及解决静校正问题已成为一项关键核心技术，叠前深度偏移处理技术更需要利用地震初至来建立浅层速度模型，从而确保地震成像质量。横波地震勘探同纵波地震勘探一样，其地震初至也同样包含了大量的横波表层信息，因此也可利用横波地震初至来研究和解决横波地震勘探中的静校正问题。

如前所述，横波勘探较纵波勘探复杂，它不仅体现在激发机制上，而且二者的接收机制也不相同，横波激发和接收得到的波的类型较多，也就是原始地震数据类型较多，并且其成像域也较纵波复杂。用横波地震初至来解决横波静校正问题，首先需要正确拾取横波地震初至，因此本节所要叙述的横波地震初至拾取技术，不是通常所说的关于地震波初至的识别及拾取技术，而是如何得到要拾取横波地震初至的横波地震数据，以及在哪种类型的横波地震数据上进行横波地震初至的拾取。横波地震初至拾取比纵波初至复杂，不像纵波那样可直接在原始地震数据上拾取地震初至，而是先要做一定的数据预处理，包括方向校正和矢量旋转，最后得到进行横波地震成像的 S_xR_x（以下简称 TT）和 S_yR_y（以下简称 RR）分量地震数据。方向校正，简单地说是因为野外采集作业时震源激发方向与设计的方向（平行或垂直检波点接收方向）难以保持一致，存在一定的夹角，所以需要进行校正。而矢量旋转则是针对横波的成像方向而言的，因为横波具有很强的方向性，其只在某些方向具有较强的能量能保证地震成像，一般指 TT/RR 方向。这里 RR 方向为炮检点连线方向，TT 方向为 RR 的垂向方向。关于方向校正和矢量旋转的具体做法，这里不作介绍，感兴趣的读者可参考本书后面的横波地震资料处理技术的内容（见第三章第二节）。

　　通过方位校正和矢量旋转，得到 RR 和 TT 分量。从图 2-4-27 和图 2-4-28 可以看出，TT 分量在初至时段的地震记录的信噪比较高，初至拾取相对容易并且能保证拾取精度，而 RR 分量的信噪比相对较低，拾取困难且不能保证拾取精度。对于采用横波初至进行反演建模来说，怎么拾取横波初至呢？TT、RR 初至都需要拾取还是只需要拾取一套初至即可？为此我们对二者的初至进行了比对分析。首先我们拾取了 TT 分量地震初至，见图 2-4-27。然后将 TT 初至在同地面点的 RR 地震记录上显示出来，通过对比分析，认为在近中偏移距，RR 分量和 TT 分量的初至基本一致；在中远偏移距，二者存在一定时差。但在 1500m 偏移距范围内，TT 与 RR 分量的初至是一致的，并且其初至波视速度达到了 730m/s，已经超过了本区的横波高速层速度 580m/s。该偏移距范围内的地震初至已经完全满足横波反演建模及静校正的要求，并且表明 TT 与 RR 分量对应的横波表层模型是同一个模型。同时考虑到 RR 分量的地震初至信噪比较低，拾取十分困难，并且有相当一部分初至难以准确拾取，结合刚才的分析，我们认为对于 TT 和 RR 地震记录，只需要拾取 TT 分量的地震初至。

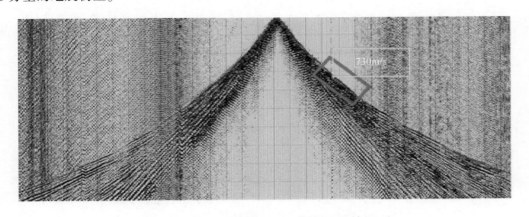

图 2-4-27　TT 分量记录及 TT 分量初至时间显示

　　另外，我们通过下面对比采用不同初至完成的静校正进行成像处理也表明了上述横波地震初至拾取方法的正确性。图 2-4-29 为应用 SH 初至静校正的 TT 分量叠加剖面，图 2-4-30 为应用 TT 初至静校正的 TT 分量叠加剖面。从二者对比可以看出，TT 初至的静校正效果要更好，构造形态恢复较好，反射轴连续性也增强，说明 TT 初至更能反演横波的表层结构。因此横波初至应该在做完方向校正与矢量旋转后的 TT 地震记录上进行初至拾取，

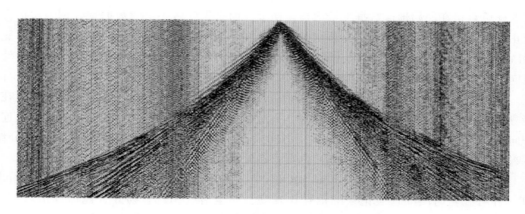

图 2-4-28　RR 分量记录及 TT 分量初至时间显示

或者说，横波在哪个方向成像，就应该在哪个方向的地震数据上拾取横波初至来完成横波表层建模及横波静校正。

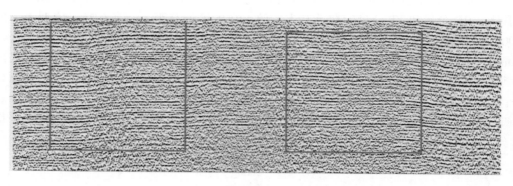

图 2-4-29　应用 SH 初至静校正的 TT 分量叠加剖面

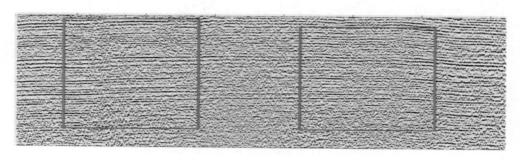

图 2-4-30　应用 TT 初至静校正的 TT 分量叠加剖面

另外，假若对横波分离得到快横波 S1 和慢横波 S2，分别对 S1、S2 进行成像，则同样需要分别在快横波和慢横波地震数据上拾取初至，才能较好建立快横波和慢横波对应的表层模型，从而解决各自的静校正问题。其具体应用可参见折射静校正技术的应用实例。

（三） 基于横波地震初至的折射静校正技术

折射静校正是最早利用地震初至（准确地说是折射波初至）反演建立表层模型的技术，其发展历史较长，解决静校正的效果明显，一直是纵波地震勘探中表层建模及静校正的主要技术。其基本原理就是著名的基本折射方程，如图 2-4-31 所示。

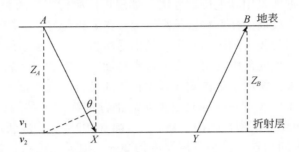

图 2-4-31　基本折射方程示意图

Z_A 为地表点 A 处的表层厚度；Z_B 为地表点 B 处的表层厚度

从炮点 A 激发，到达接收点 B 的地震波的传播时间为

$$T_{AB} = \frac{AX}{v_1} + \frac{XY}{v_2} + \frac{YB}{v_1} \tag{2-4-5}$$

对式（2-4-5）进行变化，将折射波 v_2 写成 AB 之间的滑行波时间，则式（2-4-5）可改为

$$T_{AB} = \frac{Z_A \times \cos\theta}{v_1} + \frac{AB}{v_2} + \frac{Z_B \times \cos\theta}{v_1} = \tau_A + \frac{AB}{v_2} + \tau_B \tag{2-4-6}$$

这就是著名的基本折射方程。它是一个关于初至和延迟时、折射速度、炮检距的关系表达式。

折射静校正的第一步就是进行折射分析。所谓折射分析通常指的是折射速度分析和延迟时计算。对于速度分析，有互换速度方法、CMP 速度分析和简单速度分析。关于各种速度分析方法的原理在这里不做介绍，感兴趣的读者可参考其他资料。需要说明的是，实际应用中一般采用互换方法进行速度分析，该方法能有效克服和消除地下折射层倾斜的影响，分析得到的折射速度较简单速度分析和 CMP 速度分析更为准确，精度最高。对于分析出的折射速度，一般要进行适当平滑，平滑半径可根据折射速度的变化情况确定。一般而言，工区折射速度变化较大时，平滑半径相对较小；工区折射速度变化不大时，平滑半径相对较大。平滑半径的选择可通过参数试验确定，也可根据经验确定。总之，平滑后的速度场，既要保持和描述实际速度的变化特征，也要消除一些异常值的影响，保持速度在局部的变化特点和相对稳定。折射速度分析完成后，一般接下来就是计算炮检点延迟时。炮检点延迟时可以通过变换式（2-4-6），采用高斯-赛德尔迭代方法进行计算。炮检点延迟时迭代公式如下：

$$\tau_A = T_{AB} - \frac{AB}{V_2} - \tau_B \tag{2-4-7}$$

$$\tau_B = T_{AB} - \frac{AB}{V_2} - \tau_A \qquad\qquad (2\text{-}4\text{-}8)$$

　　如前所述，折射分析只能得到折射速度和炮检点延迟时，要想计算静校正，还需要建立表层模型，得到表层平均速度和表层厚度。因此，在实际折射反演建模中，一般需要先提供其中一个参数来反演另一个参数，才能建立表层模型。具体采用哪个表层参数，可根据已有的表层调查数据或采用其他反演方法（如层析反演）得到的表层数据进行确定，总之，表层参数越准确，反演的模型精度越高，静校正效果越好，表层参数的准确与否在很大程度上也决定了折射静校正的应用效果，特别是尽量避免出现小的长波长静校正问题。

　　应用实例：松辽盆地北部中浅层主要发育常规油、致密油、页岩油三种资源类型。经过几十年的攻关与探索，探明本区古龙页岩油轻质油带石油资源量十分丰富，资源量潜力巨大。古龙页岩油的主要类型——纯页岩型页岩油储层纵向上共划分为 9 个小层（Q1 ~ Q9），总厚度 80 ~ 130m，单层厚度 10 ~ 15m，目前（2024 年）最新地震资料在目标层段（Q1 ~ Q9）有 4 ~ 5 个同相轴，最小分辨厚度约 20m，但无法满足目标层段细分层解释及精准甜点预测需求（Niu，2024）。同时，随着 2021 年大庆古龙陆相页岩油国家级示范区的建立，通过一批水平井的完钻及前期的岩石物理研究，发现古龙页岩油类型多，成藏模式复杂，地震响应具有低阻抗、强各向异性及高频散的特点，地震响应特征复杂，地震成像难度大，因此常规纵波地震属性无论是对地质甜点还是工程甜点的评价都有明显的不适应性。为探索纵横波联合勘探在松北地区的可行性和适应性，提升储层预测和页岩油双"甜点"预测精度，支撑古龙页岩油产能建设和整体提升松辽盆地北部中浅层勘探开发效果，在本区开展了纵横波地震勘探先导性试验。

　　横波震源试验线位于齐家古龙凹陷南部，炮线长度 9.8km，试验线与井地联采井位相距 750m。工区地表主要为耕地、密林、盐碱地、村庄。试验线地表高程 129.3 ~ 143.9m，中西部起伏大，东部较为平坦；中部存在约 2km 的花生地，表层相对松散，其他区域表层土压实好。图 2-4-32 为该试验线纵波表层厚度结构图。

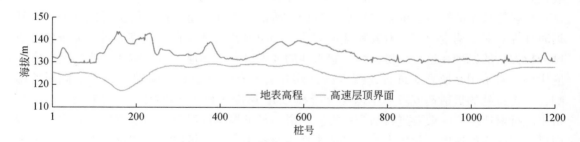

图 2-4-32　该试验线纵波表层厚度结构图

　　本次横波地震资料主要在快横波和慢横波分别成像。这里首先对快慢横波的产生成因简单介绍。当横波在含有裂缝的各向异性介质中传播时，就会明显分裂为两个偏振互相正交而速度不同的剪切波，一个是偏振方向平行于裂缝的横波，其速度较快，称为快横波，记为 S1；另一个是偏振方向垂直于裂缝的横波，速度较那个方向的横波慢，称为慢横波，记为 S2。即快慢横波主要是由地下裂缝引起的，并受裂缝的各向异性的影响，二者的偏振方向和传播速度不一样。对于快慢横波而言，其对应的表层模型是一样的，也就是厚度模型一样，其速度差异由偏振方向（传播方向）决定。通过上述分析，我们在建立快慢横波的表层模型时，实际上二者的厚度模型是一致的。在实际快慢横波的表层建模中，我们应该遵循和把握这个基本原则。

首先对本区的横波资料进行初步分析，特别是快慢横波的地震初至，因为这关系到初至反演方法的选择。通过对资料的分析，本区表层调查及横波地震初至具有以下几个特点：

（1）横波表层较厚，调查困难，未获取全部表层信息。

横波微测井井深50m，调查得到的速度只有340m/s左右，见图2-4-33，结合生产资料来看，显然调查井深不够，未调查得到横波高速层及以上各层的信息。

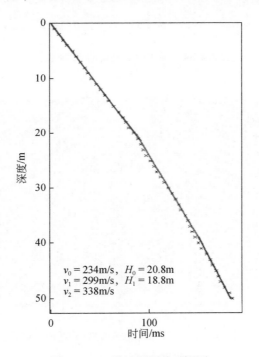

$$v_0 = 234\text{m/s}, \quad H_0 = 20.8\text{m}$$
$$v_1 = 299\text{m/s}, \quad H_1 = 18.8\text{m}$$
$$v_2 = 338\text{m/s}$$

图2-4-33　横波微测井时深图

（2）近偏移距初至空间变化大，反映横波浅层速度信息的初至无法全区拾取。

从图2-4-34和图2-4-35可以看出，近偏移距初至（代表地表附近的浅地层速度信息）在测线中部以西的地震记录上还可以可靠拾取，而在东部地区的地震记录上则难以拾取。

（3）初至未能连续地反映地下各层的速度信息。

从图2-4-36可以看出，本区地下地层有多个明显的横波速度层，如230m/s、320m/s、480m/s、950m/s等。而在地震记录上，来自950m/s地层的初至先于480m/s地层的初至到达，也就是如果按正常拾取地震初至，则来自480m/s地层的地震初至将会被掩盖掉。

（4）快慢横波的地震初至不同，局部地区具有明显的时差，二者时差随空间变化。

如图2-4-37，红线位置是同一套地震初至的显示。对比发现，在大部分地区，快慢横

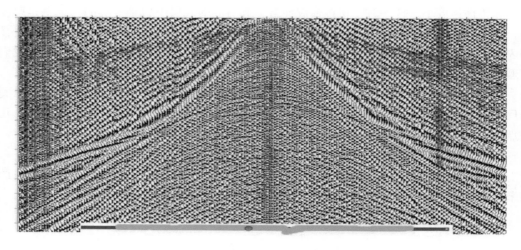

图 2-4-34　测线中部典型的 S2 地震记录

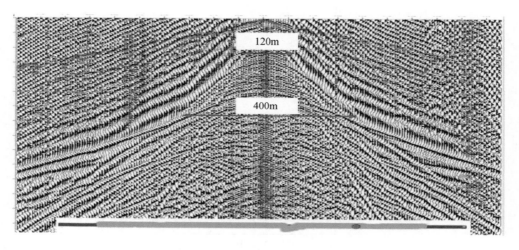

图 2-4-35　测线东部地区典型的 S2 地震记录

波的初至差异较小，但在局部地区二者的初至差异较大，因此快慢横波的静校正需要单独求取。但显然二者对应的横波表层模型是一致的，只是偏振方向的差异导致二者的传播速度不同，因此在快慢横波的表层建模中，应保证快慢横波表层模型的厚度一致，其差别只是在速度上。

通过对本区横波初至的特点分析，近偏移距初至难以在全区全部拾取，并且有部分浅层低速地层的初至到达较晚，难以拾取；另外本区高速折射层初至普遍存在且相对稳定，因此快慢横波的表层建模及静校正可以采用折射静校正方法解决。

从图 2-4-38 可以看出，本区的折射层比较明显且变化相对稳定，其视速度大致在 900 ～ 1000m/s 之间，因此在选择折射分析的偏移距范围时，一定要选择此范围的视速度对应的偏移距，同时避免初至窜层。

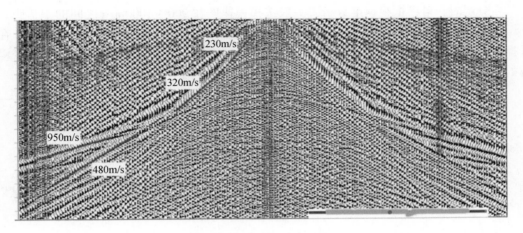

图 2-4-36　本区典型的横波地震记录

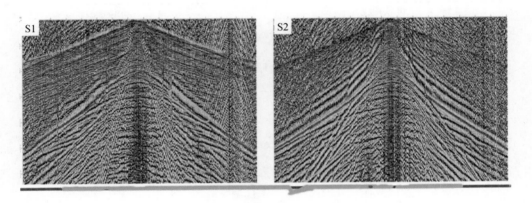

图 2-4-37　同地面位置 S1 和 S2 初至对比

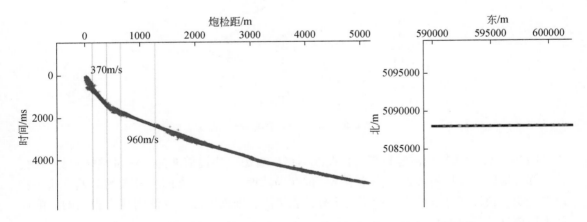

图 2-4-38　视速度分析及折射分层选择（绿色偏移距范围为选定的折射层）

在分层时，可根据视速度分析，一般选择视速度在 900～1000m/s 之间的偏移距。图 2-4-39 是快慢横波延迟时。另外根据前面的分析，表层调查未获取充分的横波信息，在此选择了测线附近一口横波 VSP 的资料，见图 2-4-40，结合折射速度、延迟时，估算了慢横波的表层平均速度信息。最后反演得到横波厚度模型，见图 2-4-41。

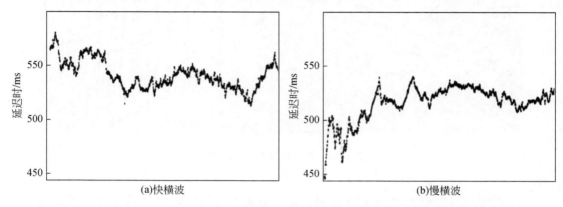

图 2-4-39　快慢横波延迟时

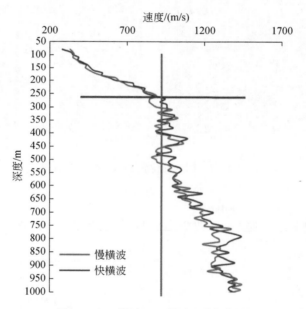

图 2-4-40　横波 VSP 深度–速度曲线

图 2-4-42 为快慢横波静校正对比曲线，可以看出，快慢横波静校正量整体趋势一致，在大部分地区二者比较接近，相差很小；但在局部地区，二者之间有较大的时差。这一特点也表明，快慢横波静校正只能用初至静校正解决，前面的面波反演则具有很大的局限性和不适应性。

图 2-4-43 为分别应用快慢横波静校正量的快慢横波地震剖面，二者成像都较好，并且剖面上反射层位都能很好匹配，说明折射静校正能较好解决这一地区的横波静校正问题，

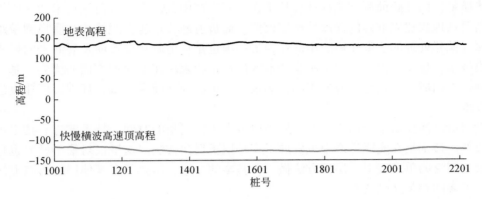

图 2-4-41 快慢横波表层模型（深度域）

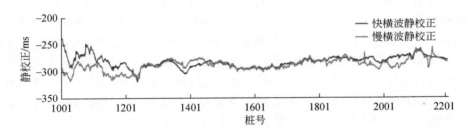

图 2-4-42 快慢横波静校正对比曲线

当然在实际应用中，有些技术细节及参数的选择需要斟酌和试验。

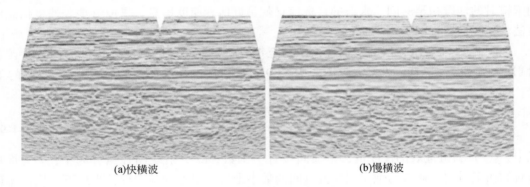

(a)快横波　　　　　　　　　　(b)慢横波

图 2-4-43 快慢横波地震剖面

（四）层析静校正技术

层析静校正是近几年在实际生产中应用最为广泛的表层建模及静校正技术。特别是在地表及地下双复杂地区，表层结构纵横向变化剧烈、高速折射层横向上十分不稳定，采用折射静校正建模遇到极大困难，特别是长波长静校正解决不彻底。另外，双复杂地区一般信噪比低、地震资料成像困难，而叠前深度偏移处理技术能显著提高双复杂地区地震资料的成像质量，因此叠前深度偏移处理技术在实际生产中普遍应用，而该技术的一个核心要点就是要从地表建立准确的深度域速度模型。而折射静校正建立的等效介质模型很难用于叠前深度偏移处理的速度建模。由此作为另一项也是从地震初至反演发展起来的层析静校正建模技术，越发突出了其在解决复杂地区静校正和表层速度模型方面的优势，基本取代折射静校正而成为复杂地区静校正的首选技术，也成为叠前深度偏移处理表层速度建模的理想技术。

就层析反演技术本身而言，其发展历史也有了相当长的时间，技术演进和技术沉淀也基本成熟。特别是在实际生产中也发展了多种层析反演方法。这里仅对最早发展也是目前应用最为广泛的单尺度射线层析方法做一个基本的介绍，需要了解其他层析反演方法原理的读者可参阅相关文献资料。

1. 单尺度网格层析反演的基本原理

单尺度网格反演就是对定义的反演模型进行网格化时，采用单一的一种网格（包括网格形状和网格尺寸大小）定义，且不相互重叠的网格对需反演的空间速度模型进行参数化（Nolet，1987），同时在反演过程中保持网格形状和大小不变。比较而言，单尺度网格层析反演是一种非常典型且普遍应用的层析反演方法。目前市面上大多数商业化软件都采用单尺度网格进行层析反演。在实际生产中，单尺度网格一般为规则矩形（二维）或长方体（三维），采用该网格对模型离散，每个网格速度为一个常数。单尺度网格层析反演具有模型数据结构简单、实现方便且较好满足工业化应用等诸多特点。

射线层析即走时层析，对于采用地震初至波进行层析反演的走时层析来说，在反演中已知的与模型有关的先验信息包括两种：一种是空间信息，即炮检点的地理坐标、高程信息（x，y，z），以及炮点的井深数据；另一种是时间信息，即通过地震数据拾取得到的不同炮检对的地震初至时间。求取的目标信息就是近地表速度信息，求取近地表速度信息的方法就是我们所说的层析反演。

如图 2-4-44 所示，根据射线理论，初至走时就是地震波的慢度（速度的倒数）函数沿射线路径（如 $D_1—D_2—D_3—D_4—D_5—D_6—D_7—D_8—D_9—D_{10}—D_{11}—D_{12}$ 连线）的积分，即：

$$T = \int_s^R s(r)\,\mathrm{d}l \qquad (2\text{-}4\text{-}9)$$

式中，$s(r)$ 为近地表的慢度值，是空间位置的函数；$\mathrm{d}l$ 为射线路径微分因子；T 为炮检点对的初至时间，通常为炮点到检波点间的最小走时。根据费马原理，当地下速度模型确定后，地面固定位置处炮检点对的最小走时和射线路径便唯一确定。

对式（2-4-9）进行离散化并忽略慢度的改变对射线路径的影响便得到层析反演的基本方程：

$$\Delta T_n = \sum_{i=1}^I \sum_{j=1}^J \sum_{k=1}^K [\Delta S_{ijk}]_m \cdot L_{ijk} \qquad (2\text{-}4\text{-}10)$$

式中，ΔT_n 为第 n 条射线的走时残差，即拾取的地震初至和射线计算走时之差；$[\Delta S_{ijk}]_m$ 为第 m 次迭代每个网格的慢度改变量；L_{ijk} 为第 n 条射线穿过每个网格的射线长度。式（2-4-10）写成矩阵形式为

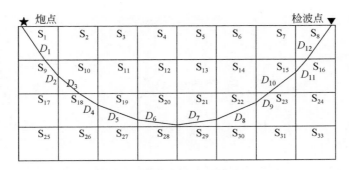

图 2-4-44 射线追踪及分割示意图

$$\Delta T = L \cdot \Delta S \qquad (2-4-11)$$

其中，矩阵 L 为大型线性稀疏矩阵，求解该方程组的方法很多，如最小平方分解法（LSQR）、最速下降法、共轭梯度法等（Scales，1987；Paige and Saunders，1982）。其中一种应用广泛和较好的方法就是同步迭代重构技术（SIRT），因此该算法具有计算量小、对大数据量适应性强等特点。其具体方法在这里不作介绍，感兴趣的读者可参考相关文献。

层析反演作为一种典型的地球物理反演问题，初至（射线）走时层析是一个非线性反演问题。为此单尺度网格层析采用多次线性迭代来模拟这一非线性过程。在反演过程中，为了保证反演模型的稳定性和可靠性，对层析反演进行了适当的平滑处理；另外采用的同步迭代重构技术本身具有一定的平均效应，所以层析反演的速度模型具有明显的连续介质特征。在实际地震数据的层析反演建模中，由于地震数据对浅地表的空间采样严重不足，反演模型在浅表层的反演速度比实际介质速度偏高、低降速偏厚等。

层析反演只是给出了所定义模型空间的速度场，要想通过反演模型解决常规静校正问题，还需要对反演的速度模型进行解释或定义，即构建与实际近地表接近的表层模型。在实际工作中，目前较多的是采用等速度界面来定义高速顶，从而计算静校正量。其实等速度界面也有其不合理之处。要想使定义的模型准确，需要借助其他已知的确定性的先验表层信息，一般采用微测井进行标定并指导建立表层模型（Feng，2015，2021）。对横波地震勘探而言，由于横波表层埋藏深、厚度大，横波深井微测井调查作业成本高，因此调查数量少，不能采用横波表层调查数据建立初始模型开展约束层析。只能采用横波深井微测井数据进行标定，提取横波高速层在层析反演中的速度，通过该速度（场）建立横波高速顶，然后计算横波静校正。

2. 应用实例

台东三维纵横波地震勘探是在我国陆上实施的第一块高密度三维横波工业化试验项目。工区位于柴达木盆地三湖地区，地表相对平坦，工区地表主要为盐碱地，但存在一明显的沼泽地带，其浅表层含水及沼泽气，见图 2-4-45，在该异常区内，纵波表层结构相对较深，局部超过 100m，而在盐碱区，纵波表层较薄，厚度一般在 20 ~ 30m。

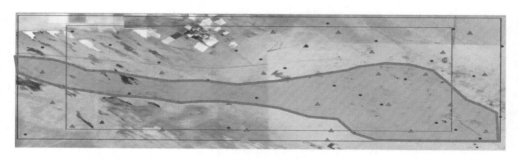

图 2-4-45　台东表层异常区示意图（粉红色区域为近地表异常区）

　　采用 40×40×10 的网格进行层析反演，初始模型为梯度模型，经十次迭代后，层析反演结果收敛、模型基本稳定。图 2-4-46 为 inline 方向的层析模型，图 2-4-47 为 crossline 方向的层析模型。从模型初步可以看出，横波表层模型的速度在横向上连续性好且比较稳定。

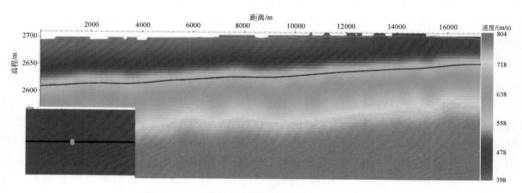

图 2-4-46　横波层析模型剖面（inline 方向）

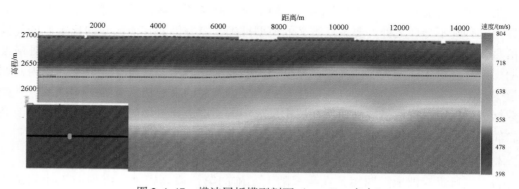

图 2-4-47　横波层析模型剖面（crossline 方向）

　　为了进一步分析本区横波表层结构的速度特征及变化特点，从而构建准确的横波表层模型，我们从层析速度模型中提取了多个速度界面进行分析，如图 2-4-48 中绘制的各地层的横波速度分别为 450m/s、500m/s、550m/s、580m/s 和 600m/s。从图 2-4-48 中可以看出，本区的横波在 500m/s 以下的速度层的起伏较大，如在工区西部横波速度 450m/s 的深度有 100m；而在工区东部，其深度普遍较浅，最浅处只有几米。当横波速度超过 500m/s 时，其对应的地层界面变化比较平稳，同时随着横波速度的增加，横波表层结构更加稳定，不同速度层之间的地层形态具有较好的相似性，上下速度界面的形态趋于一致。

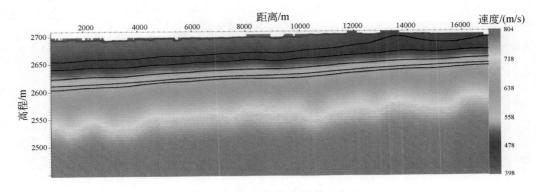

图 2-4-48 横波层析模型不同速度界面示意图

3. 横波表层模型解释

根据上面的具体分析，我们对本区的横波表层结构特点有了基本的认识。那么真正的横波高速顶在地下什么位置呢？也就是说怎么样才能构建得到相对准确的表层模型呢？为了准确确定横波高速层的空间界面位置，我们提出了基于微测井深度标定的横波高速顶界面构建技术。这里存在两个问题：一是如何进行深度标定？二是如何验证模型的准确性？关于深度标定，我们随机选择微测井 12571766 的深度在层析速度模型上进行标定，见图 2-4-49。该点深井横波微测井测定的横波高速层位于地下 142.5m 处，通过层析反演，在该深度处的层析反演速度为 580m/s，结合对本区横波速度的认识，为此在全区提取了 580m/s 的层析速度界面并适当平滑作为本区横波高速顶界面。

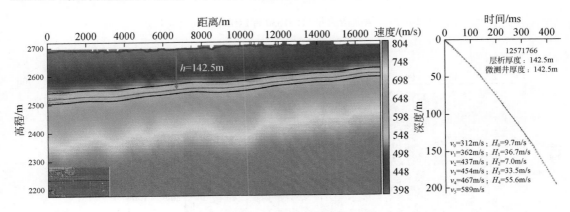

图 2-4-49 横波微测井 12571766 标定结果对比（标定点）

上述界面是基于层析反演的速度模型和单个深井微测井的测定深度进行标定建立的，对该微测井点模型而言，其模型是可靠和准确的，但该界面能否作为本区的横波高速顶界面，则需要对该界面所确定的横波表层模型精度进行验证分析。为此我们用其他几口深井微测井测定的深度对该模型进行对比验证，图 2-4-50 ~ 图 2-4-52 是分别采用工区内实际的深井微测井的测定深度与提取的速度界面深度进行对比。

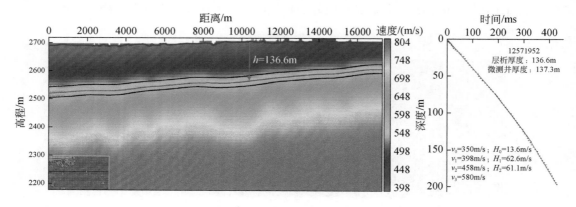

图 2-4-50　横波微测井 12571952 标定结果对比（验证点）

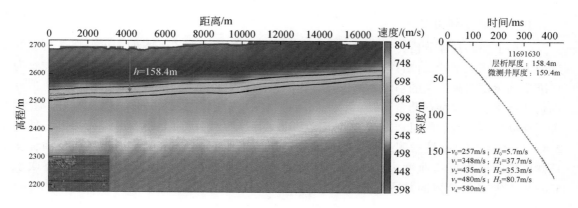

图 2-4-51　横波微测井 11691630 标定结果对比（验证点）

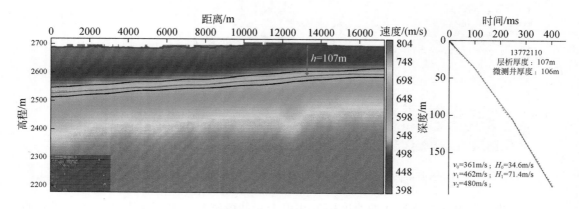

图 2-4-52　横波微测井 13772110 标定结果对比（验证点）

对这几口横波深井微测井的测定厚度与横波表层模型的厚度进行验证对比，深井微测井测定的实际深度与提取的 580m/s 的速度界面深度十分接近，深度误差最大不超过 1m，见表 2-4-4。因此以 580m/s 的速度顶界面作为本区的横波高速顶界面是比较准确的，也是合理的，该模型精度能保证横波静校正的精度。

表 2-4-4　微测井与层析速度模型深度误差表

桩号	微测井深度/m	层析模型深度/m	深度差/m	误差率/%
12571766	142.5	142.5	0	0.000
12571952	137.3	136.6	0.7	0.005
11691630	159.4	158.4	1	0.006
13772110	106	107	−1	−0.009

图 2-4-53 为横波表层模型高速顶平面图，图 2-4-54 为图 2-4-53 中黑线的剖面示意图。可以看出，横波的高速顶起伏较小，基本为从西向东逐步起伏抬升的一个上倾界

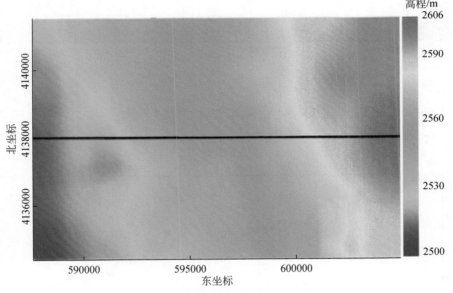

图 2-4-53　横波表层模型高速顶平面图

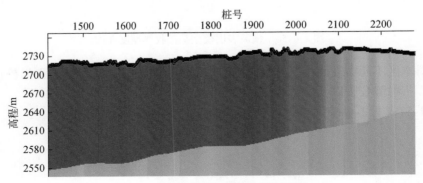

图 2-4-54　横波表层模型剖面示意图

面。图 2-4-55 为横波表层模型厚度平面图，图 2-4-56 为图 2-4-55 中黑线的厚度曲线；可以看出，横波表层厚度普遍较大，其厚度范围在 90～180m 之间，西厚东薄。

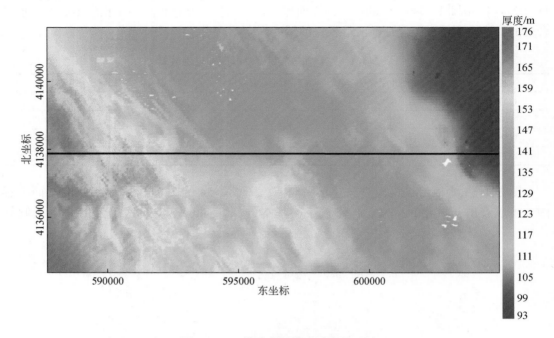

图 2-4-55　横波表层模型厚度平面图

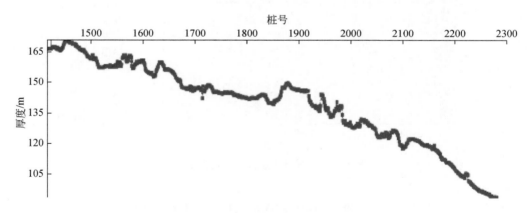

图 2-4-56　横波表层模型某接收线厚度曲线

下面对本区不同横波静校正方法的应用效果进行对比，主要包括高程静校正、面波反演静校正、折射静校正以及层析静校正。

图 2-4-57～图 2-4-60 为在 TT 分量叠加剖面上不同静校正的对比。

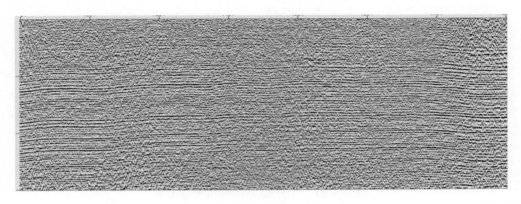

图 2-4-57　TT 分量高程静校正叠加剖面

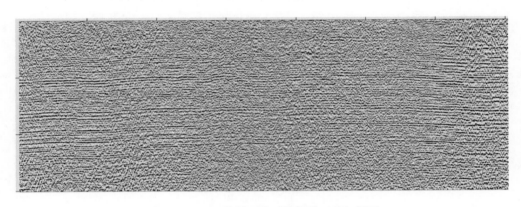

图 2-4-58　TT 分量面波反演静校正叠加剖面

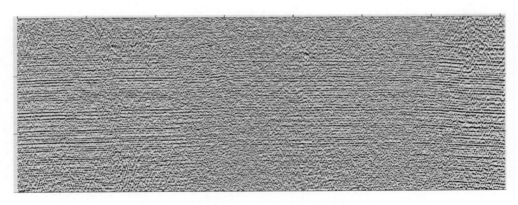

图 2-4-59　TT 分量折射静校正叠加剖面

图 2-4-60　TT 分量层析静校正叠加剖面

图 2-4-61 ~ 图 2-4-64 为在 RR 分量叠加剖面上不同静校正的对比。

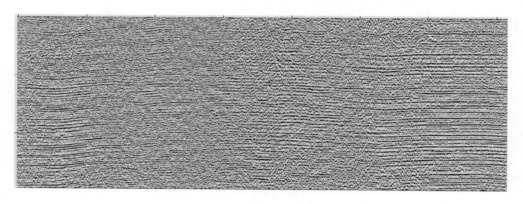

图 2-4-61　RR 分量高程静校正叠加剖面

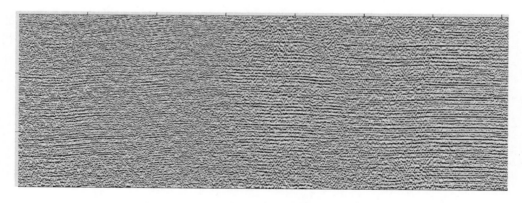

图 2-4-62　RR 分量面波反演静校正叠加剖面

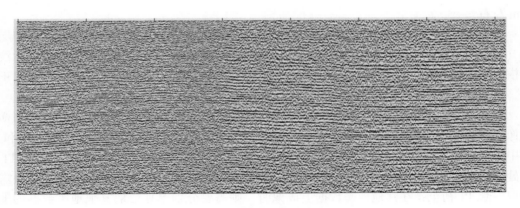

图 2-4-63　RR 分量折射静校正叠加剖面

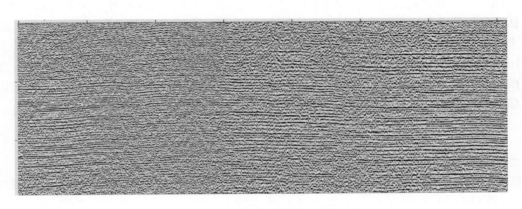

图 2-4-64　RR 分量层析静校正叠加剖面

从以上不同静校正分别在 TT 分量和 RR 分量数据的叠加剖面上的效果来看，层析静校正的叠加效果整体最好、成像质量最高。构造形态的恢复和反射轴的连续性比其他静校正的剖面相对要好，因此采用层析静校正进行后续资料处理。

4. 横波静校正小结

由于横波速度和纵波速度受岩石物理影响的因素不同，二者的表层结构存在较大差异。另外横波勘探是矢量勘探，存在明显的成像方向。因此为提高横波地震资料的成像质量，需要对横波地震数据进行方向校正、矢量旋转、快慢横波分离等一系列处理，由此导致横波静校正相对纵波静校正要更为复杂。实际生产中需要根据横波数据的特点及要求，开展相应的横波初至拾取及横波表层建模，计算准确的横波静校正量。关于横波表层建模及横波静校正问题和相应的技术方法，经过近几年的探索研究和实际资料处理分析，有以下几点结论和建议供读者在实际工作中参考。

（1）必须开展一定数量的横波表层调查并且以深井微测井调查为宜。由于横波表层厚度一般较厚，微测井井深大，为确保横波激发能量，建议采用横波可控震源激发。另外由于横波微测井作业成本高，同时横波表层相对纵波表层横向上稳定，因此建议在一个三维工区内实施四五口微测井调查即可，关键要保证井深能打穿横波表层，进入横波高速层

15m 左右。

（2）关于面波反演横波表层建模方法，面波反演的深度相对较浅，因此在横波表层较厚（如超过 150m）的地区，只能解决部分横波静校正问题。因此建议在横波表层较浅或者横波地震初至难以拾取时，采用面波反演方法建立横波表层模型以解决横波静校正问题，并且以采用纵波激发产生的面波（Z 分量接收的面波）进行反演较好。

（3）横波地震初至是横波表层建模及解决横波静校正问题的关键和基础。要根据横波成像的数据来决定横波初至的拾取，如 SH、SV、RR、TT、S_1、S_2 初至。其中 RR 和 TT 在中偏移距以内地震初至是一样的，足够满足反演横波表层速度模型的需要，由于 TT 初至处地震记录的信噪比高，初至容易拾取且能保证质量，因此 RR/TT 资料处理时只需要拾取一套 TT 初至；在其他地震数据上成像时，则需要分别单独拾取其他地震数据的地震初至。

（4）基于横波地震初至的横波表层建模方法是现阶段解决横波静校正最有效的方法，包括折射静校正和层析静校正方法。通常情况下，由于横波初至波的层速度差异小、偏移距小，一般宜采用层析反演建模方法解决横波表层建模及静校正问题。但在部分地区，如我国东北部分区域，横波初至比较特殊，宜采用折射静校正方法来建立横波表层模型，解决横波静校正问题。另外，不管是折射静校正还是层析静校正，在反演建模中，要充分发挥横波表层调查数据的作用，进行标定或约束，以提高横波表层模型的反演精度。

参 考 文 献

陆基孟，等. 1993. 地震勘探原理. 北京：石油工业出版社.

王海立，邓志文，黄汉卿，等. 2019. 柴达木盆地三湖坳陷横波勘探中的低幅异常消除技术. 天然气工业，39（8）：33-40.

谢里夫 R E，吉尔达特 L P. 1999. 勘探地震学. 2 版. 初英，李承楚，等译. 北京：石油工业出版社.

Cox M. 1999. Static Corrections for Seismic Reflection Surveys. Tulsa：Society of Exploration Geophysicists.

Deng Z, Zou X, Cui S, et al. 2004. Converted wave seismic exploration & static correction//Gülünay N, Pattberg D. SEG Technical Program Expanded Abstracts 2004. Tulsa：Society of Exploration Geophysicists.

Deng Z, Wang U, Sen M, et al. 2010. A practical approach to mode-converted shear wave velocity analysis from 3C data// Levin S. SEG Technical Program Expanded Abstracts 2010. Tulsa：Society of Exploration Geophysicists.

Deng Z, Li C, Chen G, et al. 2019a. The application of pure shear wave seismic data for gas reservoir delineation//Carazzone J J, Burtz O M, Green K E. SEG Technical Program Expanded Abstracts 2019. Tulsa：Society of Exploration Geophysicists.

Deng Z, Wu W, Jing Y, et al. 2019b. The Joint P-P and SH-SH Data Characterization of Structures and Reservoirs. London：The 81th EAGE Conference and Exhibition.

Deng Z, Zhang R, Guo L, et al. 2022. Direct shear wave seismic survey in Sanhu area, Qaidam Basin, west China. The Leading Edge, 41（1）：47-53.

Du Q, Yan H. 2013. PP and PS joint avo inversion and fluid prediction. Journal of Applied Geophysics, 90：110-118.

Ensley R A. 1984. Comparison of P- and S- wave seismic data：a new method for detecting gas reservoirs. Geophysics, 49：1420-1431.

Farfour M，Yoon W J. 2016. A review on multicomponent seismology：a potential seismic application for reservoir characterization. Journal of Advanced Research，7：515-524.

Feng F，Gao L，Zhang Y，et al. 2015. Matching pursuit inversion modeling based on true depth calibration and its applications. SEG Technical Program Expanded Abstracts：5305-5309.

Feng F，Deng Z，Ni Y，et al. 2021. Research on the near-surface model building by shear wave in TD area. SEG Technical Program Expanded Abstracts：1901-1905.

Garotta R. 2000. Shear waves from acquisition to interpretation：distinguished instructor series No. 3// Banchs R E，Michelena R J. SEG Technical Program Expanded Abstracts 2000. Tulsa：Society of Exploration Geophysicists.

Guy E D，Nolen- Hoeksema R C，Daniels J J，et al. 2003. High-resolution SH-wave seismic reflection investigations near a coal mine-related roadway collapse feature. Journal of Applied Geophysics，54：51-70.

Hardage B A，Wagner D. 2014. Generating direct- S modes with simple，low-cost，widely available seismic sources. Interpretation，2：SE1-SE15.

Hardage B A，DeAngelo M V，Murray P E，et al. 2011. Multicomponent Seismic Technology：Geophysical References Series No. 18. Tulsa：Society of Exploration Geophysicists.

Larsen J A，Margrave G F，Lu H. 1999. AVO analysis by simultaneous P-P and P-S weighted stacking applied to 3C-3D seismic data//Jones N，Gaiser J. SEG Technical Program Expanded Abstracts 1999. Tulsa：Society of Exploration Geophysicists.

Margrave G F，Stewart R R，Larsen J A. 2001. Joint PP and PS seismic inversion. The Leading Edge，20（9）：1048-1052.

Niu G，Zhang F，Dai F，et al. 2024. Bedding-parallel Crack Density Prediction for Shale Oil Reservoir Based on the Anisotropic Seismic Shear Wave Inversion. Oslo，Norway：85th EAGE Annual Conference and Exhibition.

Nolet G. 1987. Seismic Tomography. Dordrecht：D. Reidel Publishing Company.

Paige C C，Saunders M A. 1982. LSQR：Sparse linear equations and least squares problems. AMC Transactions. Math，8（2）：195-209.

Pugin A J M，Brewer K，Cartwright T，et al. 2019. Detection of tunnels and boulders using shallow SH- SH reflected seismic waves. The Leading Edge，38：436-441.

Scales J A. 1987. Tomographic inversion via the conjugate gradient method. Geophysics，52：179-185.

Stewart R R，Gaiser J E，Brown R J，et al. 2003. Converted wave seismic exploration：applications. Geophysics，68（1）：40-57.

Wang P，Hu T Y. 2011. AVO approximation for PS- wave and its application in PP/PS joint inversion. Applied Geophysics，8：189-196.

Wiest B，Edelmann H A K. 1984. Static corrections for shear wave sections. Geophysical Prospecting，32（6）：1091-1102.

Wu Y，Deng Z，Yin W，et al. 2021. The 9C- 3D Acquisition Technology and Its Application in Sanhu Area. Denver：Society of Exploration Geophysicists.

Xia J，Miller R D，Park C B. 1999. Estimation of near-surface shear-wave velocity by inversion of Rayleigh wave. Geophysics，64：691-700.

Zhi L S，Song C B，Li X Y. 2018. Nonlinear PP and PS joint inversion based on the exact zoeppritz equations：a two-stage procedure. Journal of Geophysics and Engineering，15：397-410.

Zou X，Zhan S，Deng Z，et al. 2007. 3C/3D seismic exploration technology and application results//Hardage B. SEG Technical Program Expanded Abstracts 2007. Tulsa：Society of Exploration Geophysicists.

Zou X, Deng Z, Cui S, et al. 2009a. Application of 3D- 3C seismic exploration in Saihantala lithologic reservoirs//Kononov A, Gisolf D, Verschuur E. SEG Technical Program Expanded Abstracts 2009. Tulsa: Society of Exploration Geophysicists.

Zou X, Deng Z, He Y, et al. 2009b. Full azimuth 3C3D geometry design method onshore. Amsterdam: the 71st EAGE Conference and Exhibition.

第三章　3D9C 地震数据矢量处理

本章介绍 3D9C 地震数据矢量处理方法。在 3D9C 地震数据采集过程中，一般使用可控震源以相同的出力在每一个炮点分别进行三次激发，激发方向如下：其中一次激发沿 z 方向（垂直向下），记为 Sz；另外两次激发为水平方向，一次水平方向激发沿 x 方向（一般为 inline 测线方向），记为 Sx，另一次水平方向激发沿 y 方向（一般为 crossline 方向），记为 Sy。对于水平方向激发的 Sx 震源和 Sy 震源，其能量主要以横波形式向地下传播（尤其是在小炮检距范围内），也称为横波震源；Sz 震源能量主要以纵波形式向地下传播（尤其是在小炮检距范围内），也称为纵波震源。在九分量地震数据采集过程中，一般采用三分量检波器，并且检波器三个分量的埋置方向分别为 x、y 和 z 方向，分别记为 Rx、Ry 和 Rz。在施工过程中，三分量检波器预先埋置不动，Sx、Sy 和 Sz 分别激发，对于每一次激发，由 Rx、Ry 和 Rz 分别记录，共得到 SxRx、SxRy、SxRz、SyRx、SyRy、SyRz、SzRx、SzRy、SzRz 九分量地震记录。以上是 3D9C 地震数据获取的标准方式，这样的数据可以称为 3D9C 标准采集地震数据。本章介绍的处理方法是以 3D9C 标准采集地震数据为前提的，如果现场施工未符合以上标准方式，应首先确保可以根据原始地震数据得到 3D9C 标准采集地震数据，实现方法见本章第七节。

对以上 9 个分量地震数据，可以通过坐标旋转等处理得到其他的分量，如 SrRr 等。总体说来，几乎每个分量都是纵波、横波和转换波以不同比例混叠在一起的，除反射波之外，还包含面波、直达波、折射波等，实际数据还包含各种噪声。矢量处理过程通过 3D9C 地震数据的多个分量的整体处理得到转换波或者纯横波的成像结果。纵波暂时不涉及矢量处理，纵波数据处理技术经过多年的发展相对比较成熟，并且被大家熟知，这里不再讨论。PS 转换波处理技术经过三十多年的发展日趋完善，相关文献和书籍也已经比较详细地介绍了转换波处理技术，本书也不再重复介绍。本章只介绍横波源数据特色的处理技术以及与此相关的分析和认识。

本章的重点为反射纯横波矢量处理方法（本章所说的纯横波是指下行和上行路径均为横波的反射波，在不区分偏振方向的情况下用 SS 表示，用以与转换波进行区分），为更好地介绍矢量处理方法，本章首先分析了 3D9C 地震波场特征，由于纯横波主要分布在水平方向激发并且水平方向接收的四个分量上，因此着重分析了 SxRx、SxRy、SyRx 和 SyRy 四个分量。在此基础上介绍四分量纯横波的矢量处理方法和流程，分为方位各向同性和方位各向异性两种情况。一方面，地下介质多为方位各向异性，因此，方位各向异性介质的纯横波矢量处理方法是重点介绍的内容，包括模型数据的验证和实际数据的应用结果。由于裂缝方向随深度变化与否直接影响纯横波数据的方位各向异性处理流程，所以本章还对裂缝方向是否随深度变化的判断标准进行了介绍。另外，不可否认的是，方位各向同性介质也是实际存在的，如位于中国西部的轮古 3D3C 工区，在其 PS 波数据处理过程中发现，该工区切向（SzRt）分量不存在反射信号，这表明地下介质不存在方位各向异性，因此不需要进行横波分裂等方位各向异性处理。如果遇到这样的工区，纯横波数据具有什么特征？应该如何处理？本章采用模型数据介绍了方位各向同性介质的 3D9C 矢量处理方法和处理结果。

本章还介绍了 SP 转换波的矢量处理。转换波可分为 PS 转换波和 SP 转换波，二者在 3D9C 地震数据中的能量分布相当，因此，SP 的处理也不可忽视。近 30 年，随着数字检波器在生产中应用，3C 地震勘探得到推广，国内外同行均获取了大量的 PS 转换波地震数据，PS 转换波处理技术也得到发展，形成了成熟的处理技术；SP 数据及其处理结果却相当罕见，并且，在此之前，业界尚未见到 SP 波的横波分裂处理结果。我们对该 3D9C 地震数据的 S_xR_z 和 S_yR_z 分量进行了方位各向异性 SP 波数据处理，取得了不亚于 PS 波的成像结果。这部分内容单独作为一节向读者介绍，希望能给从事多波数据处理工作的技术人员以借鉴。

目标工区 3D9C 纵横波联合地震勘探获取了高质量的九分量实际地震数据。我们对该数据分别进行了 PP 波数据处理、SS 波数据矢量处理、SP 波数据矢量处理和 PS 波数据矢量处理，均取得了合理的成像结果，其中 SS 纯横波成像结果最为突出。该横波数据具有与纵波相当的频率，其分辨率明显高于纵波；并且横波不受气云影响，其成像结果恢复了真实的地下构造，充分体现了横波勘探的优势。以上 3D9C 实际地震数据方位各向异性处理结果在本章作为实例进行了展示。

3D9C 地震勘探可获取完备的纵横波地震数据，但是勘探成本较高。为了降低纵横波联合勘探成本，我们还尝试对 3D6C 地震数据的横波矢量处理方法进行了探索性研究和实验，实验结果也在本章最后一节进行了展示。

第一节　方位各向同性介质 2D9C 地震波场特征

实际地震勘探获取的地震波场是非常复杂的。对于 3D9C 地震数据，单说反射波，几乎每个分量都包含了来自不同反射界面的各种类型的反射波。对于 3D9C 地震数据，各种反射波在不同分量的分布有什么主要规律？横波源地震数据具有哪些特有的地震波场特征？本节主要回答这些问题。用波动方程描述地震波场特征比较抽象，本章不采用这种方式，而是尝试通过数值计算得到可以类比实际数据的合成地震数据，并以图件的方式呈现给读者，更加直观地分析 3D9C 地震波场的主要特征。本节首先介绍方位各向同性情况 2D9C 地震数据的地震波场特征（x-y-z 方向观测），在二维测线的正方向，这些特征也是 r-t-z 方向（径向–切向–垂向）观测的 3D9C 地震波场的主要特征。从体现 3D9C 地震波场的特征来说，这部分是最典型的，也是最重要的。如本章概述中提到的方式，本书用震源的激发方向（大写字母"S"表示 source，其后小写字母表示震源的方向）和检波器的接收方向（大写字母"R"表示 receiver，其后小写字母表示检波器的方向）组合起来表示一个分量，如 S_xR_x 表示该分量的激发方向为 x 方向、检波器的接收方向为 x 方向；又如 S_rR_r 表示该分量的激发方向为 r 方向（径向）、检波器的接收方向为 r 方向。如果分量后再加"~"和这种波，则表示这个分量上某种特定的波。如 S_rR_r ~ SV，表示 S_rR_r 分量的 SV 波。

一、可控震源激发的纵横波及其在各分量的分布

为了更加清楚地提炼、分析和介绍各分量反射地震波场的主要特征，我们采用最简单的理论模型：单个反射界面的水平层状模型。首先设计了一个两层的水平层状均匀介质模型，水平反射界面的上方一层和界面的下方一层均为各向同性介质（模型 A），模型参数见表 3-1-1。选取模型表面中心位置为炮点，在炮点分别施加 x、y、z 方向的集中力源。沿 x 方向布置测线，线距 5m，三分量检波器均匀分布于各测线上，点距 5m。采用有限差分法进行数值模拟（采用吸收边界规避面波，突出反射波），得到 3D9C 地震记录。图 3-1-1 为过炮点测线（inline 方向）的九分量合成数据，对于每一个分量，在对应的图件标注了该分量上能量最强的反射同相轴，此测线的合成数据可当作二维数据进行分析。

表 3-1-1　模型 A 中单个反射界面 ISO 模型参数

层号	v_P/(m/s)	v_S/(m/s)	Δz/m	ρ/(g/cm^3)	ε	δ	γ	裂缝方向/(°)
1	1500	1000	800	2.6	0	0	0	—
2	2000	1500	—	5.0	0	0	0	—

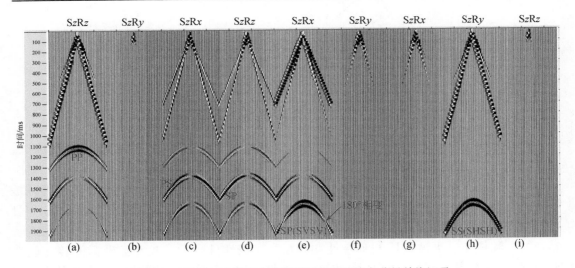

图 3-1-1　模型 A 有限差分法模拟过炮点测线九分量单炮记录

对于二维测线，沿 y 方向激发的可控震源，习惯称作 SH 震源，本章统称作 y 源，记为 Sy。对于这条测线上正方向的各检波点来说，Sy 震源是沿切向的 [transverse，见图 3-1-2 (a)]，Sy 震源同时也是 St 震源（t 源）。对于方位各向同性介质，SH 纯横波反射只分布在切向激发和切向接收的 StRt 分量，二维情况等同 SyRy 分量 [图 3-1-1 (h)]。Sy（三维时为 St）能量全部以 SH 横波形式向地下传播，并且，在界面处 SH 波不会转换为 P 波，只有 SH 反射和透射，因此 SH 地震波场简单，并且反射能量较强。需要说明的是，y 方向在二维测线的正方向也是 t 方向，但是，在测线反方向不能叫作 t 方向；类似地，x 方

向在二维测线的正方向也是 r 方向，在测线反方向不能叫作 r 方向。为了避免概念混淆，这里只看二维测线的正方向。

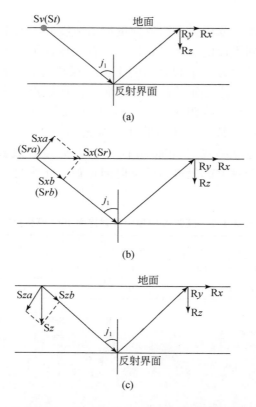

图 3-1-2　Sy（三维 St）、Sx（三维 Sr）和 Sz 震源纵横波能量分配示意图

对二维测线上沿 x 方向激发的可控震源，习惯称作 SV 震源，严格说来，应该统称作 x 源，记为 Sx。对于这条测线上正方向的各检波点来说，Sx 震源是沿径向的 [radial，见图 3-1-2（b）]，Sx 震源同时也是 Sr 震源（r 源）。对于二维测线的反方向，地震波的特征是类似的，与正方向不同的是，有些分量的反射同相轴极性与正方向相反，如 $SxRz$ 分量 [图 3-1-1（d）] 和 $SzRx$ 分量 [图 3-1-1（c）]，这些分量的正炮检距和负炮检距相比，转换波、纯横波、纵波的同相轴极性均相反，经极性处理后，或者经坐标旋转（联合 $SyRz$ 或 $SzRy$ 分量）到 r–t 方向后，得到 $SrRz$ 或者 $SzRr$ 分量，这些数据正、负炮检距同相轴极性一致。所以为了避免概念混淆和同相轴极性特征的差异，只看二维测线的正方向。当 offset 为零时，图 3-1-2 中 $Sxa = Sx$，$Sxb = 0$，Sx（三维时为 Sr）只激发 SV 横波能量，offset 为零时 SV 波也不会转换为纵波，对于方位各向同性介质，SV 纯横波反射只出现在 $SrRr$（二维情况等同 $SxRx$）分量。随着 offset 增大，地震波的入射角和出射角不为 $0°$，将沿 x 方向的振动 Sx 根据入射线的方向分解为平行射线的振动和垂直射线的振动，分解后的两种振动则可以分别看作纵波震源（图 3-1-2 中 Sxb）和 SV 横波震源（图 3-1-2 中 Sxa），这是我们用来说明某个特定水平方向振动的震源不是纯剪切震源的最直观的解释。

事实上，当我们求解波动方程时，所加载的力源也是可以进行矢量分解或合成的，所以，我们对力源进行分解是可行的，这可以帮助我们在认识不同类型反射波的分布方面从一定程度上拆解和简化任意空间位置和任意时间的反射波场，尽管实际求解波动方程的算法并不是这样做的。总之，我们使用的横波可控震源不是严格意义上的纯横波震源（我们使用的纵波可控震源也不是严格意义上的纯纵波震源）。详细地，对于同一个 Sx 来说，随着入射角的增加，Sxa 的能量占比越来越大而 Sxb 的占比越来越小，Sx 激发的能量有越来越多的部分以纵波形式向地下传播。先看 Sxa 部分，Sxa 激发 SV 波，随着入射角或者 offset 的增大，SV 反射纯横波的出射角也越来越大，SV 波的偏振方向不再水平，所以，除 $SrRr$ 分量记录到 SV 波以外，$SrRz$ 分量也能记录到纯横波，在图 3-1-1 中，SV 纯横波的反射能量不仅分布在 $SxRx$ 分量，还有一定比例的反射能量会分布在 $SxRz$ 分量；并且，在非零 offset 情况下，SV 波在界面处会转换为纵波，即 SVP 波，SV 波转换为纵波的比例也随 offset 的变化而变化，SVP 出射角不为零，SVP 波也同时分布在 $SxRx$ 分量和 $SxRz$ 分量。再看 Sxb 部分，Sxb 激发 P 波，P 波的反射能量除了有 PP 波反射波以外，还有 PSV 反射能量（纵波转横波）。与 SV 波和 SVP 波类似，在非零 offset 情况下，Sx 源产生的 PP 波和 PSV 波也会同时分布在 $SxRx$ 和 $SxRz$ 两个分量。模型 A 的合成数据，炮点高度和检波点高度相同，并且 SVP 和 PSV 的传播路径对称，二者的旅行时完全相同，在图 3-1-1 地震道上表现为两种转换波反射同相轴完全重合。

Sz 震源 [图 3-1-2 (c)] 与 Sx 震源类似，不再重复分析。

由于 Sx 源产生的转换波以 SP 能量为主，为了凸显每个分量上能量最占优的波，图 3-1-1 的 $SxRz$ 分量的转换波同相轴只标注了 SP 标识。但是，通过上面的分析，$SxRx$ 和 $SxRz$ 分量的转换波不只是 SP 波，$SzRx$ 和 $SzRz$ 分量的转换波也不只是 PS 波（如图 3-1-1 红色 PS 标识处），为了证明我们的分析结论，接下来特地进行验证。

二、SP 波及 PS 波反射同相轴重合问题

为了验证图 3-1-1 转换波反射同相轴为 PSV 波和 SVP 波叠合结果的推断，我们特地设计了另一个水平层状的模型（模型 B），该模型仍具有单个水平反射界面，模型参数见表 3-1-2。模型中第一层介质的纵波速度从左侧 1200m/s 逐渐增大到右侧 1800m/s，横波速度 1000m/s 保持不变，这样对于 offset 比较大的地震道，由于 SVP 和 PSV 反射同相轴的到达时间不同而在地震记录上可以区分开来。模型 B 与模型 A 相比，除了纵波速度沿 x 方向线性递增以及第一层的厚度有所增加外，其他模型参数完全相同，并且描述介质各向异性的几个与各向异性相关的参数均为零。采用与模型 A 合成数据相同的观测系统，以及有限差分正演，获得九分量合成数据。图 3-1-3 是通过对模型 B 进行正演得到的与图 3-1-1 相同位置过炮点测线对应的九分量合成数据，对于每个分量上不同类型的反射波，均在反射同相轴的附近进行了标注。该结果证实了本节第一部分的推断，说明用可控震源激发而获取的地震数据中 PS 波和 SP 波常会伴生，如果炮检点高度相同并且地下介质具备以炮点和检波点位置相关的左右对称，则地震记录上的 SP 波和 PS 波同相轴会重合。图 3-1-3 的合成数据避免了不同类型的转换波的同相轴的重叠，同时，由于该图所示的测线过炮点，对于

该测线正方向的检波器位置，S_x 也是 S_r（R_x 也是 R_r），S_y 也是 S_t（R_y 也是 R_t），因此，该图可以比较全面地展现对方位各向同性介质进行径向、切向和垂向观测所得的 3D9C 地震数据各分量（S_rR_r、S_rR_t、S_rR_z、S_tR_r、S_tR_t、S_tR_z、S_zR_r、S_zR_t 和 S_zR_z）的不同类型波的分布（包括不同类型波能量大小的分布）。

表 3-1-2　模型 B 中单个反射界面纵波速度渐变模型参数

层号	v_P/(m/s)	v_S/(m/s)	Δz/m	ρ/(g/cm^3)	ε	δ	γ	裂缝方向/(°)
1	1200~1800	1000	1200	2.1	0	0	0	—
2	2000	1500	—	2.2	0	0	0	—

在两种转换波的反射能量分布方面，需要详细说明的是，S_xR_x 分量的 SVP 和 PSV 两种转换波能量大致相当（为了提醒两种转换波能量的强弱，该分量的 PS 同相轴和 SP 同相轴用了相同大小的红色字体进行了标注）。S_zR_z 分量的 SVP 和 PSV 两种转换波能量也大致相当（该分量的 PS 同相轴和 SP 同相轴用了相同大小的红色字体标注）。S_zR_x 分量的转换波能量以 PSV 为主，SVP 的能量很弱（为了提醒两种转换波能量的强弱，该分量的 PS 同相轴用了较大的红色字体标注，而 SP 同相轴用了较小的红色字体标注），所以我们对纵波源的水平分量的转换波进行处理时，可以忽略 SP 波而把转换波同相轴作为 PS 波进行处理。类似地，S_xR_z 分量的转换波能量以 SVP 为主，PSV 的能量非常微弱。由可控震源激发而获取的 PS 波和 SP 波两种转换波在不同分量上的反射能量分布与各自的反射系数（Aki and Richards，1930）有关，还与震源激发方向与入射线方向的夹角以及检波器接收方向与出射线的夹角有关，这两个夹角分别决定入射时的纵横波能量分配比例和出射时转换纵波或者转换横波在相关分量的投影的大小，此处不再展开讨论。实际地震数据有可能会受到近地表低速层的影响，考虑近地表因素时，应注意纵波的低速层与横波的低速层不一定完全一致。

从图 3-1-3 中还可以看到，横波震源的相关分量（S_xR_z 和 S_xR_x，3D 情况为 S_rR_z 和 S_rR_r）还有少量纵波反射能量，主要分布在横波震源的垂向接收分量上。同时，纵波震源的相关分量（S_zR_x 和 S_zR_z，3D 情况为 S_zR_r 和 S_zR_z）也有少量的纯横波反射能量，主要分布在纵波震源的水平接收分量上。实际地震勘探过程可见到类似的例子，在某工区纵波源 3C 实际地震数据的水平分量上，可见速度很低的反射同相轴，经分析，这些同相轴是纯横波反射，其特征与图 3-1-1（c）和图 3-1-3（c）所示横波反射特征类似，李彦鹏对该水平分量地震数据进行静校正等处理后，选取较低的横波速度进行动校正、叠加，直接得到了纯横波成像结果（Li et al.，2007）。需要说明的是，通过纵波震源激发得到的横波成像结果能量较弱。如果想获取高质量的横波数据和成像结果，最好投入横波震源进行横波地震数据采集。对于超高密度的纵波源地震数据，在超高覆盖次数的前提下，可以考虑尝试选取横波速度进行横波成像试验。

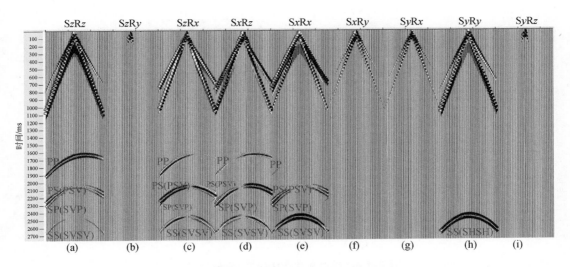

图 3-1-3　模型 B 有限差分法模拟过炮点测线九分量单炮记录

三、SV 波与 SH 波反射系数差异

本节的重点是：通过合成地震数据展示在各向同性介质中传播的两种偏振的纯横波（SV 波和 SH 波）的反射系数的差异。我们知道，纯横波存在 SV 和 SH 两种类型，两种波偏振方向不同，并且在九分量地震数据各分量的分布情况也不同，这些规律在本节已介绍。那么，这两种波除了偏振方向的差异外，还有什么差别？从图 3-1-1 和图 3-1-3 均可见到，在炮检距不为零时，SH 反射波振幅明显比 SV 波要强，除了激发 SV 波的 R 震源有部分能量以纵波形式传播外，另一个原因是在界面处 SV 波的相当一部分能量转换称为纵波，而 SH 波不会，这会导致两种横波的反射系数不同。并且，从图 3-1-1（e）的紫色箭头处，可以看到 SV 反射同相轴的相位变化，但是在 3-1-1（h）的对应位置，看不到 SH 反射同相轴的相位变化，这也是反射系数不同的表现。为了充分说明这个现象，我们采用同样的模型，根据横波的传播距离和传播速度计算旅行时，并且根据 Zoeppritz（策普里兹）反射系数公式分别计算 SV 和 SH 的反射系数，对每个地震道，根据计算所得旅行时设置一个脉冲发生时间，脉冲大小为反射系数，然后对含有反射脉冲的地震道褶积 20Hz 的里克子波，得到的结果如图 3-1-4 所示。可以看到图 3-1-4（a）紫色箭头标注的 SV 波相位变化发生的位置与有限差分结果大致相同，图 3-1-4（b）中的 SH 反射波在展示的 offset 范围内也没有发生相位反转变化，与有限差分模拟方法结果大致吻合（本章展示的正演模拟结果，除图 3-1-4 外，其余均为有限差分正演结果）。对同一个模型采用有限差分方法和褶积方法进行正演，得到的结果有细微的差异，但是两种模拟结果在表现 SV 和 SH 反射波随 offset 变化方面是十分相似的，都可以说明 SV 和 SH 波在 AVO 方面的明显差异。两种波的 AVO 描述可见 Aki 等于 1930 年出版的相关专著。

我们在实际数据中也观测到了 SV 和 SH 波的 AVO 差异，图 3-1-5 为某 2D9C 工区纯横波 CMP 道集，沿测线激发和接收的 SxRx 分量对应 SV 波，垂直测线激发和接收的 SyRy 分

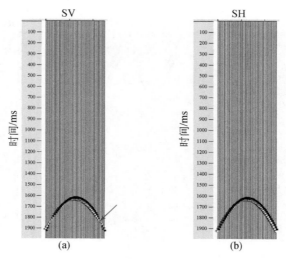

图 3-1-4　模型 A 褶积法模拟 SV 和 SH 反射

量对应 SH 波。可见，图 3-1-5（b）中 SH 波反射同相轴极性变化发生的 offset 较大，而图 3-1-5（a）的 SV 波同相轴极性变化发生的 offset 小得多。而且，SH 波能量比 SV 波强，图 3-1-5 为灰度显示，显示参数原因使振幅强弱的差异看起来不明显。需要说明的是，该测线方向大致与地下裂缝方向一致，SV 波大致对应快横波，SH 波大致对应慢横波，因此，两种波的反射同相轴存在时差。

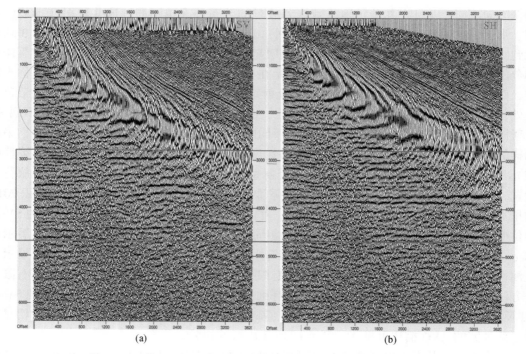

图 3-1-5　某 2D9C 工区 CMP 道集实际数据中 SV 波与 SH 波的差异
横轴数据为炮检距，单位为 m；纵轴数据为时间，单位为 ms

　　合成数据和实际数据均表示：SH 波反射能量强并且波场简单。对 SH 波进行数据处理比 SV 波更容易，SH 波成像质量应该比 SV 波更高。所以，对于方位各向同性介质纯横波数据处理，我们希望分离出 SH 波。并且，SV 波和 SH 波的偏振方向互相垂直，我们可以通过坐标旋转进行 SV 和 SH 的波场分离。根据本节的分析，SV 波主要分布在 $SrRr$ 分量，而 SH 波主要分布在 $StRt$ 分量，通过炮检位置进行坐标旋转至 r–t 方向，便可分离 SV/SH 波，实现起来比较容易。对于方位各向同性介质纯横波数据处理，这是最关键的特色处理步骤。下一节将对具体处理方法做详细介绍。

第二节　方位各向同性介质 3D9C 地震波场特征及矢量处理

　　上一节已经通过抽取 3D9C 合成数据的过炮点测线介绍了 2D9C 波场特征，测线的正方向部分地震数据反映的是 r、t 和 z 方向观测的九分量三维（$SrRr$、$SrRt$、$SrRz$、$StRr$、$StRt$、$StRz$、$SzRr$、$SzRt$ 和 $SzRz$）地震波场特征。对于不过炮点的测线，x–y–z 方向观测的九分量地震数据与 r–t–z 方向观测的九分量地震数据差别较大，那么，$SxRx$、$SxRy$、$SxRz$、$SyRx$、$SyRy$、$SyRz$、$SzRx$、$SzRy$、$SzRz$ 原始九分量地震数据有什么特点呢？

　　本节将在上一节的基础上介绍 3D9C 地震反射波场特征。我们可以单独考虑 3D9C 地震数据的每一个地震道，假设它的激发方向和接收方向分别为 r–t–z 方向，那么每一个地震道都可以当作是 2D9C 勘探所得（沿着测线正方向），根据上一节的分析，我们已经掌握 r–t–z 方向进行观测的每个地震道对应的 2D9C 地震波场特征，接下来，我们逆向分析这个问题，由许多假想的、已知的、按照 r–t–z 方向进行观测的 2D9C 波场构建 x–y–z 方向观测的 3D9C 波场。值得一提的是，结合本章第一节的分析结果，我们整体分析纯横波四分量并首次揭示了 $SxRy$ 和 $SyRx$ 分量出现发射波的原因，详见本节第二部分。

　　本节对九分量地震数据进行分组介绍，$SzRz$ 分量对应纵波部分，不再单独介绍。将其余八分量分为两组，先介绍转换波四分量，其中 PS 波两分量（$SzRx$ 和 $SzRy$）大家比较熟悉，SP 波两分量（$SxRz$ 和 $SyRz$）可以参照 PS 波；再介绍纯横波四分量（$SxRx$、$SxRy$、$SyRx$ 和 $SyRy$），纯横波四分量波场特征分析是本节的重点；最后总结方位各向同性介质九分量地震数据矢量处理方法。

一、转换波四分量地震波场特征

　　先看 PS 转换波，如图 3-1-2 中的 $SzRy$ 分量所示，在方位各向同性介质情况下，切向分量没有反射能量，换句话说，如果检波器的水平分量的放置方向分别为 r 和 t 方向，t 方向的检波器接收不到反射能量。三维多分量地震数据采集过程中，检波器的水平分量的摆置方向一般为 x 和 y 方向。对于不过炮点的测线，r 方向与 x 方向斜交，如图 3-2-2 所示，$SzRx$ 和 $SzRy$ 分量都会出现 PS 反射能量（忽略微弱的 SP），同时还会出现少量的 SS 波反射能量，甚至极其微弱的 PP 波反射能量。此现象可由式（3-2-1）解释，集中在径向分量的以 PS 波为主的反射能量在检波器的水平分量从 r–t 方向旋转到 x–y 方向时进行了重新分配。对于过炮点的测线，其正方向 r 方向即 x 方向，对应式（3-2-1）中的 θ 为 0，旋转后结果不变；其负方向对应式（3-2-1）中的 ∂ 为 180°，旋转后结果与旋转前极性相反。

$$
\begin{aligned}
\left[\mathrm{SzR}x(t),\mathrm{SzR}y(t)\right] &= \left[\mathrm{SzR}r(t),0\right]\begin{bmatrix} \cos(\partial) & \sin(\partial) \\ -\sin(\partial) & \cos(\partial) \end{bmatrix} \\
&= \left[\mathrm{SzR}r(t)\times\cos(\partial),\mathrm{SzR}r(t)\times\sin(\partial)\right]
\end{aligned} \tag{3-2-1}
$$

方位各向同性介质 $\mathrm{SzR}r$ 分量的结果是我们想要获得的，但是一个检波点对三维的所有炮点时，无法将检波器水平分量进行 $r-t$ 方向埋置，我们通过地震数据采集获得的是 $\mathrm{SzR}x$ 和 $\mathrm{SzR}y$ 两个水平分量。因此，在 3D3C 转换波处理过程中，一般都先将 $\mathrm{SzR}x$ 和 $\mathrm{SzR}y$ 两个水平分量进行坐标旋转得到 $\mathrm{SzR}r$ 和 $\mathrm{SzR}t$ 分量［式（3-2-2）］，如图 3-2-2 所示，如果地下为方位各向同性介质，旋转后 $\mathrm{SzR}t$ 分量的反射能量为零，PS 转换波反射能量只分布在 $\mathrm{SzR}r$ 分量，后续只需要处理旋转后的 $\mathrm{SzR}r$ 分量。二维是三维情况的一种特例，二维 PS 转换波处理时，正号炮检距地震道保持不变，将负号炮检距对应的 $\mathrm{SzR}x$ 和 $\mathrm{SzR}y$ 分量地震道反极性，得到 $\mathrm{SzR}r$ 和 $\mathrm{SzR}t$ 分量，与式（3-2-2）结果相同。

$$
\left[\mathrm{SzR}r(t) \quad \mathrm{SzR}t(t)\right] = \left[\mathrm{SzR}x(t) \quad \mathrm{SzR}y(t)\right]\begin{bmatrix} \cos(\partial) & -\sin(\partial) \\ \sin(\partial) & \cos(\partial) \end{bmatrix} \tag{3-2-2}
$$

SP 转换波与 PS 转换波类似，如图 3-2-2 所示，在不过炮点的测线上，$\mathrm{S}x\mathrm{R}z$ 和 $\mathrm{S}y\mathrm{R}z$ 分量同时出现了转换波反射同相轴，此现象可由式（3-2-3）解释，集中在径向分量 $\mathrm{S}r\mathrm{R}z$ 的反射能量在将两个水平激发方向从 $r-t$ 方向旋转到 $x-y$ 方向时被重新分配在 $\mathrm{S}x\mathrm{R}z$ 和 $\mathrm{S}y\mathrm{R}z$ 分量。

$$
\begin{bmatrix} \mathrm{S}x\mathrm{R}z(t) \\ \mathrm{S}y\mathrm{R}z(t) \end{bmatrix} = \begin{bmatrix} \cos(\partial) & -\sin(\partial) \\ \sin(\partial) & \cos(\partial) \end{bmatrix}\begin{bmatrix} \mathrm{S}r\mathrm{R}z(t) \\ 0 \end{bmatrix} = \begin{bmatrix} \mathrm{S}r\mathrm{R}z(t)\times\cos(\partial) \\ -\mathrm{S}r\mathrm{R}z(t)\times\sin(\partial) \end{bmatrix} \tag{3-2-3}
$$

所以，与以上分析所用算法相反，对于方位各向同性介质 SP 波处理，要将地震数据采集所获的 $\mathrm{S}x\mathrm{R}z$ 和 $\mathrm{S}y\mathrm{R}z$ 两个分量进行坐标旋转得到 $\mathrm{S}r\mathrm{R}z$ 和 $\mathrm{S}t\mathrm{R}z$ 分量［式（3-2-4）］，如图 3-2-2 所示，如果地下为方位各向同性介质，旋转后 $\mathrm{S}t\mathrm{R}z$ 分量的反射能量为零，SP 转换波反射能量只分布在 $\mathrm{S}r\mathrm{R}z$ 分量，后续只需要处理旋转后的 $\mathrm{S}r\mathrm{R}z$ 分量。

$$
\begin{bmatrix} \mathrm{S}r\mathrm{R}z(t) \\ \mathrm{S}t\mathrm{R}z(t) \end{bmatrix} = \begin{bmatrix} \cos(\partial) & \sin(\partial) \\ -\sin(\partial) & \cos(\partial) \end{bmatrix}\begin{bmatrix} \mathrm{S}x\mathrm{R}z(t) \\ \mathrm{S}y\mathrm{R}z(t) \end{bmatrix} \tag{3-2-4}
$$

二、纯横波四分量地震波场特征以及 $\mathrm{S}x\mathrm{R}y$ 和 $\mathrm{S}y\mathrm{R}x$ 分量出现　反射波的原因

对于方位各向同性介质，我们将四分量纯横波的水平激发方向和水平接收方向设定为径向和切向后，得到 $\mathrm{S}r\mathrm{R}r$、$\mathrm{S}r\mathrm{R}t$、$\mathrm{S}t\mathrm{R}r$ 和 $\mathrm{S}t\mathrm{R}t$ 四分量，多波在四个分量的分布规律可见图 3-1-1（e）~图 3-1-1（h）的测线正方向部分。为了重点解释四分量纯横波地震波场特征，本节增加展示了这四个分量的共 50m 炮检距和共 500m 炮检距的结果，观察横波、转换波等在共炮检距道集上随方位变化而变化的特点，见图 3-2-1（模型 A 合成数据）。图 3-2-1（b）为共 50m 炮检距纯横波 $\mathrm{S}r\mathrm{R}r$、$\mathrm{S}r\mathrm{R}t$、$\mathrm{S}t\mathrm{R}r$ 和 $\mathrm{S}t\mathrm{R}t$ 四分量。图 3-2-1（d）为共 500m 炮检距纯横波 $\mathrm{S}r\mathrm{R}r$、$\mathrm{S}r\mathrm{R}t$、$\mathrm{S}t\mathrm{R}r$ 和 $\mathrm{S}t\mathrm{R}t$ 四分量。可见 $\mathrm{S}r\mathrm{R}t$ 和 $\mathrm{S}t\mathrm{R}r$ 两分量没有反射能量，$\mathrm{S}r\mathrm{R}r$ 分量和 $\mathrm{S}t\mathrm{R}t$ 分量反射能量分布规律与上一节的分析结果一致。那么，3D9C 标

准采集地震数据采集获取的 $SxRx$、$SxRy$、$SyRx$ 和 $SyRy$ 四分量具有什么样的波场特征呢？由于 Alford 旋转运算是可逆的，此四分量的结果可以由 $SrRr$、$SrRt$、$StRr$ 和 $StRt$ 四分量旋转得到（将两个水平激发方向和两个水平接收方向从 $r–t$ 方向同时旋转到 $x–y$ 方向）。我们提出式（3-2-5）~式（3-2-8），用旋转结果描述此四分量的反射地震波场，在这些公式中，用 $SxRx \sim SS$ 表示 $SxRx$ 分量的纯横波，用 $SxRx \sim SVP$ 表示 $SxRx$ 分量的转换纵波，以此类推，将各分量包含的不同类型的波用"×分量 ~ ×波"的形式表示。

$$\begin{bmatrix} SxRx \sim SS(t) & SxRy \sim SS(t) \\ SyRx \sim SS(t) & SyRy \sim SS(t) \end{bmatrix} = \begin{bmatrix} \cos\partial & -\sin\partial \\ \sin\partial & \cos\partial \end{bmatrix}\begin{bmatrix} SrRr \sim SV(t) & 0 \\ 0 & StRt \sim SH(t) \end{bmatrix}\begin{bmatrix} \cos\partial & \sin\partial \\ -\sin\partial & \cos\partial \end{bmatrix}$$
$$= \begin{bmatrix} SrRr \sim SV(t)\cos^2\partial + StRt \sim SH(t)\sin^2\partial & [SrRr \sim SV(t) - StRt \sim SH(t)]\sin\partial\cos\partial \\ [SrRr \sim SV(t) - StRt \sim SH(t)]\sin\partial\cos\partial & SrRr \sim SV(t)\sin^2\partial + StRt \sim SH(t)\cos^2\partial \end{bmatrix}$$
$$(3\text{-}2\text{-}5)$$

$$\begin{bmatrix} SxRx \sim SVP(t) & SxRy \sim SVP(t) \\ SyRx \sim SVP(t) & SyRy \sim SVP(t) \end{bmatrix}$$
$$= \begin{bmatrix} \cos\partial & -\sin\partial \\ \sin\partial & \cos\partial \end{bmatrix}\begin{bmatrix} SrRr \sim SVP(t) & SrRt \sim SVP(t) \\ SrRr \sim SVP(t) & StRt \sim SVP(t) \end{bmatrix}\begin{bmatrix} \cos\partial & \sin\partial \\ -\sin\partial & \cos\partial \end{bmatrix}$$
$$= \begin{bmatrix} \cos\partial & -\sin\partial \\ \sin\partial & \cos\partial \end{bmatrix}\begin{bmatrix} SrRr \sim SVP(t) & 0 \\ 0 & 0 \end{bmatrix}\begin{bmatrix} \cos\partial & \sin\partial \\ -\sin\partial & \cos\partial \end{bmatrix}$$
$$= \begin{bmatrix} SrRr \sim SVP(t)\cos^2\partial & SrRr \sim SVP(t)\sin\partial\cos\partial \\ SrRr \sim SVP(t)\sin\partial\cos\partial & SrRr \sim SVP(t)\sin^2\partial \end{bmatrix} \quad (3\text{-}2\text{-}6)$$

$$\begin{bmatrix} SxRx \sim PSV(t) & SxRy \sim PSV(t) \\ SyRx \sim PSV(t) & SyRy \sim PSV(t) \end{bmatrix}$$
$$= \begin{bmatrix} \cos\partial & -\sin\partial \\ \sin\partial & \cos\partial \end{bmatrix}\begin{bmatrix} SrRr \sim PSV(t) & SrRt \sim PSV(t) \\ StRr \sim PSV(t) & StRt \sim PSV(t) \end{bmatrix}\begin{bmatrix} \cos\partial & \sin\partial \\ -\sin\partial & \cos\partial \end{bmatrix}$$
$$= \begin{bmatrix} \cos\partial & -\sin\partial \\ \sin\partial & \cos\partial \end{bmatrix}\begin{bmatrix} SrRr \sim PSV(t) & 0 \\ 0 & 0 \end{bmatrix}\begin{bmatrix} \cos\partial & \sin\partial \\ -\sin\partial & \cos\partial \end{bmatrix}$$
$$= \begin{bmatrix} SrRr \sim PSV(t)\cos^2\partial & SrRr \sim PSV(t)\sin\partial\cos\partial \\ SrRr \sim PSV(t)\sin\partial\cos\partial & SrRr \sim PSV(t)\sin^2\partial \end{bmatrix} \quad (3\text{-}2\text{-}7)$$

$$\begin{bmatrix} SxRx \sim PP(t) & SxRy \sim PP(t) \\ SyRx \sim PP(t) & SyRy \sim PP(t) \end{bmatrix}$$
$$= \begin{bmatrix} \cos\partial & -\sin\partial \\ \sin\partial & \cos\partial \end{bmatrix}\begin{bmatrix} SrRr \sim PP(t) & SrRt \sim PP(t) \\ StRr \sim PP(t) & StRt \sim PP(t) \end{bmatrix}\begin{bmatrix} \cos\partial & \sin\partial \\ -\sin\partial & \cos\partial \end{bmatrix}$$
$$= \begin{bmatrix} \cos\partial & -\sin\partial \\ \sin\partial & \cos\partial \end{bmatrix}\begin{bmatrix} SrRr \sim PP(t) & 0 \\ 0 & 0 \end{bmatrix}\begin{bmatrix} \cos\partial & \sin\partial \\ -\sin\partial & \cos\partial \end{bmatrix}$$
$$= \begin{bmatrix} SrRr \sim PP(t)\cos^2\partial & SrRr \sim PP(t)\sin\partial\cos\partial \\ SrRr \sim PP(t)\sin\partial\cos\partial & SrRr \sim PP(t)\sin^2\partial \end{bmatrix} \quad (3\text{-}2\text{-}8)$$

对于入射角为 0° 的自激自收情况，如本章第一节分析，$SrRr$ 分量上只有 SV 反射波，即 $SrRr \sim SVP(t) = 0$，$SrRr \sim PSV(t) = 0$，并且 $SrRr \sim PP(t) = 0$。

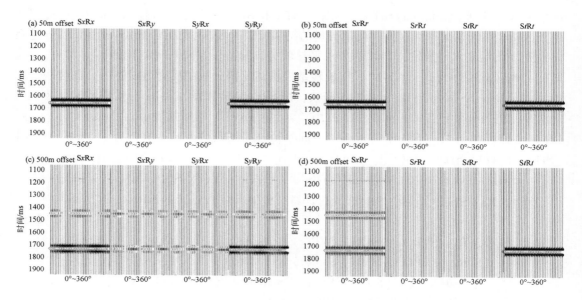

图 3-2-1　模型 A 按方位角排序的纯横波四分量炮检距道集

（a）共 50m 炮检距（SxRx、SxRy、SyRx 和 SyRy 分量）；　（b）共 50m 炮检距（SrRr、SrRt、StRr 和 StRt 分量）；
（c）共 500m 炮检距（SxRx、SxRy、SyRx 和 SyRy 分量）；　（d）共 500m 炮检距（SrRr、SrRt、StRr 和 StRt 分量）。
offset 为炮检距；横轴数据为方位角

根据式（3-2-6）旋转后，SxRx ~ SVP(t) = SxRy ~ SVP(t) = SyRx ~ SVP(t) = SyRy ~ SVP(t) = 0；

根据式（3-2-7）旋转后，SxRx ~ PSV(t) = SxRy ~ PSV(t) = SyRx ~ PSV(t) = SyRy ~ PSV(t) = 0，且根据式（3-2-8）旋转后，SxRx ~ PP(t) = SxRy ~ PP(t) = SyRx ~ PP(t) = SyRy ~ PP(t) = 0。以上结果说明，当炮检距很小时，可以参考入射角为 0° 的情况，SxRx、SxRy、SyRx 和 SyRy 四个分量的转换波和纵波反射能量可以忽略不计。

如第一节分析，StRt 分量只有 SH 反射波，并且当入射角为 0° 时 SH 与 SV 的反射系数相等（反射系数可参见 1986 年 K. Aki 和 P. G. Richard 所著的《定量地震学》），即 SrRr ~ SV(t) = StRt ~ SH(t)。所以，根据式（3-2-5），SxRy ~ SS(t) = SyRx ~ SS(t) = 0，即次对角线两分量（SxRy 和 SyRx）无纯横波反射能量。再看主对角线两分量：SxRx ~ SS(t) = SyRy ~ SS(t) = SrRr ~ SV(t) = StRt ~ SH(t)，SxRx 分量的反射纯横波能量与 SyRy 分量相等，如图 3-2-1（a）所示。

随着炮检距或者入射角的增大，如本章第一节分析，SrRr 分量不仅包含反射 SV 波 SrRr ~ SV(t)，同时，SrRr ~ SVP(t) 反射能量非零，SrRr ~ PSV(t) 反射能量非零，SrRr ~ PP(t) 反射能量非零。而 StRt 分量只有 SH 反射波。需要注意的是，SV 与 SH 的反射系数不再相等，SrRr ~ SV(t) ≠ StRt ~ SH(t)。根据式（3-2-5）进行旋转后：

$$SxRy \sim SS(t) = SyRx \sim SS(t) = 1/2 \left[SrRr \sim SV(t) - StRt \sim SH(t) \right] \times \sin 2\partial$$

$$SxRy \sim SVP(t) = SyRx \sim SVP(t) = SrRr \sim SVP(t) \times \sin\partial\cos\partial$$

$$SxRy \sim PSV(t) = SyRx \sim PSV(t) = SrRr \sim PSV(t) \times \sin\partial\cos\partial$$

$$S_xR_y \sim PP(t) = S_yR_x \sim PP(t) = S_rR_r \sim PP(t) \times \sin\partial\cos\partial$$

次对角线两分量（S_xR_y 和 S_yR_x）出现以 SS 波为主的各种波的反射能量，且反射同相轴随方位角的变化而变化。以上分析结果可由图 3-2-1（c）证实。

主对角线情况类似，不再罗列。总之，当炮检距增大，四个分量同时出现纯横波和转换波以及微弱的纵波，各种反射波能量的大小均随方位发生变化。

我们可以看到，图 3-2-1（a）与图 3-2-1（b）几乎看不到差异，图 3-2-1（b）和图 3-2-1（d）的 S_rR_r 分量的纯横波是 SV 波，S_tR_t 分量的纯横波是 SH 波。根据式（3-2-5）可知，如图 3-2-1（a）所示，在炮检距或者入射角很小（等于 0 或者接近 0）时，S_xR_x 分量与 S_yR_y 分量的纯横波能量大致相同，但是 S_xR_x 分量的纯横波既有 SV 波又有 SH 波，二者比例随方位变化；S_yR_y 分量类似；其他两个分量没有反射能量，说明 S_x 激发的质点振动沿 x 方向，S_y 激发的质点振动沿 y 方向。随着炮检距增加，由式（3-2-5）~式（3-2-8）结果可知，S_xR_x、S_xR_y、S_yR_x 和 S_yR_y 四个分量同时出现转换波和纯横波，各种反射波能量的大小均随方位发生变化。这说明，当炮检距变大后，S_x 激发的地震体波导致的质点振动不再沿 x 方向，S_y 激发的地震体波导致的质点振动不再沿 y 方向。如果采用横波可控震源沿着一个水平方向激发（比如 x 方向），在与激发方向平行或垂直以外的方向上布置三分量检波器，则检波器除了在与激发方向平行的水平分量可以接收反射能量（比如 x 方向），在另一个水平分量也能接收到反射能量（比如 y 方向）。也就是说，炮点和检波点存在较大距离时，如果横波震源的激发方向与炮、检连线方向（径向）斜交，那么在该检波点处的与激发方向垂直的方向也能接收到反射能量。

总之，对于 3D 横波地震勘探，除个别方位外，随着炮检距不断增大，S_xR_x、S_xR_y、S_yR_x 和 S_yR_y 四个分量都同时出现纯横波、转换波和极少量的纵波反射能量。此时我们要将数据旋转到径向和切向观测［式（3-2-9）］，得到 S_rR_r、S_rR_t、S_tR_r 和 S_tR_t 四分量，我们把这个处理过程称为四分量径向-切向旋转。旋转后，用 S_tR_t 分量地震数据处理 SH 纯横波，用 S_rR_r 分量地震数据处理 SV 纯横波。

$$\begin{bmatrix} S_rR_r(t) & S_rR_t(t) \\ S_tR_r(t) & S_tR_t(t) \end{bmatrix} = \begin{bmatrix} \cos(\partial) & \sin(\partial) \\ -\sin(\partial) & \cos(\partial) \end{bmatrix} \begin{bmatrix} S_xR_x(t) & S_xR_y(t) \\ S_yR_x(t) & S_yR_y(t) \end{bmatrix} \begin{bmatrix} \cos(\partial) & -\sin(\partial) \\ \sin(\partial) & \cos(\partial) \end{bmatrix}$$

$$(3\text{-}2\text{-}9)$$

本节的合成数据所用的模型 A 是 ISO 各向同性介质，对于 VTI 各向异性，除了我们在纵波或者 PS 转换波数据中常见到的反射同相轴在大偏移距处不容易拉平外，在纯横波方面需要提及的是：当炮检距较大时，VTI 各向异性会导致 SH 波和 SV 波的传播速度不同，但是，当炮检距或者入射角为 0° 时，两种横波速度完全相同。

虽然 VTI 与 ISO 介质纯横波在较大炮检距处存在上述差异，但是 VTI 各向异性 3D9C 地震波场的主要特征也是类似的，符合本节已介绍的主要特征。

三、方位各向同性介质 3D9C 地震数据矢量处理

目前我们尚未获得方位各向同性介质九分量实际地震数据，本节用模型数据展示矢量处理前后的结果。但是这并不能排除地下介质存在方位各向同性。在轮古 3D3C 实际数据

处理过程中，将转换波两水平分量旋转到 $r-t$ 方向后，可发现 t 分量的叠前和叠后地震数据均不存在反射能量，这表明该工区为方位各向同性介质。

方位各向同性介质 3D9C 地震数据处理分为三组，包括四分量纯横波的矢量处理——四分量径向-切向旋转［式（3-2-9）］，将两个水平激发方向和两个水平接收方向同时旋转到径向和切向，分离 SV 波和 SH 波。转换波处理可以分为 PS 和 SP 两组。PS 转换波两分量的矢量处理即为常规转换波处理的两水平分量坐标旋转［式（3-2-2）］，将检波器的两个水平分量旋转到径向和切向，径向分量用来处理 PSV 转换波。SP 转换波两分量的处理与 SP 转换波类似［式（3-2-4）］，不再详述。在本节最后部分，展示了九分量模型数据的处理结果。

图 3-2-2 为某条不过炮点的测线上的九分量模型数据，该测线与炮点的距离为 500m，该测线上的数据炮检距大于等于 500m，纵波初至和横波初至的最小到达时间不再为零。纯横波主要分布于 S_xR_x、S_xR_y、S_yR_x 和 S_yR_y 四个分量，根据式（3-2-9）进行四分量径向-切向旋转，则 SV 反射波能量集中到 S_rR_r 分量，而 SH 反射波集中到 S_tR_t 分量；PSV 转换波主要分布在 S_zR_x 和 S_zR_y 分量，根据常规水平两分量旋转公式将检波器水平分量旋转到径向和切向，则 PSV 反射能量集中到 S_zR_r 分量；SVP 转换波主要分布在 S_xR_z 和 S_yR_z 分量，将激发方向旋转到径向和切向，则 SVP 反射能量集中到 S_rR_z 分量。如此，得到了

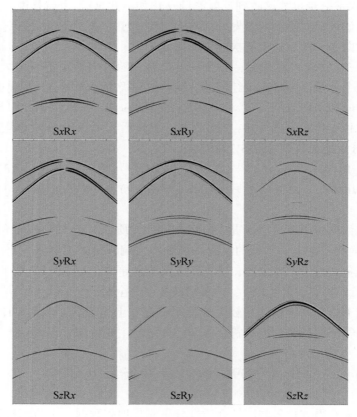

图 3-2-2　模型 A 不过炮点测线（与炮点距离 500m）九分量合成数据（$x-y-z$ 方向观测）

r–t–z方向观测的九分量模型数据，见图 3-2-3。综上所述，可实现九分量地震数据的观测方向从 x–y–z 方向旋转到 r–t–z 方向。在此基础上，对 StRt 分量进行后续处理得到 SH 成像结果，对 SrRr 分量进行后续处理得到 SV 成像结果，对 SzRr 分量进行后续处理得到 PSV 成像结果，对 SrRz 分量进行后续处理得到 SVP 成像结果，对 SzRz 分量进行后续处理得到 PP 波成像结果。

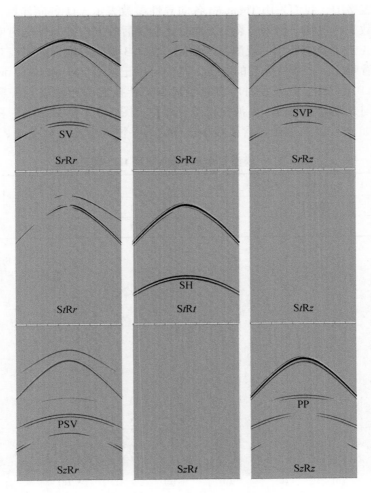

图 3-2-3　模型 A 不过炮点测线（与炮点距离 500m）九分量合成数据（r–t–z 方向观测）

StRt 分量只有 SH 反射纯横波能量，波场简单。而 SrRr 分量、SrRz 分量、SzRr 分量和 SzRz 分量除了包含如上所述的各自对应的主要类型反射波，还包含其他类型的反射波。我们常常通过速度差异来压制其他类型的波，通过选用合适的速度进行动校正，以及用叠加的方式实现。纵波、横波、转换波的波场分离是更彻底的解决办法，各向同性介质可以尝试采用求取散度和旋度等方法分离纵波和横波，但是，这些波场分离方法多数停留在模型数据的应用阶段，在实际数据应用中难度很大，目前尚未见到纵横波波场分离方法的工业化应用。

第三节　方位各向异性介质 3D9C 地震波场特征

为了分析方位各向异性介质 3D9C 地震波场的主要特征，本节设计了一个水平层状 HTI 各向异性均匀介质模型（模型 C），该模型参数见表 3-3-1。需要说明的是，本章各向异性模型参数表格中，我们采用 Thomsen 各向异性参数表示 VTI 各向异性，HTI 各向异性由 VTI 相关参数旋转得到，用垂直裂缝方向描述旋转后的方位各向异性对应的方位。观测系统仍与模型 A 理论数据所用的观测系统相同。图 3-3-1 为过炮点的测线对应的九分量模拟结果，可以看到，由于横波分裂的发生，我们可以记录到 SS1 和 SS2，同时可以记录到 PS1 和 PS2，S1P 和 S2P，此处只对反射能量较强的转换波同相轴进行了标注。与模型 A 类似，由于均匀介质的 PS 波和 SP 波反射路径对称，图 3-3-1 中只标注一种具转换波名称的同相轴（比如 PS1），其实也包含了较小比例的另一种转换波（对应 S1P）。

表 3-3-1　模型 C 中单个反射界面 HTI 模型参数

层号	v_P/(m/s)	v_S/(m/s)	Δz/m	ρ/(g/cm^3)	ε	δ	γ	裂缝方向/(°)
1	1500	1000	800	2.6	0.1	0.1	0.066	30
2	2000	1500	—	5.0	0.1	0.1	0.066	30

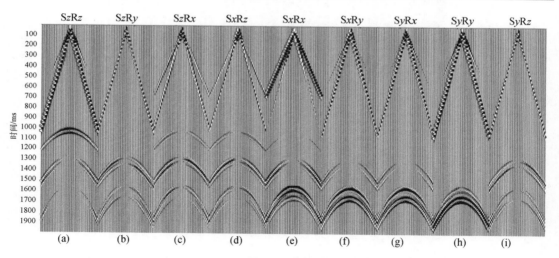

图 3-3-1　模型 C 有限差分法模拟过炮点测线九分量单炮记录

一、方位各向异性介质各种反射波在九分量的分布

对于方位各向异性介质，不同类型的波在各分量的分布也变得更加复杂，与图 3-1-1 所示方位各向同性介质 SzRy（不过炮点测线为 SzRt，为 PS 波相关切向分量）和 SyRz 分量（不过炮点测线为 StRz，为 SP 波相关切向分量）没有反射能量、SxRy 和 SyRx 分量（不过炮点测线为 SrRt 和 StRr 分量，为 SS 波相关次对角线分量）也没有反射能量不同，

对于方位各向异性介质，在 $SzRy$（不过炮点测线为 $SzRt$）和 $SyRz$ 分量（不过炮点测线为 $StRz$）也出现了以转换波为主的反射能量，同时，$SxRy$ 和 $SyRx$ 分量（不过炮点测线为 $SrRt$ 和 $StRr$ 分量）也出现了以纯横波为主的反射能量。

总体说来，对于方位各向异性介质，纯横波和转换波都会发生横波分裂，而且，无论在入射角为零的自激自收情况下还是在入射角不为 0 的炮检距较大的情况下，都会发生横波分裂。横波分裂导致转换波除了分布在径向分量外还会分布在切向分量，导致纯横波除了分布在 r–t 方向观测的 $2C\times2C$ 的主对角分量 SrR 和 $StRt$ 外，还会分布在两个次对角分量 $SrRt$ 和 $StRr$。图 3-3-1 中将各分量上能量占优的反射波类型以红色字体加以标注，各种反射波的整体分布情况如下：纵波主要分布在 $SzRz$ 分量，转换波 PS1 和 PS2 主要分布在 $SzRx$ 和 $SzRy$ 分量，转换波 S1P 和 S2P 主要分布在 $SxRz$ 和 $SyRz$ 分量，纯横波 SS1 和 SS2 主要分布在 $SxRx$、$SxRy$、$SyRx$ 和 $SyRy$ 分量，在对本章几个模型数据的九分量进行排序时，将以纯横波能量为主的横波四分量排放在一起，以便观察横波数据特征。我们在实际数据的九分量单炮记录上也观察到了与模型数据类似的分布规律，图 3-3-2 为过炮点测线 3D9C 实际地震数据。图 3-3-2 左上角为 $SzRz$ 分量，反射波能量以 PP 波为主。从单个分量单炮记录上区分快横波和慢横波同相轴是比较困难的，很难直接判断横波分裂的发生。但是，过炮点测线 $SzRy$ 分量、$SyRz$ 分量以及 $SxRy$ 和 $SyRx$ 分量均存在明显的反射同相轴，

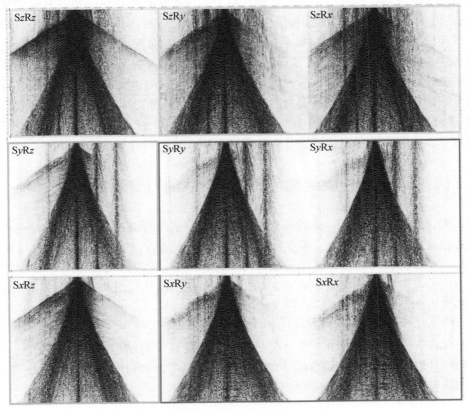

图 3-3-2　九分量实际单炮记录

通过本章前两节介绍的知识，结合这些现象，可推断地下介质为方位各向异性，说明我们接收的转换波和纯横波都已经发生横波分裂。再看图 3-3-2 单炮数据，右上角两分量（黄色矩形框）为 S_zR_y 和 S_zR_x 分量，反射能量以 PS 波为主（PS1 和 PS2），主要分布在单炮中心强能量区域以外的较大炮检距。左下角两分量（橘色矩形框）为 S_yR_z 和 S_xR_z 两分量，反射能量以 SP 波为主（S1P 和 S2P），也分布在单炮中心强能量区域外的较大炮检距。右下角四分量（蓝色矩形框）为纯横波四分量 S_xR_x、S_xR_y、S_yR_x 和 S_yR_y，SS 波（SS1 和 SS2）反射同相轴主要分布在面波强能量区域以内的小炮检距范围，这些与模型数据分析结果都是类似的。对比实际数据的几种反射波同相轴曲率可发现，纯横波速度明显偏低，通过速度分析可知，浅层的横波速度只有四五百米每秒，甚至更低，与图 3-3-1 的模型数据相比，该实际数据的横波速度和纵波速度差异更大。

　　模型 A、B、C 的九分量合成数据结果展示了多波在多分量地震数据上的分布规律。同一种波会分布在不同的分量上，同时，几乎每个分量都包含多种类型的波。大致来说，任何一个分量都以某种波的能量占优，其他波的能量相对较弱。对纵波、横波和转换波这些不同类型进行波场分离非常困难，但是，对于叠加成像和偏移成像过程，我们经常可以通过选择某种类型反射波的速度进行成像，这个过程可以压制其他波的能量。而且，对于实际数据来说，如果目标工区的近地表有低降速带，那么不同类型的波的混叠程度也会降低，这对于实际资料处理来讲是一种优势。对于方位各向异性介质，横波分裂的发生使得 3D9C 地震波场更加复杂，转换波和横波的分布规律与方位各向同性介质不同，如图 3-3-1 所示，转换波和纯横波的同相轴数量翻倍，如果裂缝方向深变，同相轴数量会更多。另外，如图 3-3-2 所示，尽管该 9C 实际地震数据质量很高，但是根据单炮记录往往不容易观察横波分裂特征，我们可以从 $r\text{--}t$ 方向观察的分方位叠加道集或者分方位偏移道集来观察横波分裂的典型特征（类似于合成数据的按方位角排序的共炮检距道集，见图 3-3-3）。PS 转换横波分裂的相关介绍比较多，我们不再重复介绍。SP 转换波横波分裂特征可参见本章第六节，本节着重介绍纯横波分裂在不同观测方向的四分量横波地震数据上的特点。

二、方位各向异性介质纯横波四分量波场特征

　　接下来，我们选取共 50m 炮检距合成数据观察反射纯横波在方位各向异性介质传播过程中随方位变化的特征和规律，着重分析和对比不同观测方向的横波四分量的反射横波分布特征。对于方位各向异性介质（模型 C），将四分量纯横波的激发方向和接收方向旋转到裂缝方向及其垂向后（观测方向为 s_1-s_2），得到 $S_{s_1}R_{s_1}$、$S_{s_1}R_{s_2}$、$S_{s_2}R_{s_1}$ 和 $S_{s_2}R_{s_2}$ 四分量，沿裂缝方向及其垂向观测的四分量纯横波见图 3-3-3。$S_{s_1}R_{s_1}$ 分量以快横波反射为主，记为 S1S1，简记为 SS1；$S_{s_2}R_{s_2}$ 分量以慢横波反射为主，记为 S2S2，简记为 SS2。在炮检距较小范围内，$S_{s_1}R_{s_2}$ 和 $S_{s_2}R_{s_1}$ 两个次对角线分量没有反射能量。S_xR_x、S_xR_y、S_yR_x 和 S_yR_y 四分量以及 S_rR_r、S_rR_t、S_tR_r 和 S_tR_t 四分量都可以通过 $S_{s_1}R_{s_1}$、$S_{s_1}R_{s_2}$、$S_{s_2}R_{s_1}$ 和 $S_{s_2}R_{s_2}$ 四分量旋转得到。

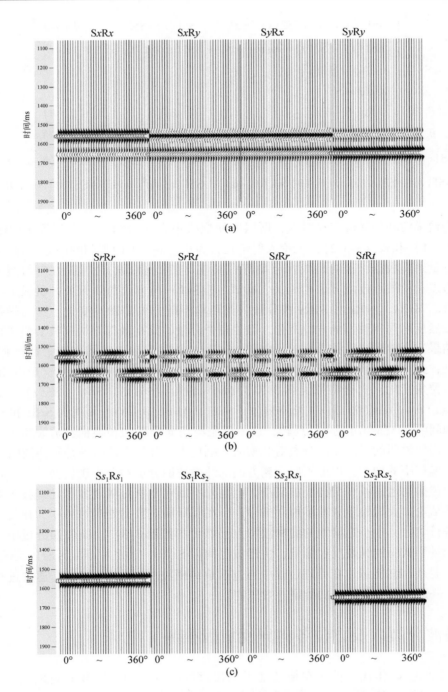

图 3-3-3　模型 C 按方位角排序的四分量纯横波共 50m 炮检距道集

$$\begin{bmatrix} \mathrm{S}x\mathrm{R}x \sim \mathrm{SS}(t) & \mathrm{S}x\mathrm{R}y \sim \mathrm{SS}(t) \\ \mathrm{S}y\mathrm{R}x \sim \mathrm{SS}(t) & \mathrm{S}y\mathrm{R}y \sim \mathrm{SS}(t) \end{bmatrix} = \begin{bmatrix} \cos\theta_1 & -\sin\theta_1 \\ \sin\theta_1 & \cos\theta_1 \end{bmatrix} \begin{bmatrix} \mathrm{SS1}(t) & 0 \\ 0 & \mathrm{SS2}(t) \end{bmatrix} \begin{bmatrix} \cos\theta_1 & \sin\theta_1 \\ -\sin\theta_1 & \cos\theta_1 \end{bmatrix}$$

$$= \begin{bmatrix} SS1(t)\cos^2\theta_1 + SS2(t)\sin^2\theta_1 & [SS1(t)-SS2(t)]\sin\theta_1\cos\theta_1 \\ [SS1(t)-SS2(t)]\sin\theta_1\cos\theta_1 & SS1(t)\sin^2\theta_1 + SS2(t)\cos^2\theta_1 \end{bmatrix} \tag{3-3-1}$$

$$\begin{bmatrix} SrRr \sim SS(t) & SrRt \sim SS(t) \\ StRr \sim SS(t) & StRt \sim SS(t) \end{bmatrix}$$

$$= \begin{bmatrix} \cos(\theta_1-\partial) & -\sin(\theta_1-\partial) \\ \sin(\theta_1-\partial) & \cos(\theta_1-\partial) \end{bmatrix} \begin{bmatrix} SS1(t) & 0 \\ 0 & SS2(t) \end{bmatrix} \begin{bmatrix} \cos(\theta_1-\partial) & \sin(\theta_1-\partial) \\ -\sin(\theta_1-\partial) & \cos(\theta_1-\partial) \end{bmatrix}$$

$$= \begin{bmatrix} SS1(t)\cos^2(\theta_1-\partial)+SS2(t)\sin^2(\theta_1-\partial) & [SS1(t)-SS2(t)]\sin(\theta_1-\partial)\cos(\theta_1-\partial) \\ [SS1(t)-SS2(t)]\sin(\theta_1-\partial)\cos(\theta_1-\partial) & SS1(t)\sin^2(\theta_1-\partial)+SS2(t)\cos^2(\theta_1-\partial) \end{bmatrix}$$

$$\tag{3-3-2}$$

因为快横波和慢横波存在时差，所以即使炮检距为 0，SS1(t) 也不等于 SS2(t)。根据式（3-3-1）和式（3-3-2），无论入射角是否为 0°，$x–y$ 方向观测的四分量和 $r–t$ 方向观测的四分量地震数据，次对角线两分量都有横波反射能量。θ_1 是裂缝方向与测线方向夹角，与炮点和检波点连线方位角无关，即式（3-3-1）与方位角 ∂ 无关，所以 $x–y$ 方向观测的 SxRx、SxRy、SyRx 和 SyRy 四分量同相轴均不随方位角发生变化，这与转换波是不同的。虽然反射同相轴不随方位变化，但是每个分量的同相轴都是快横波和慢横波叠合在一起的结果，会导致成像结果变差。如果 SS1 和 SS2 时差较大，同相轴个数将翻倍增加。不同的是，式（3-3-2）与方位角有关，所以 $r–t$ 方向观测的 SrRr、SrRt、StRr 和 StRt 四分量随方位角变化，变化特征见图 3-3-3（b）。SrRt $\sim$ SS$(t)=$ StRr $\sim$ SS$(t)=[$SS1$(t)-$SS2$(t)]\sin(\theta_1-\partial)\cos(\theta_1-\partial)=1/2[$SS1$(t)-$SS2$(t)]\sin2(\theta_1-\partial)$，表现为 S$rRt$ 和 StRr 两分量同相轴间隔 90° 都会出现极性反转，这一现象与切向分量的转换横波分裂特征类似，不再赘述，需要说明的是，横波分裂对纯横波影响更大，其快慢波时差是转换波的 2 倍。

随着偏移距的增大，以上不同观测方向的纯横波四分量均会出现转换波，方位各向异性介质中传播的地震波场变得更加复杂，但是并不影响本章对横波数据处理技术方法的讨论及相关结论。大炮检距情况不再详细讨论。在实际横波数据处理过程中，往往将大炮检距数据进行切除。中小炮检距的纯横波特点仍然可参照图 3-3-3。横波四分量中包含转换波反射能量和微弱的纵波反射能量，快慢波分离后 Ss_1Rs_1 分量主要混杂 S1P 能量，Ss_2Rs_2 分量主要混杂 S2P 能量，在处理过程中通过选取纯横波（SS1 或者 SS2）速度进行叠加或者偏移，一般可以将其他波的能量有效压制。

三、横波分裂以及方位各向异性成因推测

在 20 世纪 80 年代，首次在横波地震勘探过程中观测到了横波分裂现象（Lynn and Thomsen，1986；Alford，1986），证实地下介质具有一定程度的方位各向异性。业界公认的导致地层呈现方位各向异性的原因主要有以下几种：垂直发育的裂缝、定向排列的晶体、来自各个方向地应力的不均匀性等。其中，垂直裂缝被认为是最主要和最常见的原因。基于这种习惯性认识，即使方位各向异性的成因不是裂缝，本书还是采用裂缝方向表示方位各向异性的相关方向，即快横波的偏振方向。如果追溯到弹性波动方程的弹性系数

（常用 C_{ij} 表示，$i = 1 \sim 6$，$j = 1 \sim 6$），当 $C_{44} \neq C_{55}$ 时，弹性介质会表现为方位各向异性，横波在这样的介质中传播会发生横波分裂（特殊方向除外）。在 Tsvankin 讲述各向异性的书中（2012 年出版），将横波分裂的程度表示为

$$\gamma^{(S)} = \frac{C_{44} - C_{55}}{2C_{55}} \approx \frac{v_{S1} - v_{S2}}{v_{S2}}$$

式中，v_{S1} 是入射角为 0° 时的快横波速度；v_{S2} 是入射角为 0° 时的慢横波速度。我们推测，以上几种原因，不管哪一种或者哪几种的组合，归根结底，都会导致地下介质的弹性参数 C_{44} 与 C_{55} 不等。进一步地，我们通过对青海 3D9C 横波源地震数据的处理，得出该工区地下裂缝方向不随深度变化的结论，裂缝方向的横向变化是渐变的，并且与构造形状有一定相关性。尽管我们在本书中仍采用裂缝方向表示方位各向异性的相关方向，但是我们推测导致该地区地层呈现方位各向异性以及横波分裂的主要原因不是裂缝，而是来自不同方向地应力的不均匀性。另外，也有学者认为：青海地区的地下沉积比较年轻，从浅层到目的层都是第四系，因此各向异性的方向基本不随深度变化。

第四节　判断裂缝方向是否随深度变化

对于方位各向异性介质（尽管方位各向异性不一定由裂缝引起，但是本书仍用裂缝方向表示方位各向异性的相关方向，即方位各向异性介质对称轴在水平面投影的垂向走向）。当横波的偏振方向与裂缝斜交，会发生横波分裂，横波分裂导致横波地震数据成像结果变差，必须通过横波分裂分析求取地下裂缝方向，并根据裂缝方向进行快慢波分离。裂缝方向的准确程度直接影响快慢波分离结果，因此，横波分裂分析求取地下裂缝方向是横波分裂处理的关键。单层裂缝情况的四分量纯横波分裂分析方法可参见 Alford（1986）；对于多层裂缝情况，可采用岳媛媛提出的多层裂缝纯横波分裂分析方法（Yue et al., 2020）逐层求取各层裂缝方向。

纯横波分裂分析求取地下裂缝方向时，对于裂缝方向不随深度变化的情况，我们可以看作单层裂缝，否则为多层裂缝情况。对于转换波，单层裂缝情况可以通过时窗内数据进行转换横波分裂分析求取裂缝方向并进行快慢波分离，多层裂缝情况需要进行层剥离，即从浅到深划分多个时窗，在上一层转换横波分裂校正的基础上，应用单层裂缝横波分裂分析算法求取本层裂缝方向和时差。对于纯横波，单层裂缝的 SS 横波分裂算法（如 Alford 旋转法）不能通过层剥离的方式应用于多层裂缝情况。选择单层裂缝算法还是选择多层裂缝算法？这对地下情况未知的实际数据来说是一个无法逃避的问题。我们针对该问题展开了研究，提出了四分量纯横波判断裂缝方向是否随深度变化标准，该标准作为快慢波分离实验的一部分相关内容发表于 2021 年 SEG 年会（Yue et al., 2021），本节专门对该标准进行详细介绍，并将该标准应用于实际地震数据，得出裂缝方向不随深度变化的结论，保证快慢横波分离可以用最简单的方式实现并取得了显著的成像结果。

需要说明的是，单层裂缝和多层裂缝都是指深度上裂缝方向的变化情况，如何判断地下裂缝是单层裂缝情况还是多层裂缝情况？这直接影响我们应该采用单层裂缝算法还是多层裂缝算法进行纯横波分裂处理。换句话说，横波分裂处理前应该首先回答裂缝方向是否

随深度变化的问题，这是方位各向异性介质纯横波数据处理过程回避不了的问题。我们针对这个实际问题进行研究并提出四分量纯横波判断裂缝方向随深度变化的判断准则。

一、裂缝方向深度变化判断方法

下面通过两层裂缝情况下来自第二个裂缝层底界面的反射纯横波来分析上述问题。

假设一个含有两层裂缝的水平层状介质，浅层裂缝方向为 θ_1，深层裂缝方向为 θ_2。对该模型表面布置炮点和检波点进行 3D9C 地震数据采集，在每个炮点分别沿 x、y、z 方向激发，对于每次激发，分布在各检波点的三分量检波器沿 x、y、z 方向接收，纯横波能量主要分布于 $SxRx$、$SxRy$、$SyRx$ 和 $SyRy$ 分量。将原始四分量纯横波记为

$$\text{Uss}_{\text{raw}} = \begin{bmatrix} SxRx(t) & SxRy(t) \\ SyRx(t) & SyRy(t) \end{bmatrix}$$

对于三维情况，我们首先将激发方向和检波器接收方向旋转到径向和切向，得到沿 $r-t$ 方向观测的四分量纯横波：

$$\text{Uss} = \begin{bmatrix} SrRr(t) & SrRt(t) \\ StRr(t) & StRt(t) \end{bmatrix}$$

$$\text{Uss} = R_\partial \text{Uss}_{\text{raw}} R_\partial^{-1} \tag{3-4-1}$$

假设子波为脉冲，并且假设炮检距很小，等于或者接近于零。将横波分裂发生前的四分量纯横波记为 $\text{Uss}_0 = \begin{bmatrix} \text{uss}_0\delta(t) & 0 \\ 0 & \text{uss}_0\delta(t) \end{bmatrix}$，这里 uss_0 为一个常数。

下面介绍来自第二个裂缝层底界面的反射纯横波，沿径向和切向观测到的四分量纯横波 Uss 与横波分裂前的四分量纯横波 Uss_0 在频率域的关系可表示为

$$\text{Uss}(\omega) = R_1^{-1} D_{1h} R_2^{-1} D_2 R_2 D_{1h} R_1 \text{Uss}_0(\omega) \tag{3-4-2}$$

根据第一层裂缝方向（可根据第一个裂缝层的地震数据进行横波分裂分析来求取），将四分量纯横波 Uss 的激发方向和接收方向同时旋转到裂缝方向及其垂向，得到沿 s_1-s_2 方向观测的四分量纯横波 Uss'，在时间域表示为 $\text{Uss}' = \begin{bmatrix} Ss_1Rs_1(t) & Ss_1Rs_2(t) \\ Ss_2Rs_1(t) & Ss_2Rs_2(t) \end{bmatrix}$，经公式推导，Uss' 和 Uss_0 在频率域的关系为

$$\text{Uss}'(\omega) = R_1 \text{Uss}(\omega) R_1^{-1} = \text{u}_{ss0} D_{1h} R_2^{-1} D_2 R_2 D_{1h} = u_{ss0} \text{Xss} \tag{3-4-3}$$

以上公式中，∂ 为各地震道的方位角（炮、检连线方向），其他的参数含义如下：

$$R_\partial = \begin{bmatrix} \cos\partial & \sin\partial \\ -\sin\partial & \cos\partial \end{bmatrix}$$

$$R_1 = \begin{bmatrix} \cos(\theta_1-\partial) & \sin(\theta_1-\partial) \\ -\sin(\theta_1-\partial) & \cos(\theta_1-\partial) \end{bmatrix}$$

$$R_2 = \begin{bmatrix} \cos(\theta_2-\theta_1) & \sin(\theta_2-\theta_1) \\ -\sin(\theta_2-\theta_1) & \cos(\theta_2-\theta_1) \end{bmatrix}$$

$$D_{1h} = \begin{bmatrix} 1 & 0 \\ 0 & e^{-i\omega\Delta t_{1/2}} \end{bmatrix}, D_2 = \begin{bmatrix} 1 & 0 \\ 0 & e^{-i\omega\Delta t_2} \end{bmatrix}$$

式中，Δt_1 和 Δt_2 分别为快横波 Ss_1 和慢横波 Ss_2 在第一个裂缝层传播产生的快慢波时差，以及两种波在第二个裂缝层传播时产生的快慢波时差。

可见，沿第一层裂缝方向及其垂向观测的四分量纯横波 Uss′ 与矩阵 Xss 密切相关，二者之间只差一个系数，也就是说，Xss 各分量的反射能量分布情况直接决定了 Uss′ 各分量反射能量分布情况，其中：

$$Xss = D_{1h} R_2^{-1} D_2 R_2 D_{1h} \tag{3-4-4}$$

将 Xss 定义为裂缝方向深度变化判断矩阵，下面根据它来判断地下裂缝方向是否随深度变化，具体的：

当 $\theta_2 = \theta_1$ 时，$Xss = \begin{bmatrix} 1 & 0 \\ 0 & e^{-i\omega(\Delta t_1 + \Delta t_2)} \end{bmatrix}$。即如果两层裂缝方向相同时，则 Xss 的次对角线两分量不存在有效反射信号能量；再看主对角线两分量，可以发现，来自第二层裂缝的反射慢横波相对于快横波的时差为 $\Delta t_1 + \Delta t_2$，即：穿过两层裂缝的快慢纯横波时差为单独穿过第一层裂缝的快慢纯横波时差与单独穿过第二层裂缝的快慢纯横波时差的和，快慢波时差变大。

当 $|\theta_2 - \theta_1| = 90°$，两层裂缝方向恰巧互相垂直，$Xss = \begin{bmatrix} e^{-i\omega\Delta t_2} & 0 \\ 0 & e^{-i\omega\Delta t_1} \end{bmatrix}$，Xss 的次对角线两分量也不存在有效反射信号能量。我们再看主对角线两分量，来自第二层裂缝的反射慢横波相对于快横波的时差为 $\Delta t_1 - \Delta t_2$，即：穿过两层裂缝的快慢纯横波的时差为单独穿过第一层裂缝的快慢纯横波时差与单独穿过第二层裂缝的快慢纯横波时差之差，快慢波时差变小。

对于其他情况，两层裂缝方向斜交，此时 Xss 不再是对角矩阵，四个分量都具有反射信号。

式（3-4-3）中，Xss 与裂缝方向 θ_1 和 θ_2 有关，与快慢波时差 Δt_1 和 Δt_2 有关，与方位角 ∂ 无关。即 Xss 反射同相轴不随方位变化，如果把不同方位的结果相加，叠加后数据同样可以作为判断标准，并且叠加数据信噪比高，使得这个判断标准更加易于使用。

二、模型数据测试

为了验证以上结论，我们设计了 4 个模型（模型 D-1、D-2、D-3、D-4），4 个模型均为多层水平层状模型，浅层为各向同性，深层为含有垂直裂缝的各向异性介质，4 个模型的模型参数大致相同，浅层裂缝方向均为 150°，不同的是深层裂缝方向，具体模型参数见表 3-4-1。不同于本章前三节分析 3D9C 地震波场特征的过程，采用尽可能简单的模型以便将地震波场的主要特征呈现清楚，在验证四分量纯横波判断裂缝方向深变情况时，必须采用可以区别裂缝方向深变情况的复杂模型。模型 D-1、D-2、D-3 和 D-4 对应深层裂缝方向变化的不同情况。其中 D-1 的浅层裂缝方向与深层裂缝方向相同，D-2 的浅层裂缝方向与深层裂缝方向夹角为 30°，D-3 的浅层裂缝方向与深层裂缝方向互相垂直，D-4 的浅层裂缝方向与深层裂缝方向夹角为 120°。炮点位于模型表面中心位置，三分量检波器分布在炮点周围的各条测线上，在每个检波点上，三分量检波器的水平分量分别沿 x 方向（inline

方向）和 y 方向（crossline 方向）放置，z 分量垂直向下放置。在炮点分别沿 x 方向和 y 方向加载集中力源模拟 x 源和 y 源两种可控震源，对于每次激发，分别由三分量检波器记录。采用有限差分方法进行三维弹性波正演，得到三维合成地震数据。

表 3-4-1　模型 D 中多层裂缝模型参数（裂缝方向夹角 0°、30°、90°、120°）

层号	v_P /(m/s)	v_S /(m/s)	Δz /m	ρ/(g/cm³)	ε	δ	γ	裂缝方向/(°)			
								D-1	D-2	D-3	D-4
1	1500	1000	250	2.1	0	0	0				
2	1550	1030	100	2.1	0	0	0	无			
3	1600	1060	100	2.1	0	0	0				
4	1650	1100	150	2.16	0.2	0.1	0.2	150	150	150	150
5	1700	1150	200	2.6	0.2	0.1	0.2	150	150	150	150
6	1800	1200	200	3.3	0.2	0.1	0.16	150	150	150	150
7	1850	1300	200	5.0	0.2	0.1	0.16	150	120	60	30
8	1900	1400	300	6.9	0.2	0.1	0.16	150	120	60	30
9	2000	1500	1000	9.0	0	0	0	—			

取 50m 炮检距四分量纯横波合成数据进行分析，因为浅层各向同性的数据与本方法无相关性，此处只展示了与裂缝层相关的结果。沿 x–y、r–t 和 s_1–s_2 方向观测的 4 个模型的纯横波四分量分别按照方位角进行排序，结果见图 3-4-1。对于原始纯横波四分量 $SxRx$、$SxRy$、$SyRx$ 和 $SyRy$，横波分裂的发生导致四分量都有较强的反射能量，并且每个分量的反射同相轴的个数都多于反射界面的个数，有些同相轴的个数是界面个数的 2 倍，有些同相轴的个数是界面个数的 4 倍。同时可见，每个分量的反射同相轴均不随方位角发生变化，其原因已在本章第三节解释。

将四分量纯横波的激发方向和接收方向旋转到浅层裂缝方向后，得到沿 s_1–s_2 方向观测的 Ss_1Rs_1、Ss_1Rs_2、Ss_2Rs_1 和 Ss_2Rs_2 四分量，结果见图 3-4-1（c），方法介绍部分已表明，Ss_1Rs_1、Ss_1Rs_2、Ss_2Rs_1 和 Ss_2Rs_2 四分量与判断矩阵 X_{ss} 只差一个系数，因此我们可以直接根据 Ss_1Rs_1、Ss_1Rs_2、Ss_2Rs_1 和 Ss_2Rs_2 四分量进行判断，得到裂缝方向是否随深度变化的结论。对于浅层裂缝对应的反射时间区域，由于对激发方向和接收方向进行旋转时，采用了完全准确的裂缝方向（150°），因此四个模型的 Ss_1Rs_2 和 Ss_2Rs_1 分量都不存在有效信号。在深层裂缝对应的反射时间区域，模型 D-1（浅层裂缝方向与深层裂缝方向相同）和模型 D-3（浅层裂缝方向与深层裂缝方向互相垂直）的 Ss_1Rs_2 和 Ss_2Rs_1 分量没有反射信号，与式（3-4-4）结论相符。并且，由于横波在模型 D-1 深层裂缝传播过程中，快横波和慢横波的偏振方向没有发生改变，因此 Ss_2Rs_2 分量的慢横波与 Ss_1Rs_1 分量的快横波时差逐渐增加。但是模型 D-3 的 Ss_2Rs_2 分量的慢横波与 Ss_1Rs_1 分量的快横波时差逐渐减小，原因是快横波和慢横波在深层裂缝传播时，其偏振方向与在浅层裂缝方向传播时的偏振方向恰好相反，浅层的快横波偏振方向到达深层裂缝时恰好成了慢横波，浅层的慢横波偏振方向到达深层裂缝时变成了快横波，导致快慢波时差变化趋势与浅层裂缝相反。模型 D-2 和模型 D-4 的 Ss_1Rs_2 和 Ss_2Rs_1 分量在深层裂缝反射时间区域出现了明显的反射信号，与式（3-4-4）结论相符。同时可见该区域反射同相轴的个数大于相应的反射界面个数，并且这些反射同相轴均不随方位角的变化而发生变化，如果把不同方位的反射能量相加，其叠加能量因同相叠加而增强，相应的叠加剖面会出现强能量反射同相轴。

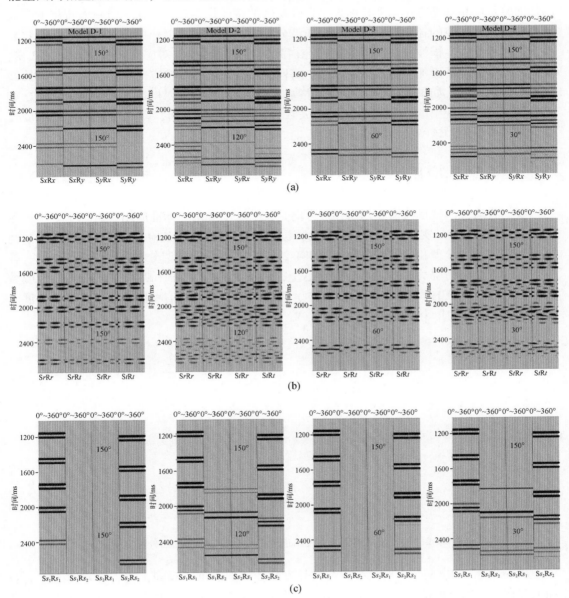

图 3-4-1　模型 D-1、D-2、D-3、D-4 不同方向观测的按方位角排序的四分量纯横波共 50m 炮检距道集
（a）沿 x-y 方向观测的 $SxRx$、$SxRy$、$SyRx$ 和 $SyRy$ 分量；（b）沿 r-t 方向观测的 $SrRr$、$SrRt$、$StRr$ 和 $StRt$ 分量；
（c）沿浅层裂缝方向及其垂向观测的 Ss_1Rs_1、Ss_1Rs_2、Ss_2Rs_1 和 Ss_2Rs_2 分量

图 3-4-1（b）的 4 幅图从左向右分别为四个模型沿 r-t 方向观测的四分量纯横波。我

们可以清楚看到，由于横波分裂的发生，每个模型的四分量都具有较强的反射能量，而且每个模型的每个分量的反射同相轴都随方位角的变化而发生变化。从浅层裂缝对应的模型数据可见，$SrRt$ 和 $StRr$ 两个次对角线分量的反射同相轴在 360° 内发生 4 次极性反转，极性反转发生的方位角间隔为 90°，这些方位对应裂缝方向和裂缝方向的垂向。这与转换波的切向分量同相轴随方位角变化而发生极性反转的特征是类似的。$SrRr$ 分量表现出的横波分裂特征与转换波的径向分量表现出的横波分裂特征也非常类似，由于纯横波在上行过程和下行过程均发生横波分裂，因此快慢纯横波的时差是转换波对应的快慢波时差的 2 倍，其横波分裂的特征更加明显。如上所述，将四分量纯横波的激发方向和接收方向同时旋转到径向和切向后，如果地震数据具备足够高的信噪比，我们可以根据 $SrRr$、$SrRt$、$StRr$ 和 $StRt$ 四个分量表现出的横波分裂特征来大致推测地下裂缝方向，即使裂缝方向随深度变化，至少可以通过该特征推测浅层裂缝方向。

三、实际数据应用

我们将通过四分量纯横波判断裂缝方向是否随深度变化的标准应用于目标工区。该测试数据为工区 3D9C 实际数据的一小部分，包含 6 条炮线和 33 条检波线。首先将四分量纯横波分别进行预处理和分方位叠加，图 3-4-2 是某 CMP 线横波四分量分方位叠加剖面，叠加剖面的方位角间隔为 30°。由于数据不全，对于大多数 CMP，缺少方位较大的地震数据，导致这些方位的叠加剖面地震道变少，再加上实际数据的信噪比原因，这里不再展示如图 3-4-1 那样的单个 CMP 的方位道集。

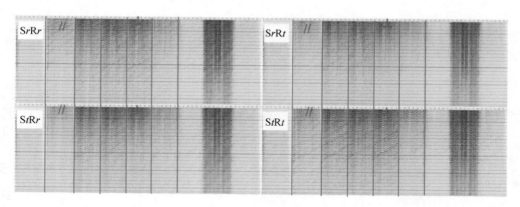

图 3-4-2　快慢波分离前按方位角进行部分叠加并排序的四分量纯横波

从 $SrRt$ 和 $StRr$ 两个次对角线分量的分方位叠加剖面可以看到，在一些方位的叠加剖面上存在明显的反射信号，根据前三节的知识可以推断地下介质具有方位各向异性。同时可以看到，在间隔 90°（图 3-4-2 中红色标识处）的两个方位上，横波反射信号能量最弱，而且 $SrRr$ 分量在//方位剖面的反射同相轴时间比另一个标识对应方位剖面的反射同相轴时间早，而 $StRt$ 分量在//方位剖面的反射同相轴时间比另一个标识对应方位剖面的反射同相轴时间晚，可以推断//方位大致为裂缝方向。无论 $SrRr$ 还是 $StRt$ 分量，对应同一个反射界面的同相轴在不同方位上到达时间不同，所以将各方位相加获得总的叠加剖面时，其叠加剖面成像质量会明显降低。

用此横波四分量的浅层地震数据作为输入数据，采用 Alford 方法（Alford，1986）进行横波分裂分析求取地下裂缝方向。为了提高裂缝方向的求取精度，除了选取一个合适的时窗外，还可以根据以上判断的大致裂缝方向将所求裂缝方向限制在一定的方位范围内，这种处理方式还可以减少计算量，从而提高横波分裂分析的计算效率。

求得了每个 CMP 对应的裂缝方向后，将四分量横波数据旋转至裂缝方向及其垂向，得到图 3-4-3 所示沿 s_1-s_2 方向观测的横波四分量，这个过程便实现了分方位叠加数据的快慢纯横波分离。可以看到，快慢波分离后 Ss_1Rs_2 和 Ss_2Rs_1 分量从浅到深反射能量基本消失，根据本节提出的判断标准，可以判断地下浅层裂缝方向与深层裂缝方向平行或者垂直。同时我们可以看到，Ss_1Rs_1 和 Ss_2Rs_2 分量能量增强并且不同方位的剖面同相轴时间变得一致，将各个方位数据相加得到总的叠加剖面，这两个分量的成像质量会因反射同相轴的同相叠加而得到明显改善。同时可以看到 Ss_1Rs_1 分量与 Ss_2Rs_2 分量同相轴之间存在明显的时差，而且该时差随时间或深度的增加而逐渐增大。这表明地下裂缝方向不随深度变化，不需要对该横波数据进行类似剥层的处理，在求得地下裂缝方向后，只需一步 Alford 旋转就可以从浅层到深层实现快横波 SS1、慢横波 SS2 分离，这为制定该 3D9C 工区的四分量纯横波详细处理流程提供了依据。

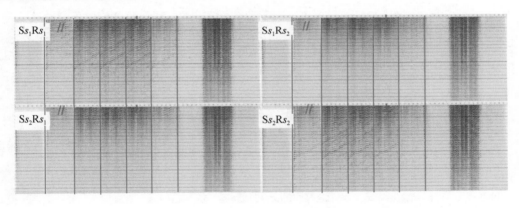

图 3-4-3   快慢波分离后按方位角进行部分叠加并排序的四分量纯横波

第五节   方位各向异性介质四分量纯横波矢量处理

Alford（1986）对两条二维十字交叉线上获取的 2C×2C 纯横波地震数据进行了处理，首次根据 $x-y$ 方向观测的实际四分量反射横波叠加剖面求取地下裂缝方向，并将纯横波四分量直接旋转到裂缝方向及其垂向，获得了 SS1 和 SS2 波成像结果。此流程非常适用于二维交叉测线或者二维测线采用垂直测线和平行测线激发与接收获取的横波数据，对于 3D9C 地震数据，我们首先采用此流程进行了实验，并展示了纯横波四分量的实验结果。在横波数据的精细处理中，我们还逐步开展了深入的研究和实验，经总结，我们认为可以在纯横波分裂处理之前增加四分量旋转到径向-切向的处理步骤，综合几个主要处理步骤的实验结果，总结了一套适用于三维方位各向异性介质的、更加完善、与转换波处理步骤大致统一的四分量纯横波处理流程。

一、各向异性介质四分量纯横波处理的早期流程实验

对于 HTI 介质，我们可以将 S_xR_x、S_xR_y、S_yR_x 和 S_yR_y 四分量纯横波分别进行叠加或者偏移，得到每个分量纯横波总叠加剖面或者总偏移剖面，然后根据四分量纯横波剖面进行纯横波分裂分析求取地下裂缝方向并进行快慢波分离。这是沿用 Alford 的 2C×2C 横波地震勘探的处理流程（Alford，1986）。我们采用这种方式对目标工区的部分四分量纯横波地震数据进行了实验，展示了用叠后剖面进行四分量纯横波分裂分析并进行叠后快慢波分离的结果，如图 3-5-1 和图 3-5-2 所示。

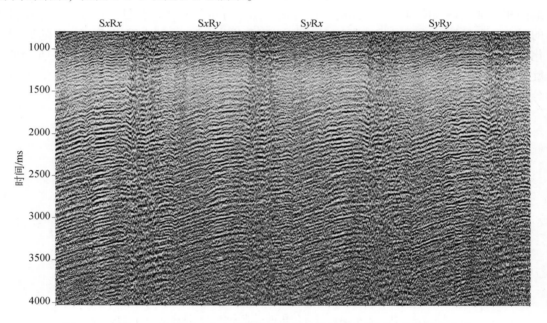

图 3-5-1　某 CMP 线沿 x–y 方向观测的四分量纯横波叠加剖面（快慢波分离前）

图 3-5-1 为目标工区某 CMP 线沿 x–y 方向观测的 S_xR_x、S_xR_y、S_yR_x 和 S_yR_y 四分量纯横波叠加剖面。经过对横波数据的初步预处理和叠加，得到四分量横波叠加剖面，每个剖面都具有较强反射能量。采用 Alford 旋转法对该数据进行纯横波分裂分析，求得地下裂缝方向后，根据裂缝方向将四分量纯横波叠加剖面的激发方向和接收方向旋转到裂缝方向及其垂向，得到快慢波分离后的四分量纯横波叠加剖面。如图 3-5-2 所示，快慢波分离后，$S_{s_1}R_{s_2}$ 和 $S_{s_2}R_{s_1}$ 两次对角线分量的反射能量基本消失，$S_{s_1}R_{s_1}$ 分量和 $S_{s_2}R_{s_2}$ 分量反射能量明显增强，并且这两个分量的反射同相轴变得更加清晰和自然，成像质量明显增强。该结果表明，对于 HTI 各向异性介质四分量纯横波处理，采用先将 x–y 方向观测的四分量进行叠加然后进行纯横波分裂分析和叠后快慢波分离的处理步骤是可行的。并且，这种处理流

程比较简单，使用方便。需要说明的是，在使用该流程前，我们首先要确认地下介质具有方位各向异性，并且地下裂缝方向不随深度变化。否则，无法取得合理的处理结果。

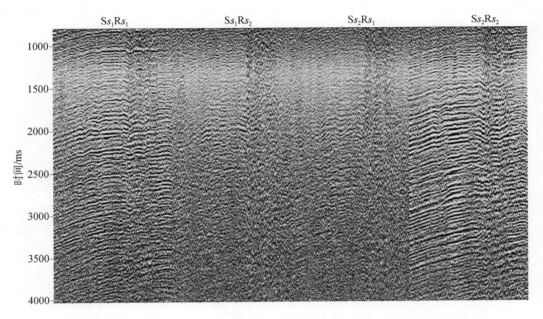

图 3-5-2　某 CMP 线沿 s_1–s_2 方向观测的四分量纯横波叠加剖面（快慢波分离后）

二、四分量纯横波处理流程改进和完善

在生产过程中，我们还对目标工区的四分量纯横波进行了更详细的实验和处理，实验过程选取了另一条 CMP 线的横波数据。根据多个处理步骤的实验结果，总结了一套的适用性更加广泛的四分量纯横波矢量处理流程，具体如下。

（一）四分量旋转到径向–切向

将叠前 $SxRx$、$SxRy$、$SyRx$ 和 $SyRy$ 四分量纯横波地震数据的激发方向和观测方向旋转至 r 和 t 方向，得到 $SrRr$、$SrRt$、$StRr$ 和 $StRt$ 四分量。观测方向旋转至 r 和 t 方向这步处理具有以下优势：

（1）根据 $SrRt$ 和 $StRr$ 分量是否存在有效信号，判断地下介质是否具有方位各向异性。如果 $SrRt$ 和 $StRr$ 分量没有反射能量，则地下介质不存在方位各向同性，如图 3-2-1（b）和图 3-2-1（d）所示，我们只需要继续处理 $SrRr$ 和 $StRt$ 分量，分别得到 SV 和 SH 纯横波成像结果。四分量旋转到径向–切向的过程对于四分量纯横波地震数据的作用与两水平分量坐标旋转到径向–切向的过程对转换波地震数据的作用是类似的。需要说明的是，如果地下介质具有方位各向异性，$SrRt$ 和 $StRr$ 两分量的反射同相轴都会出现间隔 90° 的极性反转现象，导致这两个分量的总叠加剖面看起来能量很弱，这是一种假象，因此，建议根据分方位叠加或者分方位偏移结果进行判断。

（2）StRt 分量的纯横波初至最清楚、最干脆，如图 3-5-3（d）所示。其他三个分量均或多或少存在初至"戴帽子"现象。沿 x–y 方向观测的四分量纯横波地震数据，横波初至质量也不如 StRt 分量。我们在这个分量上进行 SS 波初至拾取，可以获得准确的初至时间，有利于开展横波近地表模型反演等工作，并且得到更加精确的横波静校正量。

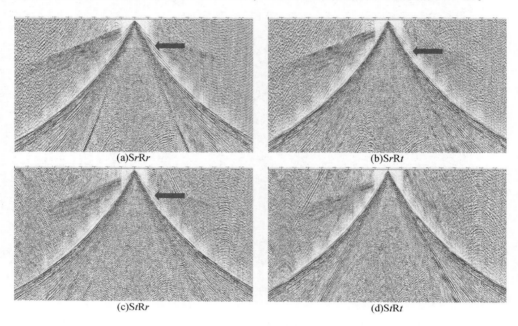

(a)SrRr (b)SrRt

(c)StRr (d)StRt

图 3-5-3 四分量纯横波单炮记录及 TT 分量初至的优势

（3）如果 SrRt 和 StRr 分量存在较强能量，表明地下介质具有方位各向异性［图 3-3-1(b)］，我们可以将 SrRr、SrRt、StRr 和 StRt 四分量地震数据分别进行分方位叠加或者分方位偏移，并根据这些结果表现出的横波分裂特征预判地下裂缝的大致方向。

（4）对于裂缝方向随深度变化的情况，地下介质具有方位各向异性，但已经不再是简单的 HTI 各向异性，此时，根据径向–切向观测的纯横波地震数据才能进行多层裂缝纯横波分裂分析得到地下裂缝方向（Yue et al.，2020）。

对叠前四分量纯横波进行四分量旋转到径向–切向后，得到沿 r–t 方向观测的四分量纯横波地震数据，SrRr 和 StRr 分量均有较强的反射能量，分方位叠加结果与图 3-4-2 类似，表明地下介质具有方位各向异性，需要继续进行横波分裂相关处理才能得到合理的横波成像结果。作为方位各向异性处理的中间结果，便于与 x–y 方向观测的横波四分量（图 3-5-4）以及 s_1–s_2 方向观测的横波四分量进行对比，需要展示 r–t 方向观测的横波四分量叠加剖面。采用同样的横波速度场对 r–t 方向观测的四分量横波数据进行动校正和叠加，得到的四分量纯横波叠加剖面如图 3-5-5 所示。由于该地区地层存在较强的方位各向异性，四分量旋转后 SrRr、SrRt、StRr 和 StRt 分量成像结果并不理想。而且，横波分裂导致 SrRt 和 StRr 分量的反射同相轴间隔 90°发生极性反转，因此这两个分量的总叠加能量看起来比较弱，这是一种假象。

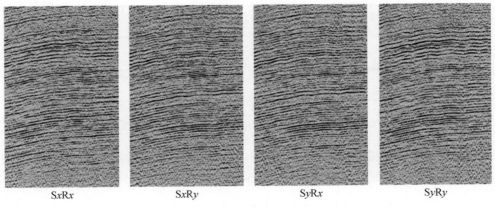

$SxRx$ $SxRy$ $SyRx$ $SyRy$

图 3-5-4 沿 x–y 方向观测的四分量纯横波 CMP 叠加剖面

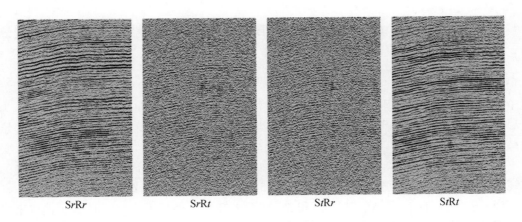

$SrRr$ $SrRt$ $StRr$ $StRt$

图 3-5-5 沿 r–t 方向观测的四分量纯横波 CMP 叠加剖面

(二) 四分量纯横波分裂分析

根据横波数据求取地下裂缝方向的过程叫作横波分裂分析，这个过程对于横波数据的方位各向异性处理至关重要。这里重点介绍四分量纯横波分裂分析技术。该技术分为多层裂缝和单层裂缝两种情况。

1. 多层裂缝四分量纯横波分裂分析

对于裂缝方向随深度变化的情况，即多层裂缝情况，纯横波分裂过程比转换波更加复杂，图 3-5-6 展示了两层裂缝情况转换横波分裂和纯横波分裂过程示意图。到达同一个界面的箭头位置不同，仅示意横波分裂过程，不代表横波到达的空间位置差异。

对于多层裂缝情况，单层裂缝纯横波分裂分析算法不适用多层裂缝情况，不能通过层剥离的方式直接应用于多层裂缝。为解决这个难题，岳媛媛提出一种多层裂缝纯横波分裂分析和校正方法，该方法已在模型数据中得到验证（Yue et al., 2020），但是我们尚未找到适合的实际数据进行应用和测试，这里仅作简单介绍。

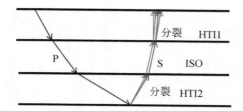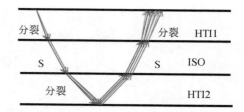

图 3-5-6　两层裂缝情况转换横波分裂和纯横波分裂过程示意图

将上述多层裂缝纯横波分裂分析算法应用到四分量纯横波地震数据，即四个分量联合计算地下裂缝方向，见式（3-5-1）、式（3-5-2）。

$$U_0(\omega) = \begin{bmatrix} U_{0SrRr} & U_{0SrRt} \\ U_{0StRr} & U_{0StRt} \end{bmatrix} = R_1^{-1} D_{1h} \cdots R_{n-1}^{-1} D_{(n-1)h} R_n^{-1} D_n R_n D_{(n-1)h} R_{n-1} \cdots D_{1h} R_1 U(\omega)$$

$$(3\text{-}5\text{-}1)$$

定义目标函数［式（3-5-2）］，当目标函数达到最小值时，对应的 θ_n 为该层裂缝方向，Δt_n 为该裂缝层对应的快慢波时差。

$$A(\theta_n, \Delta t_n) = \int_{\alpha = \alpha_{\min}}^{\alpha_{\max}} \int_{t_0 = \text{winns}}^{\text{winne}} U_{0SrRt}^2(t_0, \alpha, \theta_n, \Delta t_n) + U_{0SrRt}^2(t_0, \alpha, \theta_n, \Delta t_n) \mathrm{d}t \mathrm{d}\alpha \quad (3\text{-}5\text{-}2)$$

式中，θ_1、$\theta_{(n-1)}$、θ_n 分别为第 1 层、第 $n-1$ 层、第 n 层裂缝方向；α 为方位角；Δt_1 为第一层裂缝快慢纯横波时差，其他裂缝层以此类推；winns 表示时窗起始时间；winne 表示时窗结束时间。

当 $n=1$ 时，只有 θ_1 和 Δt_1 两个未知数，利用第一层时窗（选取来自第一层裂缝的反射纯横波）的四分量横波数据，根据式（3-5-2）同时求取 θ_1 和 Δt_1。

当 $n=2$ 时，有 θ_1 和 Δt_1 以及 θ_2 和 Δt_2 四个未知数，再利用第二层时窗（选取来自第二层裂缝的反射纯横波）的四分量横波数据，将已经求得的 θ_1 和 Δt_1 代入式（3-5-1），求目标函数最值同时得到 θ_2 和 Δt_2。

当 $n>2$ 时，以此类推，从浅到深求得每个裂缝层的裂缝方向和快慢波时差。需要说明的是，纯横波分裂分析求取裂缝方向的过程中无法实现真正意义上的层剥离。并且，多层裂缝纯横波的快慢波分离过程，严格来说也是不可实现的。在利用式（3-5-1）进行横波分裂校正的过程中，可将四分量数据分为两组，其中一组为 $SrRr$ 和 $SrRt$，另一组为 $StRr$ 和 $StRt$，横波分裂校正过程中，一组选择校正到快横波时间得到最快波成像，另一组选择校正到慢横波时间得到最慢波成像，这种方式可以得到等效的最快纯横波/最慢纯横波分离结果。

2. 单层裂缝四分量纯横波分裂分析

本章第四节已得到该工区地下裂缝方向不随深度变化的结论，可以通过单层裂缝纯横波分裂分析算法求取地下裂缝方向，从而实现从浅到深的快慢横波分离。Alford 旋转法是一种常用的单层裂缝纯横波分裂分析方法（Alford，1986）。如本节第一部分介绍的矢量处理过程，已将 x–y 方向观测的四分量纯横波地震数据通过四分量旋转至径向–切向，下面介绍利用 r–t 方向观测的纯横波四分量地震数据进行横波分裂分析的（Alford 旋转法）实现过程。

将 r–t 方向观测的四分量纯横波记为

$$U_{rt} = \begin{bmatrix} SrRr(t_0) & SrRt(t_0) \\ StRr(t_0) & StRt(t_0) \end{bmatrix}$$

可以根据方位角对上述四分量横波地震数据分别进行分方位叠加，该实际数据是按照 30° 的间隔划分为 12 个方位进行分方位叠加，再对分方位叠加四分量纯横波进行横波分裂分析。分析过程假设地下存在垂直裂缝，并且假设裂缝方位为 θ（造成地下介质方位各向异性的因素可以是地下裂缝，或者是地应力等因素，无论哪种因素，横波分裂处理方法都是相同的，这里统一用裂缝方向表示方位各向异性的相关方向），根据该方向将数据进行 Alford 旋转。

$$U_{\text{theta}} = \begin{bmatrix} Ss_1Rs_1(\theta,t_0) & Ss_1Rs_2(\theta,t_0) \\ Ss_2Rs_1(\theta,t_0) & Ss_2Rs_2(\theta,t_0) \end{bmatrix} = R_\beta U_{rt} R_\beta^{-1} \tag{3-5-3}$$

其中

$$R_\beta = \begin{bmatrix} \cos\beta & \sin\beta \\ -\sin\beta & \cos\beta \end{bmatrix}$$
$$\beta = \theta - \partial$$

式中，∂ 为方位角。

最后，将旋转后得到的 $Ss_1Rs_2(\theta, t_0)$ 和 $Ss_2Rs_1(\theta, t_0)$ 在时窗内的总能量定义为目标函数 $A(\theta)$，见式（3-5-4），当 $A(\theta)$ 达到最小值，对应的 θ 值即为裂缝方向。

$$A(\theta) = \int_{t_0 = \text{wins}}^{t_0 = \text{wine}} Ss_1S^2s_2(\theta,t_0) + S^2s_2Ss_1(\theta,t_0)\, dt_0 \tag{3-5-4}$$

求得地下裂缝方向 $\hat{\theta}$ 后，才可以根据此方向对横波地震数据进行快慢波分离。

（三）叠前快慢纯横波分离

对于多层裂缝情况，如多层裂缝纯横波分裂分析部分所述，需要用从浅到深对各裂缝层反射纯横波依次进行横波分裂校正的方式实现等效的快慢波分离。

对于单层裂缝情况，可根据式（3-5-5）实现快慢纯横波分离。

$$U_{s_1s_2} = \begin{bmatrix} Ss_1Rs_1(t_0) & Ss_1Rs_2(t_0) \\ Ss_2Rs_1(t_0) & Ss_2Rs_2(t_0) \end{bmatrix} = R_\beta U_{rt} R_\beta^{-1} \tag{3-5-5}$$

其中

$$R_\beta = \begin{bmatrix} \cos\beta & \sin\beta \\ -\sin\beta & \cos\beta \end{bmatrix}$$
$$\beta = \hat{\theta} - \partial$$

以上快慢波分离过程，并不要求输入数据一定是叠前地震数据或者叠后地震数据。对于叠前地震数据，要求输入动校正后的数据。根据已求取的裂缝信息对横波数据进行快慢波分离时，需要说明的是：如果四分量横波数据的观测方向为 r–t 方向，则不能用总叠加或偏移剖面作为输入数据进行横波分裂分析，也不能用总叠加或偏移剖面进行快慢波分离，因为 $SrRt$ 和 $StRr$ 分量同相轴极性反转导致不同方位角的反射能量互相抵消。这与本节第一部分将所求裂缝信息应用到 $x–y$ 方向观测的总叠加/偏移数据进行快慢波分离不同。我们可以对 $r–t$ 方向观测的分方位叠加后四分量横波数据进行快慢波分离，也可以将裂缝方向直接应用到叠前地震数据，对叠前四分量横波数据进行快慢波分离。叠前快慢波分离与叠后快慢波分离相比，具有以下两个优势：①叠后应用读取分方位叠加/偏移所得地震道的道头，其方位角一般为该方位扇区的中心方位角，而叠前应用可以读取每个叠前地震道对应的精确方位角，因此，叠前应用的精度略高；②通过叠前快慢波分离可以得到叠前快横波和慢横波，分别对快横波和慢横波进行速度分析可获得更加准确的快横波速度和慢横波速度，从而进一步改善快横波和慢横波的成像结果。

对 $r–t$ 方向观测的叠前四分量纯横波进行快慢波分离后，将得到的沿裂缝方向及其垂向观测的四分量纯横波采用同样的横波速度进行动校正和叠加，得到的四分量纯横波叠加剖面如图 3-5-7 所示。可见，中间两个分量的能量基本消失，其能量被旋转到 Ss_1Rs_1 分量和 Rs_2Rs_2 分量，分别对应快横波和慢横波。由于快横波和慢横波的速度存在差异，并且纯横波的速度本身就很低，快慢波各自采用准确的速度进行叠加或者偏移非常重要，所以，我们在叠前快慢波分离的基础上对分离出来的快横波和慢横波分别进行各自的速度分析和动校叠加，见图 3-5-8 的左上纯横波四分量，与图 3-5-8 的快横波和慢横波剖面相比，分别采用快横波速度和慢横波速度进行动校叠加的叠加成像质量得到了进一步的提高。

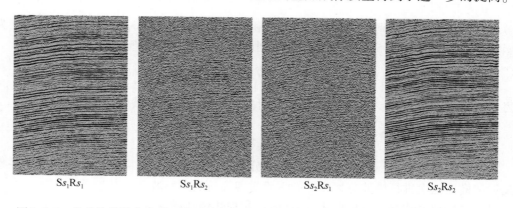

图 3-5-7　叠前快慢波分离后四分量纯横波 CMP 叠加剖面（快慢波采用相同的动校正速度）

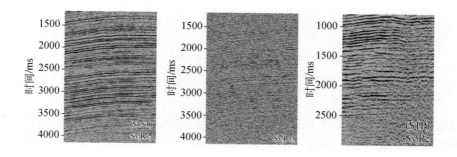

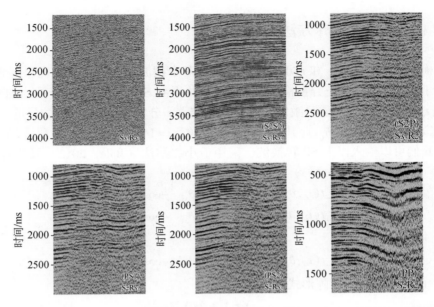

图 3-5-8　叠前快慢波分离后分别调整快横波速度和慢横波速度的纯横波、转换波、纵波叠加剖面

　　叠前快慢纯横波分离后的数据可以分别进行叠前时间偏移成像，偏移成像剖面具有更高的信噪比，也是实际生产中采用的结果，时间偏移结果可参见邓志文发表的横波剖面（Deng et al., 2022）。

　　理论上叠前深度偏移能进一步提高成像质量，确保构造的横向准确性。其难点是纵波和快横波以及慢横波的联合速度建模工作，值得更加细致的工作来保证纵横波联合成像在深度方面的一致性。

第六节　方位各向异性介质 SP 波矢量处理

　　近三十年来，转换波地震勘探技术得到持续发展，针对方位各向异性介质的 PS 转换横波分裂处理技术日趋成熟，常用的转换横波分裂分析方法包括各种扫描算法，如快慢横波互相关法和切向能量最小法（Simmons，2009），这些方法同时计算裂缝方向和快慢波时差。Bale 提出最小二乘法计算裂缝方向（Bale et al., 2005），这个方法并不计算快慢波时差，时差可以在快慢波分离后再通过快慢波互相关等方法求取，并且该方法要求地震数据存在两个或多个不同方位，是一种适用于三维数据的横波分裂分析方法。转换波比纯横波简单的是，对于多裂缝层情况，上述单层算法无须任何修改即可通过层剥离的方式逐层应用，依次求取各层裂缝方向。

　　SP 和 PS 两种转换波的横波分裂过程是相似的，唯一的区别是横波分裂发生在向下或向上的传播路径上。PS 横波分裂分析方法是否适用于 SP 数据？我们将已有的转换横波分裂分析方法应用于本研究区 SP 两分量地震数据进行了实验（Yue et al., 2022），本节介绍 PS 横波分裂分析常用的最小二乘法对 SP 合成数据和实际数据进行测试的结果。

一、SP 横波分裂分析方法

假设横波震源分别沿 r 和 t 方向激发，或者两个横波震源的激发方向已经调整到 r–t 方向。对于 r 震源激发，三分量检波器 z 分量接收得到 SrRz 分量，该分量的 SP 转换波记为 $SVP\_r(t_0, \partial_i)$；对于 t 震源激发，三分量检波器 z 分量接收得到 StRz 分量，该分量的 SP 转换波记为 $SVP\_t(t_0, \partial_i)$。其中，∂_i 是方位角，$i=1, 2, \cdots, n$，n（$n \geqslant 2$）是方位角的个数。我们可以输入以上 SP 转换波，采用最小二乘法（Bale，2012）计算地下裂缝方向，见式（3-6-1）~式（3-6-3）。

$$\begin{bmatrix} SVP\_t(t_0,\partial_1) \\ SVP\_t(t_0,\partial_2) \\ \vdots \\ SVP\_t(t_0,\partial_n) \end{bmatrix} = A(t) \begin{bmatrix} \sin2\partial_1 & -\cos2\partial_1 \\ \sin2\partial_2 & -\cos2\partial_2 \\ \vdots & \vdots \\ \sin2\partial_n & -\cos2\partial_n \end{bmatrix} \begin{bmatrix} \cos2\theta \\ \sin2\theta \end{bmatrix} \qquad (3\text{-}6\text{-}1)$$

将式（3-6-1）写作矩阵形式为

$$Y = A(t_0) L X \qquad (3\text{-}6\text{-}2)$$

对于某个时间 t_0，$A(t_0)$ 是一个常数，我们可以根据式（3-6-3），采用最小二乘法求解：

$$A(t_0)\widehat{X} = (L^{\mathrm{T}}L)^{-1}L^{\mathrm{T}}Y \qquad (3\text{-}6\text{-}3)$$

得到 $A(t_0)\widehat{X}$ 后，便得到裂缝方向 θ，根据裂缝方向将 SP 两分量转换波的两个激发方向旋转到裂缝方向及其垂向，从而实现 S1P 和 S2P 分离：

$$\begin{bmatrix} \mathrm{S1P}(t_0,\partial_i) \\ \mathrm{S2P}(t_0,\partial_i) \end{bmatrix} = \begin{bmatrix} \cos(\theta-\partial_i) & \sin(\theta-\partial_i) \\ -\sin(\theta-\partial_i) & \cos(\theta-\partial_i) \end{bmatrix} \begin{bmatrix} SVP\_r(t_0,\partial_i) \\ SVP\_t(t_0,\partial_i) \end{bmatrix} \qquad (3\text{-}6\text{-}4)$$

二、模型数据测试

我们利用本章模型 C（表 3-3-1）的合成数据对该方法进行验证，如图 3-6-1 所示，SP 转换波用蓝色方框进行标注，在此方框之上的同相轴为纵波反射，此方框下方的同相轴为纯横波反射。图 3-6-1（a）为 x–y 方向观测的 SP 两分量模型数据，将其进行水平分量旋转后 [式（3-2-4）] 得到 r–t 方向观测的 SP 两分量见图 3-6-1（b）。可见，切向分量 StRz 表现出的极性反转现象与 PS 转换波的切向分量完全相同，如果忽略地下介质的不对称性，那么 SP 的横波分裂特征与 PS 横波分裂特征完全相同。输入图 3-6-1 蓝色方框内的 SrRz 和 StRz 两分量模型数据，求得的裂缝方向为 30°，与模型吻合，表明了针对 PS 转换横波分裂分析的最小二乘法同样适用于 SP 转换波。我们也验证了切向能量最小法（Simmons，2009）等其他 PS 转换横波分裂分析方法，这些方法均适用于 SP 转换波，不再详述。

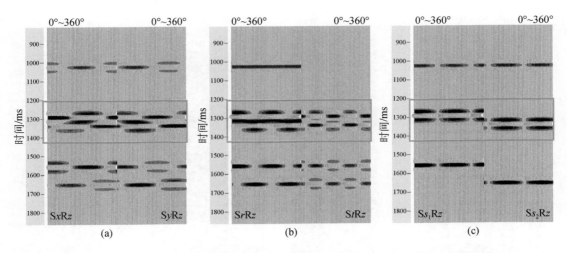

图 3-6-1　模型 C 不同方向观测的按方位角排序的共 50m 炮检距两分量 SP 模型数据

三、实际数据应用

　　该 SP 实际数据是 3D9C 数据的一部分，取两次水平可控震源激发并且由三分量检波器 z 分量接收的地震数据，经过预处理得到分方位叠加（间隔 30°）的 SVP–r 分量和 SVP–t 分量 CCP 道集，见图 3-6-2。从该图 SP–t 分量可以看到明显的反射能量，反映了地下存在方位各向异性，并且可以看到红线所在的 4 个方位发生极性反转，依此可以大致推测地下断裂缝方向。本章第四节已根据四分量纯横波判断目标工区地下裂缝不随深度变化，这一结论可以解释该 t 分量 CCP 方位叠加道集极性反转发生的方位不随深度变化的现象。

　　根据图 3-6-2 所示 SVP–r 分量和 SVP–t 分量地震数据进行横波分裂分析获取每个 CCP 对应的地下裂缝方向，根据裂缝方向将激发方向旋转到裂缝方向及其垂向实现快慢波分离，结果见图 3-6-2 的 S1P 和 S2P。从该图 S1P 和 S2P 分方位叠加道集，可以看到明显的快慢波时差，并且该时差随时间逐渐增大。

　　图 3-6-3 为该 CCP 线 x–y 方向观测的 SP 波 CCP 叠加剖面，旋转到径向和切向的 CCP 叠加剖面见图 3-6-4。叠前快慢波分离后的 CCP 叠加剖面见图 3-6-5。快慢波分离后 S1P 分量叠加剖面［图 3-6-5（a）］和 S2P 分量叠加剖面［图 3-6-5（b）］的成像质量好于 SrRz 分量［图 3-6-4（a）］。StRz 分量同相轴存在极性反转（如图 3-6-2 中 SP–t 分量），因此叠加过程能量互相抵消导致总叠加剖面上看起来能量很弱，这是一种假象。在这些 CCP 叠加剖面的右端，成像质量明显下降，是该区域气云导致。SP 转换波的上行横波在传播过程中受到气云影响，相比纵波（图 3-5-8 右下），成像质量有明显改善。

　　叠前快慢波分离后的 S1P 和 S2P 也可以分别重新调整转换波速度，采用更加精确的速度对 S1P 和 S2P 进行动校正和叠加，结果见图 3-5-8 右上两图，与图 3-6-5 相比，其成像质量取得进一步改善。

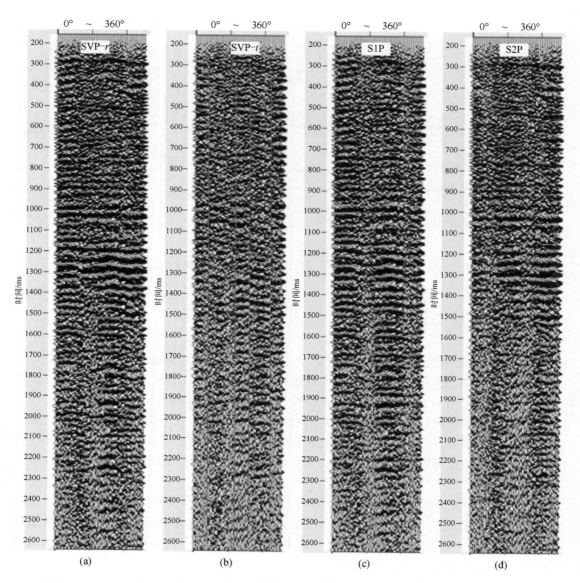

图 3-6-2　SVP 两分量实际数据快慢波分离前（a）（b）、后（c）（d）分方位叠加 CCP 道集

　　值得一提的是，我们首次在实际数据中观测到了 SP 下行横波分裂，并成功获得 S1P 和 S2P 成像结果。并且，我们首次得到了 3D9C 实际地震数据方位各向异性处理结果，包括 SS1 和 SS2、S1P 和 S2P、PS1 和 PS2 以及 PP 波成像结果。对 S_zR_z 分量地震数据进行常规处理得到了 PP 波成像结果，见图 3-5-8 右下部分。对 S_zR_x 和 S_zR_y 分量地震数据进行 PS 转换波处理得到了 PS1 波和 PS2 波成像结果，见图 3-5-8 左下部分。该研究区两种转换波的成像结果大致相当，在局部细节处，SP 略好。两种转换波成像结果明显好于纵波，但是两种转换波的下行或者上行横波均受到气云的影响，导致其不能完全恢复地下真实构造。纯横波完全不受气云影响，取得了真实的构造成像结果。而且，这个工区的横波主频

与纵波相当，但是横波的速度只是纵波的 1/2 或者更低，所以横波成像剖面的分辨率比纵波有很大幅度的提高。该研究区 SS 成像在恢复地下构造形态和提高分辨率方面均具有明显优势。

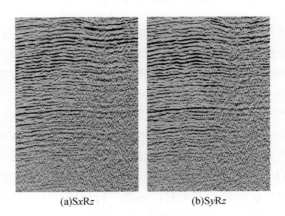

(a)SxRz　　　　　　　　　　(b)SyRz

图 3-6-3　沿 x–y 方向观测的 SP 两分量实际数据 CCP 叠加剖面

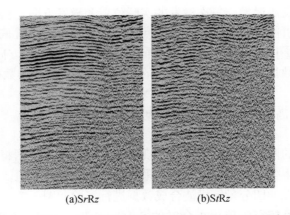

(a)SrRz　　　　　　　　　　(b)StRz

图 3-6-4　沿 r–t 方向观测的 SP 两分量实际数据 CCP 叠加剖面

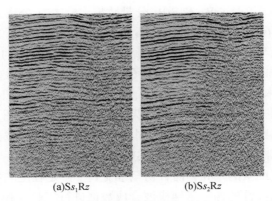

(a)Ss_1Rz　　　　　　　　　　(b)Ss_2Rz

图 3-6-5　快慢波分离后 SP 两分量实际数据 CCP 叠加剖面（未调 S1P 和 S2P 动校正速度）

第七节　可控震源施工因素对 9C 地震数据的影响及处理方法

本节不涉及可控震源的工作原理。在震源仪器和装备正常工作的前提下，主要介绍可控震源在施工过程中可能遇到的实际问题，并给出相应的分析和解决方案。重点研究了可控震源激发方向偏离问题，首次提出了可控震源激发方向偏离地震数据校正方法。

在 3D9C 现场施工过程中，检波器端的施工因素比较单一，三分量检波器埋置不动。对于来自相同炮点和相同检波点的九分量地震数据，检波器位置相同，检波器三个分量保持方向不变，并且三个方向已在检波器的生产过程中被固定为互相垂直。在陆地施工过程中，三分量检波器的埋置方向一般是比较准确的，如果埋置方向出现偏差，比如垂直分量的实际埋置方向发生倾斜或者水平分量的实际埋置方向与预设的测线方向（inline 方向）存在一定的偏角，可以根据倾角和偏角对检波器进行旋转校正，具体方法可参考检波器旋转校正技术。

与检波器端相比，震源端的施工因素要复杂得多，原因是：在同一个炮点沿不同的方向先后进行三次可控震源激发，每次激发的实际位置和激发方向是由震源车每次单独控制的。这就导致震源端可能存在以下三方面的问题：①震源车的位置偏离炮点导致横波震源两次激发位置不同；②可控震源出力大小不同；③可控震源激发方向偏离预定的 x、y、z 方向，采集所得地震数据不再是前几节介绍的 3D9C 标准采集地震数据。

一、横波可控震源位置偏离对数据的影响

如果同一个炮点的两个横波震源位置出现了偏差，对地震数据将产生多大的影响？对数据处理结果又会产生多大的影响呢？下面采用合成数据进行实验。

首先采用各向同性的四分量纯横波合成数据进行实验。图 3-7-1（a）为 x 方向横波可控震源与 y 方向横波可控震源位置重合时的 S_xR_x、S_xR_y、S_yR_x 和 S_yR_y 四分量合成数据（模型 E-1），对这个源距 0m 的横波四分量合成数据进行四分量旋转至径向−切向，得到图 3-7-1（b）所示 S_rR_r、S_rR_t、S_tR_r 和 S_tR_t 分量数据，SV/SH 分离效果很好，S_tR_t 分量的反射波只有 SH 波。现在将 y 方向横波可控震源位置在原炮点位置的基础上向右移动 5m，即 x 方向横波可控震源与 y 方向横波可控震源距离 5m。源距 5m 的横波四分量合成数据见图 3-7-2（a），该图 S_yR_x 和 S_yR_y 分量相对图 3-7-1（a）所示原炮点位置获取的 S_yR_x 和 S_yR_y 两分量有一个整体的位置移动。对源距 5m 的合成数据进行四分量旋转至径向−切向，得到 SV/SH 分离结果见图 3-7-2（b）。该结果反射同相轴形态与图 3-7-1（b）相似度非常高，表明两横波震源的距离不超过 5m 时，对各向同性反射纯横波处理结果影响不大。不可否认，与源距 0m 横波四分量合成数据的 SV/SH 分离结果相比，该结果的浅层横波反射同相轴能量还是出现了细微的差异，而且初至也受到了一定程度的影响。

下面采用 HTI 各向异性的四分量纯横波合成数据进行实验（模型 E-2）。图 3-7-3（a）为 x 方向横波可控震源与 y 方向横波可控震源位置重合时的 S_xR_x、S_xR_y、S_yR_x 和 S_yR_y 四

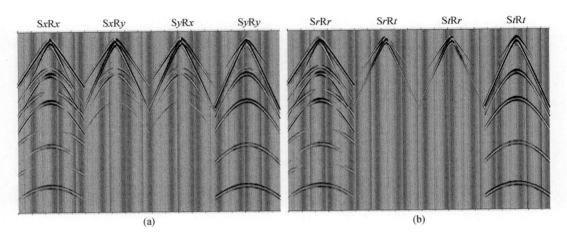

图 3-7-1　两横波源距离 0m 旋转到 $r-t$ 前（a）、后（b）横波四分量（测线距炮点 100m）

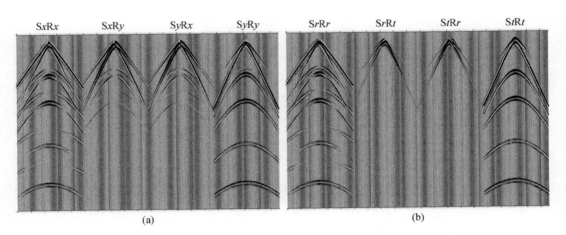

图 3-7-2　两横波源距离 5m 旋转到 $r-t$ 前（a）、后（b）横波四分量（测线距炮点 100m）

分量合成数据，对这个源距 0m 的横波四分量合成数据进行快慢波分离，得到图 3-7-3（b）所示 Ss_1Rs_1、Ss_1Rs_2、Ss_2Rs_1 和 Ss_2Rs_2 分量数据，快慢横波分离效果良好，Ss_2Rs_2 分量的慢横波比 Ss_1Rs_1 分量的快横波有明显的时间延迟。现在将 y 方向横波可控震源位置在原炮点位置的基础上向右移动 5m，x 方向横波可控震源与 y 方向横波可控震源距离 5m，源距 5m 的横波四分量合成数据见图 3-7-4（a），$SyRx$ 和 $SyRy$ 分量相对图 3-7-3（a）所示原炮点位置获取的 $SyRx$ 和 $SyRy$ 两分量有一个整体的位置移动。采用同样的裂缝方向，对 5m 的横波四分量合成数据进行快慢波分离，得到 SS1 与 SS2 分离结果见图 3-7-4（b），该图反射同相轴形态与图 3-7-3（b）相似度非常高，表明两横波震源的距离不超过 5m 时，对各向异性反射纯横波处理结果影响不大。但是，与精确震源位置（源距 0m）结果相比，该结果的浅层横波反射同相轴能量出现了细微的差异，而且初至也受到一定程度的影响。

　　以上的分析表明，施工过程中需要尽可能地精确控制震源的位置，尽量保证同一炮点

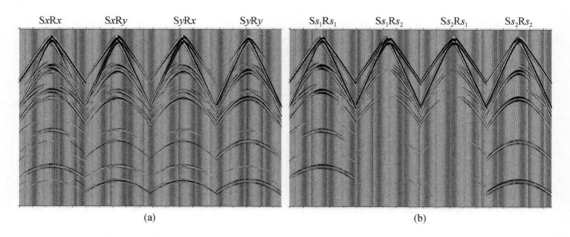

图 3-7-3　两横波源距离 0m 旋转到 s_1-s_2 前（a）、后（b）横波四分量（测线距炮点 100m）

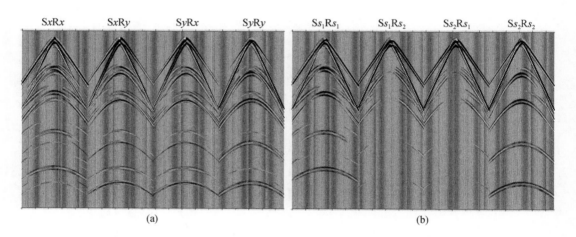

图 3-7-4　两横波源距离 5m 旋转到 s_1-s_2 前（a）、后（b）横波四分量（测线距炮点 100m）

的三个可控震源激发位置相同。如果两个横波可控震源源距超过 5m，应尝试先对这些震源的地震数据进行数据规则化处理，然后再进行矢量处理。三湖 3D9C 工区施工质量很高，在每一个炮点，三个震源的实际激发位置精准，可以忽略这项因素。

二、可控震源出力归一化

在施工过程中，应保证所有震源的出力大小完全相同。如果遇到震源车的类型或者规格差异导致可控震源实际出力大小不同，应分别记录实际的出力情况，以供后续校正使用。校正方法比较简单，具体如下：

记可控震源三次激发实际出力大小与标准出力大小的比值分别为 g_1、g_2、g_3。实际记录的九分量地震数据为 $W_3 = \begin{bmatrix} W_{11} & W_{12} & W_{13} \\ W_{21} & W_{22} & W_{23} \\ W_{31} & W_{32} & W_{33} \end{bmatrix}$，则标准出力情况下的九分量数据 U_3 为

$$U_3 = \begin{bmatrix} W_{11}/g_1 & W_{12}/g_1 & W_{13}/g_1 \\ W_{21}/g_2 & W_{22}/g_2 & W_{23}/g_2 \\ W_{31}/g_3 & W_{32}/g_3 & W_{33}/g_3 \end{bmatrix} \qquad (3\text{-}7\text{-}1)$$

三湖 3D9C 工区施工过程中，所有震源出力大小相同，不存在以上问题。如果施工过程遇到以上问题，可根据式（3-7-1）对九分量地震数据进行校正，得到标准出力情况下的结果，实现可控震源出力大小归一化。

三、可控震源激发方向偏离地震数据校正方法

在现场施工过程中，由于地形起伏等客观原因，可控震源无法按照预定的激发方向进行施工，导致实际激发方向与预设的激发方向存在偏差。而且，目前的横波可控震源激发方向是由震源车车头方向决定的，在震源车移动到下一个炮点时，有时候需要调转车头，为了节省时间、提高施工效率，不要求震源车再一次调转车头按照预定的方向进行激发，而是在这些炮点以相反的方向进行激发，并且在施工过程中准确记录实际激发方向。在获取实际激发方向后，是否可以对现场采集的多分量地震数据进行校正得到标准激发方向情况下的 3D9C 地震数据？这是 3D9C 地震勘探施工过程中遇到的一个新的问题，业界没有相关的解决方法和技术。经现场实验分析和理论研究，邓志文首次提出 3D9C 可控震源激发方向偏离地震数据校正方法，该方法已在 2024 年国际应用地球科学与能源会议（IMAGE）发表。具体如下：

9C 纵横波可控震源标准激发方向指的是：纵波可控震源一次激发方向垂直向下，横波可控震源一次激发方向平行于 inline，另一次激发方向平行于 crossline。分别由三分量检波器记录，得到九分量地震数据 $V_3 = \begin{bmatrix} V_{11} & V_{12} & V_{13} \\ V_{21} & V_{22} & V_{23} \\ V_{31} & V_{32} & V_{33} \end{bmatrix}$。$U_3 = \begin{bmatrix} U_{11} & U_{12} & U_{13} \\ U_{21} & U_{22} & U_{23} \\ U_{31} & U_{32} & U_{33} \end{bmatrix}$ 是在 9C 地震

数据采集过程中按照可控震源实际激发方向进行施工得到的九分量地震记录。对于任意一个激发方向，都可以看作三维坐标系的一个向量（三个坐标轴分别用 Cx、Cy 和 Cz 表示），向量的大小取归一化数值，它的方向可以由两个角来表示：一个是此向量与 Cz 轴的夹角 β，另一个是此向量在水平面的投影与 Cy 轴的夹角 ∂。θ 表示测线（inline）方向对应的方位角。三次实际激发方向分别记为 Vib1（∂_1，β_1），Vib2（∂_2，β_2）和 Vib3（∂_3，β_3）：

$$P_3 = \begin{bmatrix} \sin\beta_1 \times \cos(\partial_1 - \theta) & \sin\beta_1 \times \sin(\partial_1 - \theta) & -\cos\beta_1 \\ \sin\beta_2 \times \cos(\partial_2 - \theta) & \sin\beta_2 \times \sin(\partial_2 - \theta) & -\cos\beta_2 \\ \sin\beta_3 \times \cos(\partial_3 - \theta) & \sin\beta_3 \times \sin(\partial_3 - \theta) & -\cos\beta_3 \end{bmatrix} \qquad (3\text{-}7\text{-}2)$$

则实际记录的 9C 地震数据 $U_3 = P_3 V_3$ \qquad (3-7-3)

定义 $\boldsymbol{D}_3 = \boldsymbol{P}_3^{-1} = \begin{bmatrix} \sin\beta_1 \times \cos(\partial_1-\theta) & \sin\beta_1 \times \sin(\partial_1-\theta) & -\cos\beta_1 \\ \sin\beta_2 \times \cos(\partial_2-\theta) & \sin\beta_2 \times \sin(\partial_2-\theta) & -\cos\beta_2 \\ \sin\beta_3 \times \cos(\partial_3-\theta) & \sin\beta_3 \times \sin(\partial_3-\theta) & -\cos\beta_3 \end{bmatrix}^{-1}$ 为可控震源三次激发

方向校正矩阵。根据式（3-7-4）可以求得标准激发方向情况下的九分量地震记录：

$$V_3 = D_3 U_3 \tag{3-7-4}$$

矩阵 $\boldsymbol{P}_3$ 可逆条件为：Vib1、Vib2 和 Vib3 三个激发方向向量不能同时在一个平面内，并且其中任意两个不能互相平行。以上条件在施工过程中是非常容易满足的。

如果工区地势平坦，则纵波可控震源的激发方向可以控制为垂直向下，纵波可控震源激发获取的三分量地震数据就不存在激发方向偏离问题。此时，由于地势平坦，两个横波可控震源的水平激发方向可以控制在水平面内，只需要进行横波可控震源两次水平激发方向校正，任意一个水平激发方向可以看作水平面内的一个向量，并且可以用此向量的方位角 ∂ 表示。横波可控震源的两个实际水平激发方向分别记为 Vib1h(∂1) 和 Vib2h(∂2)，$\boldsymbol{U}_{2h} = \begin{bmatrix} U_{11} & U_{12}U_{13} \\ U_{21} & U_{22}U_{23} \end{bmatrix}$ 为按照横波可控震源两次实际水平激发方向进行施工得到的六分量实际地震记录。令

$$P_{2h} = \begin{bmatrix} \cos(\partial_1-\theta) & \sin(\partial_1-\theta) \\ \cos(\partial_2-\theta) & \sin(\partial_2-\theta) \end{bmatrix} \tag{3-7-5}$$

$\boldsymbol{V}_{2h} = \begin{bmatrix} V_{11} & V_{12}V_{13} \\ V_{21} & V_{22}V_{23} \end{bmatrix}$ 是按照横波可控震源两个标准激发方向进行施工得到的六分量地震记录，则

$$U_{h2} = P_{2h} V_{2h} \tag{3-7-6}$$

定义 $\boldsymbol{D}_{2h} = \boldsymbol{P}_{2h}^{-1} = \begin{bmatrix} \cos(\partial_1-\theta) & \sin(\partial_1-\theta) \\ \cos(\partial_2-\theta) & \sin(\partial_2-\theta) \end{bmatrix}^{-1}$ 为横波可控震源两次水平激发校正矩阵。由式（3-7-6）可得

$$V_{2h} = D_{2h} U_{2h} \tag{3-7-7}$$

矩阵 $\boldsymbol{P}_{2h}$ 可逆的充分必要条件为：两个向量 Vib1h 和 Vib2h 不能互相平行。这一条件在现场施工过程中也是很容易满足的。

三湖 3D9C 工区地势比较平坦，纵波可控震源激发方向基本控制在垂直向下，横波可控震源激发方向基本控制在水平方向。在激发方向方面存在的主要问题是：在某些炮点震源车调头，导致横波可控震源实际激发方向与标准激发方向相反，结果不同炮点的地震数据极性相反，这些反向激发的炮数与正向激发的炮数大致相当，导致叠加剖面能量相互抵消（图3-7-5 上、中六分量）。应用以上方法进行激发方向校正后，得到标准激发方向情况下的3D9C 地震数据校正结果见图3-7-6。校正后结果消除了施工过程中可控震源激发方向因素对 3D9C 地震数据的影响，为该 3D9C 地震数据的后续矢量处理工作的顺利进行提供了保障。

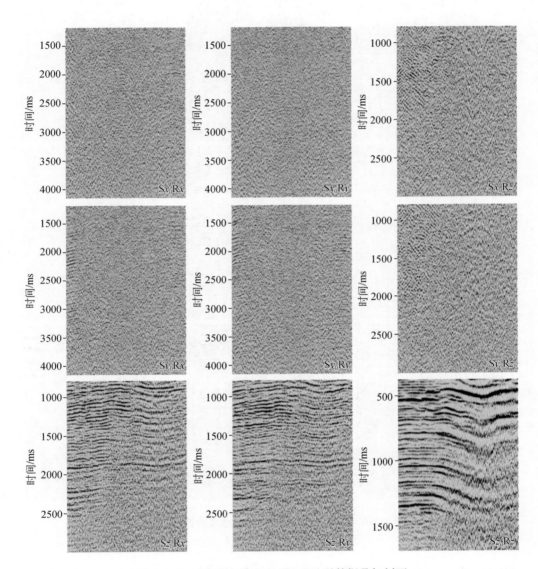

图 3-7-5　现场施工取得的 3D9C 地震数据叠加剖面

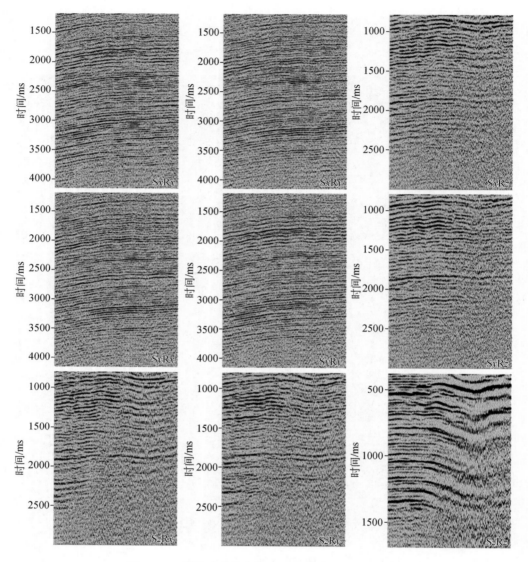

图 3-7-6　激发方向校正后 3D9C 地震数据叠加剖面

第八节　3D6C（横波震源一次激发）纯横波矢量处理

前面主要介绍的是 3D9C 横波可控震源两次激发四分量纯横波的矢量处理技术，取得了良好的纯横波成像结果。由于震源激发次数直接影响施工效率从而决定地震数据采集成本，九分量地震数据采集相比常规的纵波源三分量地震采集成本高很多。为此，我们开展减少一次横波震源激发的 3D6C 纯横波处理方法探索性研究，即每个炮点进行一次纵波可控震源激发和一次横波可控震源激发，三分量检波器共接收六分量地震数据，经研究初步形成了 3D6C 纯横波波场分离技术。

对于方位各向同性介质，按横波的偏振方向可分为 SV 和 SH 纯横波，其中 SV 的偏振方向为径向（炮、检连线方向），SH 的偏振方向为切向（径向的垂向）；对于方位各向异性介质，按横波的偏振方向可分为快横波 S1 和慢横波 S2，其中 S1 的偏振方向平行于裂缝方向（方位各向异性对阵轴在水平面的投影方向的垂向），S2 的偏振方向垂直于裂缝方向（方位各向异性对阵轴在水平面的投影方向）。3D6C 横波可控震源激发获取的三分量检波器的两个水平分量接收的信号以纯横波为主（同时存在转换波能量以及非常微弱的纵波能量），对于方位各向同性情况，除了三分量检波器水平分量的摆置方向与炮、检连线方向恰好平行或者垂直的特殊情况外，每个分量都是 SV 和 SH 混叠在一起的信号；对于方位各向异性情况，除了三分量检波器的水平分量的摆置方向恰好与方位各向异性对称轴平行或者垂直的特殊情况外，每个分量都是快横波和慢横波混叠在一起的信号。因此，与 3D9C 纵横波地震勘探类似，纯横波波场分离对于 3D6C 纵横波地震勘探纯横波数据矢量处理来说，同样是最关键的处理步骤。

一、横波震源一次激发横波波场分离方法

SS 波主要记录在横波可控震源激发并且由三分量检波器两个水平方向接收的两分量上，分别记为 SdRx 和 SdRy。Sd 可以表示任意的水平激发方向，当 $d=x$，表示激发方向为 inline；当 $d=y$，表示激发方向为 crossline；当 $d=\mathrm{diag}$，表示激发方向为 x 和 y 方向的中间对角线方向；R 后的字母表示检波器的方向，如 Rx 和 Ry 表示检波器的一个水平分量指向 x 方向，另一个水平分量指向 y 方向。本方法分两步实现：

第一步，将 Rx 和 Ry 旋转到 r/s_1 和 t/s_2。对应两种情况，一种是方位各向同性情况，此时应将检波器水平分量旋转到 $r{-}t$ 方向（径向和切向，这两个方向上偏振的是 SV 和 SH 波），另一种是 HTI 方位各向异性情况，这时应将检波器水平分量旋转到 $s_1{-}s_2$ 方向（裂缝方向及其垂向，这两个方向上偏振的是快横波和慢横波）。通过以上旋转，可以分离在方位各向同性或者 HTI 方位各向异性介质中传播的偏振方向互相垂直的两种纯横波。但是，由于横波可控震源的方向 d 与指定偏振方向 r/s_1 或 t/s_2 的夹角不一定是锐角，导致分离后每种横波的反射同相轴都有可能存在极性不一致问题。只有采用极性一致的地震数据进行叠加才能得到相互加强的成像结果，所以需要对以上旋转后的地震数据进行极性调整。

第二步，纯横波反射同相轴极性调整。将分离后的每一种纯横波数据分别进行极性调整，我们提供了 Sd^p 和 Sd' 两种极性调整方法并对其进行了比较。将第一种方法（Sd^p 方法）应用于 Sx 源两个水平分量横波数据和 Sy 源两个水平分量横波数据，再将 Sx 结果 Sx^p 与 Sy 结果 Sy^p 的相同分量相加后，得到两个新的分量。经比较，这两个新的分量分别与对 Sx 源和 Sy 源四个水平分量横波数据进行 Alford 旋转结果的两个主对角线分量完全相同。即 $Sx^pRr + Sy^pRr = RrRr$ 且 $Sx^pRt + Sy^pRt = RtRt$，$Sx^pRs_1 + Sy^pRs_1 = Rs_1Rs_1$ 且 $Sx^pRs_2 + Sy^pRs_2 = Rs_2Rs_2$。比较式（3-8-3）和式（3-8-5），同时比较式（3-8-4）和式（3-8-6）可知，第二种方法（Sd' 方法）进行极性调整后的波场比 Sd^p 方法能量强，因此我们选择 Sd' 方法对实际数据极性调整。

$$SdRr/s_1 = U_1 = SdRx \times \cos\beta - SdRy \times \sin\beta \tag{3-8-1}$$

$$SdRt/s_2 = U_2 = SdRx \times \sin\beta + SdRy \times \cos\beta \tag{3-8-2}$$

$$Sd'Rr/s_1 = U_1 \times \mathrm{sgn}\left[\cos(\beta-\alpha)\right] \tag{3-8-3}$$

$$Sd'Rt/s_2 = U_2 \times \mathrm{sgn}\left[\sin(\beta-\alpha)\right] \tag{3-8-4}$$

$$Sd^{\mathrm{p}}Rr/s_1 = U_1 \times \cos(\beta-\alpha) \tag{3-8-5}$$

$$Sd^{\mathrm{p}}Rt/s_2 = U_2 \times \sin(\beta-\alpha) \tag{3-8-6}$$

式中，α 为横波可控震源水平激发方向，可以是水平面内任意方向；对于方位各向同性介质情况，β 为炮检连线方向，对于 HTI 介质，β 为地下裂缝方向；sgn( ) 函数的功能是取变量的符号（正号或负号）。

二、模型数据测试

我们先后采用方位各向同性（模型 E-1）和方位各向异性（模型 E-2）两个水平层状模型进行验证，模型 E-1（图 3-8-1）各层均为 ISO 介质，模型 E-2（图 3-8-2）各层均为带有垂直裂缝的 HTI 介质，模型参数见表 3-8-1。观测系统不变，与本章其他观测系统均相同。在炮点分别沿 x 方向、y 方向以及 x 与 y 对角线方向加载水平力源，由 x、y 和 z 方向的检波器同时接收，采用有限差分正演，得到多分量合成数据。对于每次水平方向激发，取三分量的检波器的两个水平分量，作为 3D6C 两分量纯横波数据，测试横波震源一次激发 2C 横波波场分离方法。x 方向激发获取的两水平分量和 y 方向激发获取的两水平分量既可以单独用来测试本节提出的 2C 方法，又可以一起作为 3D9C 的四分量纯横波测试数据。

表 3-8-1　模型 E：多个反射界面模型参数（ISO/HTI）

层号	v_{P}/(m/s)	v_{S}/(m/s)	Δz/m	ρ/(g/cm³)	ε E-1 (ISO)	ε E-2 (HTI)	δ E-1 (ISO)	δ E-2 (HTI)	γ E-1 (ISO)	γ E-2 (HTI)	裂缝方向/(°) E-1 (ISO)	裂缝方向/(°) E-2 (HTI)
1	1500	1000	250	2.1	0	0.1	0	0.1	0	0.16	—	150
2	1600	1100	200	2.6	0	0.1	0	0.1	0	0.1	—	150
3	1700	1200	350	3.6	0	0.1	0	0.1	0	0.1	—	150
4	1800	1300	—	5.0	0	0.1	0	0.1	0	0.1	—	150

先看模型 E-1，图 3-8-1（a1）（a2）为激发方向 $d=x$ 的原始数据，图 3-8-1（a3）（a4）为激发方向 $d=y$ 的原始数据，图 3-8-1（b）为 $d=\mathrm{diag}$ 的原始数据。图 3-8-1（a）同时也是 3D9C 合成数据的四分量纯横波，图 3-8-1（c）为（a）四分量进行 Alford 旋转后的结果，$SrRt$ 和 $StRr$ 两个次对角线分量没有反射能量，主对角线两个分量反射同相轴的极性不随方位变化，$SrRr$ 分量可见 SV 波反射，还可见转换波反射能量，纵波能量非常微弱在图中不可见，而 $StRt$ 分量的反射能量只有 SH 波。

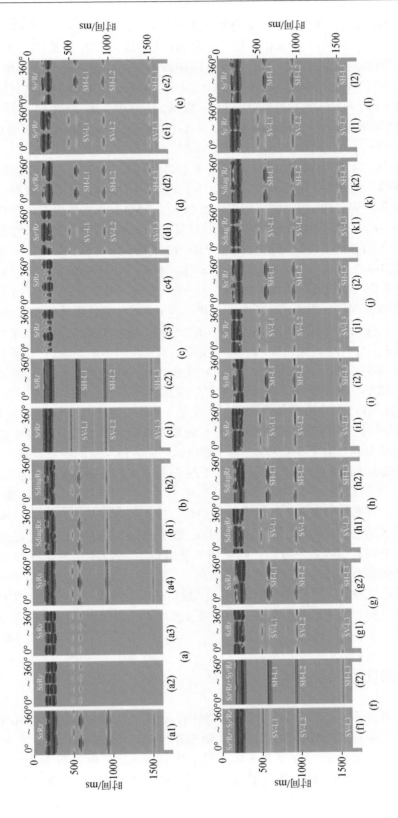

图3-8-1 模型E-1(ISO)合成数据和3D6C横波波场分离结果以及与3D9C横波波场分离结果比较

本方法 SV/SH 波场分离第一步结果分别见图 3-8-1（g）（$d=x$）、图 3-8-1（h）（$d=$ diag）和图 3-8-1（i）（$d=y$）。SdRt 分量只含有 SH 纯横波，SdRr 分量除了 SV 波外还有转换波，甚至还有微弱的纵波，两个分量反射同相轴的极性和振幅都随方位角发生变化。根据 Sd′ 方法［式（3-8-3）和式（3-8-4）］对 $d=x$、$d=$diag 和 $d=y$ 分别进行同相轴极性调整后 Sd′Rr 和 Sd′Rt 见图 3-8-1（j）（k）（l），根据 Sdᵖ 方法［式（3-8-5）和式（3-8-6）］对 $d=x$ 进行极性调整后 SxᵖRr 和 SxᵖRt 见图 3-8-1（d），对 $d=y$ 进行极性调整后 SyᵖRr 和 SyᵖRt 见图 3-8-1（e），将 SxᵖRr 与 SyᵖRr 相加结果见图 3-8-1（f1），与图 3-8-1（c1）完全相同，同时将 SxᵖRt 与 SyᵖRt 相加结果见图 3-8-1（f2），与图 3-8-1（c2）完全相同。

再看模型 E-2，图 3-8-2（a）为 $d=x$ 和 $d=y$ 对应的横波四分量合成数据，将四分量数据进行 Alford 旋转到径向–切向后［图 3-8-2（b）］，每个分量仍然同时包含快横波和慢横波，SrRt 和 StRr 分量出现明显的反射能量并且反射同相轴间隔 90° 发生极性反转，表明地下介质为方位各向异性。将四分量数据进行 Alford 旋转到 s_1–s_2 方向后，快横波分布于 Ss_1Rs_1 分量［图 3-8-2（c1）］，慢横波分布于 Ss_2Rs_2 分量［图 3-8-2（c2）］。采用本方法进行 2C 波场分离第一步结果见图 3-8-2（d）（$d=x$）和图 3-8-2（e）（$d=y$），分离后的同相轴同样存在极性问题；根据式（3-8-5）和式（3-8-6）进行极性调整后的 Sx^pRs_1 和 Sx^pRs_2 见图 3-8-2（g），Sy^pRs_1 和 Sy^pRs_2 见图 3-8-2（h）；将图 3-8-2（g1）和图 3-8-2（h1）相加，结果［图 3-8-2（i1）］与图 3-8-2（c1）完全一致；将图 3-8-2（g2）和图 3-8-2（h2）相加，结果［图 3-8-2（i2）］与图 3-8-2（c2）完全一致。根据式（3-8-3）和式（3-8-4）进行极性调整，结果 $Sd'Rs_1$ 和 $Sd'Rs_2$ 能量更强，见图 3-8-2（f）（$d=y$）。

图 3-8-1（j）（l）（i）所示结果表明，无论是 x 源、y 源还是其他水平方向（如 $d=$ diag）的源，对于横波可控震源任意一次水平方向激发获取的两水平分量均可实现 SV/SH 纯横波波场的有效分离。对于 3D 情况，每个炮点的不同方位对应的横波数据，分离后 SV 波和 SH 波的振幅大小除了跟反射界面上层和下层介质决定的反射振幅有关，还跟地震道的方位角有关。换句话说，与 3D9C 结果［图 3-8-1（c）］不同，横波震源一次激发 SV/SH 分离后，两种横波的振幅值与激发方向和炮、检连线方向的夹角有关。这些振幅变化是否会影响后续的叠前反演等工作？对于 3D6C 施工来讲，是否可以通过观测系统的设计布置不同炮点的横波震源激发方向，以削弱各反射点的 SV/SH 反射振幅与方位相关的不均匀性？这些问题有待进一步的研究和实验。

图 3-8-2 所示结果表明，横波可控震源一次激发获取的两水平分量均可实现 SS1/SS2 横波波场的有效分离。分离后 SS1 和 SS2 的极性及振幅大小跟激发方向与裂缝方向的夹角有关。

三、实际数据应用

我们截取了青海 3D9C 工区的部分数据，将图 3-8-3 所示四分量纯横波 SxRx、SxRy、SyRx 和 SyRy 按照激发方向分为两组，SxRx 和 SxRy 分量［图 3-8-3（a）左侧红色矩形框］为 Sx 组，SyRx 和 SyRy 分量［图 3-8-3（b）左侧蓝色矩形框］为 Sy 组。对 Sx 组二分量纯横波和 Sy 组二分量纯横波进行了 3D6C 采集 2C 纯横波 SS1/SS2 分离方法应用。

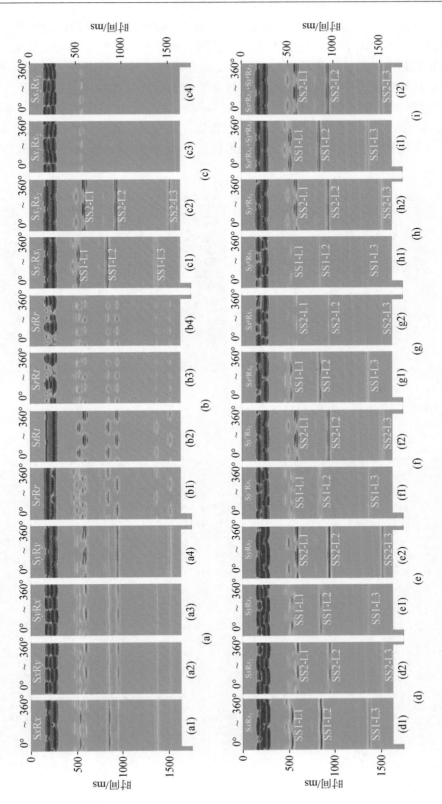

图3-8-2 模型E-2(HTI)合成数据和3D6C横波波场分离结果以及与3D9C横波波场分离结果比较

应用本书提出的 2C 纯横波波场分离方法，选择 Sd' 选项，先后处理两组数据。得到 x 源 S1/S2 分离结果 Sx'Rs_1 和 Sx'Rs_2，单炮结果见图 3-8-3（c），叠加剖面结果见图 3-8-4（b）（红色矩形框），以上结果可见 SS1 和 SS2 存在明显时差，快慢横波得到有效分离，其成像结果也较快慢波分离前 SxRx 和 SxRy 分量同相轴的连续性取得明显改善。y 源 S1/S2 分离结果为 Sy'Rs_1 和 Sy'Rs_2，单炮结果见图 3-8-3（d），叠加剖面结果见图 3-8-4（b）（蓝色矩形框），比 SyRx 和 SyRy 分量也有明显改善。这些 2C 结果与两次激发的 4C 快慢纯横波分离结果相比 [图 3-8-4（c）黄色矩形框]，能量和信噪比有所降低，但是其采集成本大大降低。

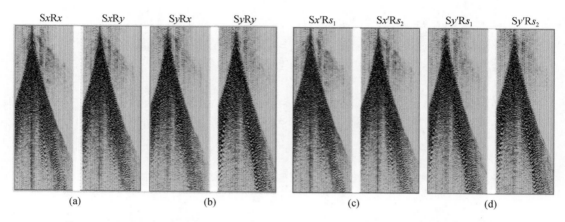

图 3-8-3　横波震源一次激发 SS1/SS2 分离前（a）（b）、后（c）（d）单炮实际记录

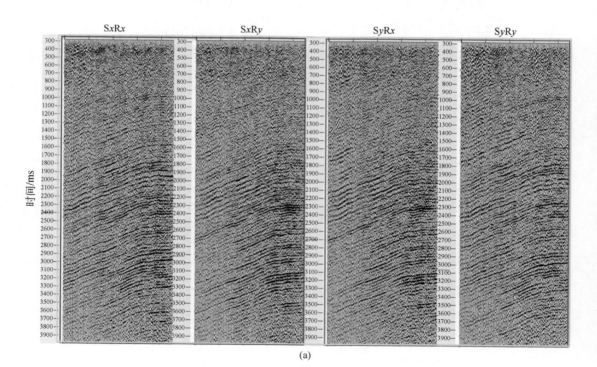

（a）

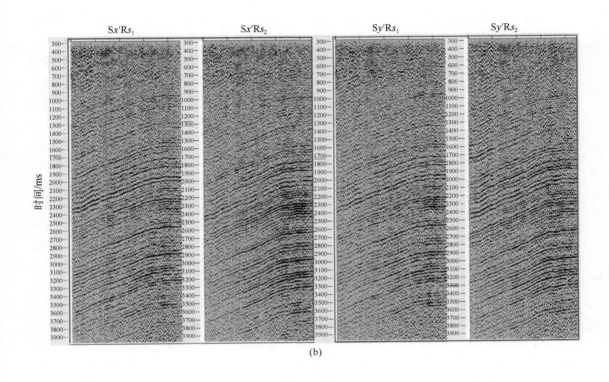

(b)

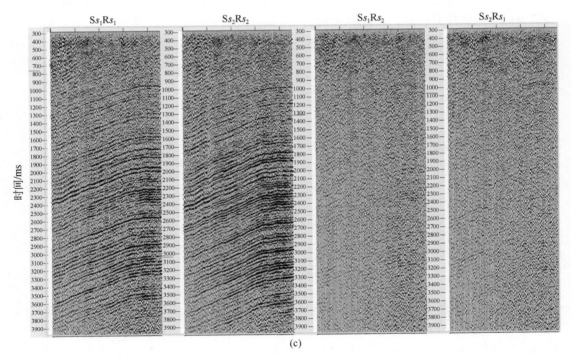

(c)

图 3-8-4　横波震源一次激发 SS1/SS2 分离前（a）、后（b）叠加剖面及横波震源
两次激发 SS1/SS2 分离后（c）叠加剖面

　　另外，2C 纯横波分裂分析求取地下裂缝方向比 4C 更加困难。尤其是裂缝方向随深度变化情况，纯横波分裂过程非常复杂，多层裂缝纯横波分裂分析方法要求横波数据为 r-source 或者 t-source（Yue et al.，2020），对本书所述 3D6C 采集获取的 2C 纯横波并不适用。不过，我们可以利用 3D6C 采集得到的 $SzRx$ 和 $SzRy$ 两分量进行转换横波分裂分析，获取地下裂缝信息。另外，如果在陌生工区进行 3D6C 纵横波联合勘探，我们还建议增加一两个调查点，在每个调查点上，分别进行两次水平方向激发和一次垂直方向激发，三分量检波器密集地摆置在调查点一周（单个 offset，可免去动校正处理，直接进行分方位叠加），如此小型的 3D9C 数据体，花费不多，却可以帮助我们预先了解地下各向异性情况，指导后续 3D6C 处理。

　　我们采用方位各向异性 2D6C 工区的实际数据对本方法继续测试。在每个炮点，纵波可控震源激发一次，横波可控震源大致沿测线方向激发一次，多数炮点激发方向平行测线，由于炮线沿公路布设，而公路在局部有弯曲路段，根据公路实际情况，在少数炮点激发方向存在几度、十几度、最多四十度的偏差。所有三分量检波器的 x 方向平行测线方向，检波点距与炮点距均为 10m，较高的覆盖次数为后续纯横波的叠加成像奠定了基础。

　　该工区的地下裂缝方向（方位各向异性对称轴在水平面投影方向的垂向）与测线方向夹角较小（<10°），故 x 分量大致为快横波，y 分量大致为慢横波。横波可控震源的激发方向大致沿 x 方向，所以，x 分量能量较强，y 分量能量很弱。即便如此，经过 3D6C 方位各向异性纯横波波场分离后，快慢波成像结果较原始 x 分量和 y 分量成像结果仍取得了微弱的改善，部分数据结果可见图 3-8-5 ～ 图 3-8-8。对比图 3-7-6 快横波剖面和图 3-8-7 慢横波剖面可见快慢波时差，大致为 20ms。

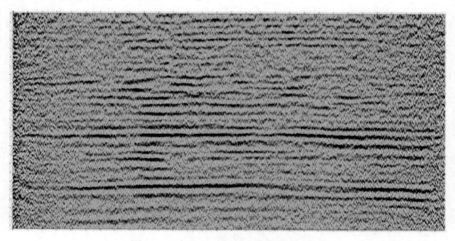

图 3-8-5　2D6C 横波 x 分量叠加剖面

　　以上 3D6C 模型数据和实际地震数据的处理结果表明，一次横波激发的纯横波处理方法是基本可行的，在两个工区均取得了正确的横波成像结果，可以大大节约勘探成本。在勘探成本降低的同时，一次横波激发的 3D6C 数据处理难度较 3D9C 明显增大，其难点是如何消除一次激发横波波场分离结果存在的与方位相关的不均匀性，以及多层裂缝情况下的一次激发两分量纯横波数据的分析和处理等。这些问题值得进一步探索和研究。

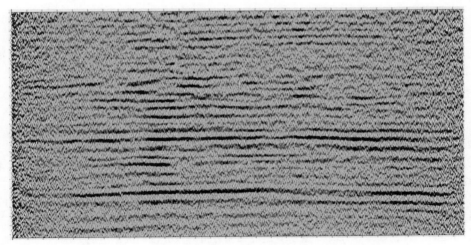

图 3-8-6 2D6C 方位各向异性纯横波波场分离后 SS1 叠加剖面

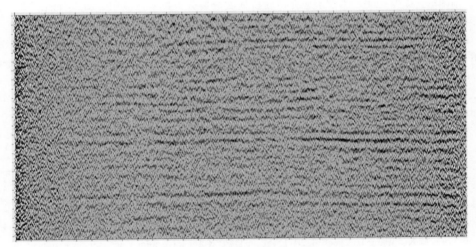

图 3-8-7 2D6C 方位各向异性纯横波波场分离后 SS2 叠加剖面

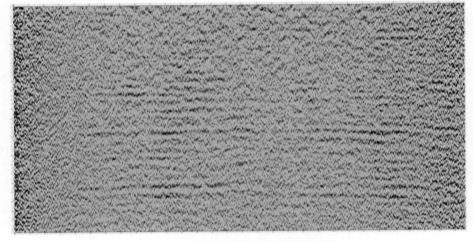

图 3-8-8 2D6C 横波 y 分量叠加剖面

参 考 文 献

邓志文，邹雪峰，吴永国，等. 2018. SH 横波新技术研发与应用. 北京：中国地球科学联合学术年会.

公亭，王兆磊，罗文山，等. 2022. 横波源三维地震资料矢量横波四分量旋转和快慢波分离技术. 石油地球物理勘探，57（5）：1028-1034.

李彦鹏，马在田. 2000. 快慢波分离及其在裂隙检测中的应用. 石油地球物理勘探，35（4）：428-432.

钱忠平，孙鹏远，熊定钰，等. 2023. 复杂构造转换波静校正方法研究及应用. 石油地球物理勘探，58（2）：325-334.

肖维德，徐天吉，丁蔚楠. 2013. 利用转换横波层剥离分析技术检测裂缝. 石油地球物理勘探，48（6）：966-971.

张建利，王赟，刘志斌，等. 2017. 三种双扫描横波分裂算法在裂缝探测中的应用研究. 石油地球物理勘探，52（1）：105-113.

张文波，李建峰，孙鹏远，等. 2017. 基于直达波偏振分析的三分量检波器定向方法. 石油地球物理勘探，52（s2）：19-25.

张学映，马昭军，徐美. 2009. 多层裂缝介质转换横波分裂分析技术及应用. 新疆石油地质，30（3）：337-340.

Aki K，Richards P G. 1930. Quantitative Seismology. Amsterdam：University Science Books.

Alford R. 1986. Shear Data in the Presence of Azimuthal Anisotropy. Houston：56th SEG Annual International Meeting.

Bale R，Marchand T，Wilkinson K，et al. 2012. Processing 3-C heavy oil data for shallow shear-wave splitting properties：methods and case study. CSEG Recorder，37：24-32.

Bale R A，Mattocks J L B，Ronen S. 2005. Robust Estimation of Fracture Directions from 3-D Converted-waves. Houston：75th SEG Annual International Meeting.

Chichinina T，Obolentseva I，Gorshkalev S. 2012. Cross-correlation-function method for separation of shear waves S1 and S2 in azimuthally anisotropic media and an example of its application with real data. SEG Technical Program Expanded Abstracts，31：1-5.

Crampin S. 1981. A review of wave motion in anisotropic and cracked elastic-media. Wave Motion，3：343-391.

Deng Z W，Sen M K，Wang U X，et al. 2011. Prestack PP & PS wave joint stochastic inversion in the same PP time scale. SEG Technical Program Expanded Abstracts 2011：1303-1307.

Deng Z W，Wu W，Jing Y，et al. 2019a. The Joint P-P and SH-SH Data Characterization of Structures and Reservoirs. London：81st EAGE Conference and Exhibition，Extended Abstracts.

Deng Z W，Li C W，Chen G W，et al. 2019b. The Application of Pure Shear Wave Seismic Data for Gas Reservoir Delineation. San Antonio：89th SEG Annual International Meeting.

Deng Z W，Zhang R，Gou L，et al. 2022. Direct shear-wave seismic survey in Sanhu area，Qaidam Basin，west China. The Leading Edge，41（1）：47-53.

Deng Z W，Zhang R，Wang X S. 2024. Direction Correction and Energy Normalization of vibrator for 3D9C Seismic Wave Data. Houston，Texas：International Meeting for Applied Geoscience and Energy，SEG/AAPG.

Geiser J. 2006. Minimization of the 4C Alford data matrix for nonorthogonal PS-wave reflection modes. SEG Technical Program Expanded Abstracts 2006：1188-1191.

Li X Y. 1998. Processing PP and PS waves in multicomponent sea-floor data for azimuthal anisotropy：theory and overview. Oil & Gas Science and Technology，53：607-620.

Li X Y，Crampin S. 1993. Linear-transform techniques for processing shear-wave anisotropy in four-component seismic data. Geophysics, 58 (2): 240-256.

Li Y, Sun P, Yue Y, et al. 2006. Application of Converted- Wave Statics to Sulige Gas Field. Vienna: 68st EAGE Conference and Exhibition.

Li Y, Sun P, Tang D, et al. 2007. Imaging Through Gas- Filled Sediments with Land 3C Seismic Data. London: 69st EAGE Conference and Exhibition.

Lynn H B, Thomsen L A. 1986. Reflection Shear-wave Data Along the Principal Axes of Azimuthal anisotropy. Houston: 56th SEG Annual International Meeting.

Simmons J. 2009. Converted-wave splitting estimation and compensation. Geophysics, 74 (1): D37-D48.

Thomsen L. 1986. Weak elastic anisotropy. Geophysics, 52: 1954-1966.

Thomsen L, Tsvankin I, Mueller M C. 1999. Coarse-layer stripping of vertically variable azimuthal anisotropy from shear- wave data. Geophysics, 64: 1126-1138.

Tsvankin I. 2012. Seismic Signatures and Analysis of Reflection Data in Anisotropic Media. Tulsa: Society of Exploration Geophysicists.

Yilmaz O, Pugin A. 2019. Optimum source- receiver orientations to capture PP, PS, SP, and SS reflected wave modes. The Leading Edge, 38 (1): 45-52.

Yue Y Y, Li J F, Qian Z P, et al. 2013. Converted Wave Splitting Analysis and Application. London: 75th EAGE Annual International Conference and Exhibition.

Yue Y Y, Qian Z P, Sun P Y, et al. 2020. 2C SS Wave Splitting Analysis and Correction for Multi Fracture Layers. Red Hook, New York: 90th SEG Annual International Meeting.

Yue Y Y, Sun P Y, Song Q G, et al. 2021. S1 and S2 Separation Based on SS Wave Splitting Analysis. SEG/AAPG: First International Meeting for Applied Geoscience & Energy.

Yue Y Y, Qian Z P, Nie H M, et al. 2022. S1P and S2P Separation and Shear Wave Splitting Correction for SVP Data. SEG/AAPG: Second International Meeting for Applied Geoscience & Energy.

Yue Y Y, Deng Z W, Zhang W B, et al. 2023. SV/SH or S1/S2 Separation for 3D6C Data with Direct S- wave Vibrator Exciting Once. SEG/AAPG: Third International Meeting for Applied Geoscience & Energy.

第四章 多波地震资料解释技术

近年来，由于勘探目标区的复杂程度大大增加，油田开发的难度也日益增大，国内外都在研究利用多波勘探。多波勘探是近年来发展较快的新勘探方法之一。多波勘探具有更丰富的信息，不仅可以研究岩性，还可以研究地下介质的裂缝特性，为石油天然气的精细勘探和开发服务。

多波勘探的解释主要是利用纵波、横波和转换波开展构造、储层以及流体等信息的预测研究，前人在利用纵、横波地震资料开展联合解释方面做了大量的工作和探索，但由于装备和技术的限制，大规模的工业化应用并不多见，直至 2017 年中国石油集团东方地球物理勘探有限责任公司实现了横波二维地震资料的工业化采集，并在 2020 年实现横波地震资料的三维化采集，两次采集均获得了较好的数据资料，为横波解释的探索提供了良好的数据基础（邓志文等，2019）。

首先，我们先看一下横波与纵波的区别，地震纵波的振动（或偏振）方向与传播方向一致，是一种涨缩波。地震横波的振动方向垂直于传播方向，是一种切变波（苟量等，2021）。如图 4-0-1 所示，同时纵波具有更快的传播速度。正如地震发生时，人们先感受到的振动是上下晃动，然后才是左右摇晃。接下来我们将用它们的速度公式来说明这点，横波垂直于波传播方向震动，所对应的模量为切变模量。纵波平行于波的传播方向振动，与压缩和切变两个模量都有关系（李彦鹏等，2009；王九栓等，2012）。其速度公式为

$$v_S = \sqrt{\mu/\rho}$$

$$v_P = \sqrt{\left(K + \frac{4}{3}\mu\right)/\rho}$$

式中，v_S 为横波速度；v_P 为纵波速度；μ 为剪切模量；K 为压缩模量；ρ 为密度。

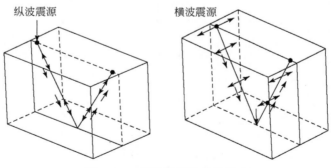

图 4-0-1 纵波和横波传播模式

由此，我们就可以得出纵波速度至少是横波速度的 1.15 倍，在大多数固结介质中，压缩模量接近于 5/3 倍的切变模量，纵波速度大约为横波速度的两倍。同时流体的切变模量等于 0，因此我们又可以得出横波不会在流体中传播的特征。

了解横波的基本特征后，我们如何应用纵横波资料开展地震解释研究呢？

首先，横波地震资料不受流体影响，某些情况下能够更加准确地反映构造特征。纵波是受岩石骨架和流体综合影响的，流体的存在会对纵波产生明显的影响，就如气云区一样，在气云区我们是无法得到较好的纵波资料的，纵波剖面一般呈现为同相轴下拉或杂乱状态，根本无法开展构造解释研究。而横波资料能够清晰地显示出气云区构造特征。

其次，横波资料具有更高的分辨率，更加适合开展储层预测研究。纵横波的速度公式显示，纵波速度接近横波速度的 2 倍，在纵横波频率相近的情况下，根据 $\lambda = VT$ 换算，横波资料的分辨能力接近纵波的 2 倍，利用横波资料能够更准确地进行薄储层的预测研究。

再次，纵、横波资料的联合应用能够确定更多的岩石物理参数，从而验证"亮点"的情况，多孔岩石的纵横波速度比是横波信息应用的一个例子，多孔岩石的切变模量实质上是岩石基质的切变模量，它与孔隙中的流体无关。所以横波速度的任何异常只能是密度变化引起的，而且一个含天然气的岩石的横波速度应该略高于含盐水或含油岩石的横波速度。另外，压缩模量与孔隙中流体有关，盐水和石油都有压缩模量，并且不比母岩物质的压缩模量低多少，而天然气的压缩模量却低几个数量级。因此可以预期，用天然气取代盐水时，横波速度增长非常小，而纵波速度却下降。因此横波资料能起验证"亮点"的作用。

最后，横波可以检测另一岩石特征——岩石的各向异性。当横波穿过各向异性介质时，会分裂成快横波和慢横波两种波。快横波平行裂缝系统传播，慢横波垂直于裂缝传播，快慢横波到达的时差正比于裂缝的密度。依据这种现象可以开展裂缝预测。

接下来我们以 2020 年采集的三维横波地震资料为例，探讨横波地震资料解释技术的各项应用。

新采集的三维横波地震资料位于一天然气田，构造形态为近东西向背斜构造，储层岩性以粉砂岩、泥质粉砂岩为主，天然气主要富集在构造顶端，含气层段 1000m 以上，随着气田的不断开发，水侵问题逐年增加，但是气云的存在导致纵波地震资料在成像上相对杂乱。如图 4-0-2 所示，图中红色虚线框区域为气云区纵波地震剖面，在气云区基本看不到

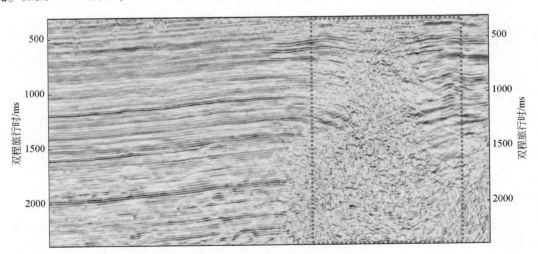

图 4-0-2　气云区纵波地震剖面

地震同相轴，利用纵波地震资料无法有效地开展构造和储层描述研究，从而影响气田的精细开发。而随着横波地震资料的加入，以上难题得到有效解决。接下来我们具体看一下如何利用多波地震资料解决气云区构造和储层预测的问题。

第一节　多波地震资料评价技术

通过多波地震资料的处理，我们获得了丰富的地震数据，包括纵波地震资料、快横波地震资料和慢横波地震资料。如此多的资料，如何能被有效地利用从而实现对地质目标的描述和评价，是我们开展研究前需要解决的问题。因此在开展解释工作前要对多种地震资料开展综合评价。

首先，本区纵波地震资料、快横波地震资料和慢横波地震资料的频率相当，但是横波速度较低，本区 VSP 速度显示，纵波速度是横波速度的 2 倍以上，越靠近地表纵横波速度的比值越大，在地表附近达到了 5 倍左右。通过这点我们可以得出，横波地震资料确实具有更高的分辨率，这点在地震剖面上会有更直观的认识，在目的层段深层 1500m 处的某开发层组，纵波剖面具有 6 条同相轴，而快横波剖面和慢横波剖面的同相轴达到了 10 条。这是横波地震资料具有更高分辨率的最直观的表现。

其次，从图 4-1-1 地震资料来分析，纵波地震资料在气云区同相轴存在明显的异常，表现为下拉、分辨率降低和不成像的特征。而快横波和慢横波地震资料同相轴不存在异常，将气云区背斜的构造形态真实地展示出来。从三种地震资料的平面图也可以发现，纵波的平面图存在明显的异常，背斜和鼻隆高部位均表现为下拉的特征，快横波和慢横波的平面图很好地将背斜和鼻隆区显示出来，所以横波更适合进行构造解释。

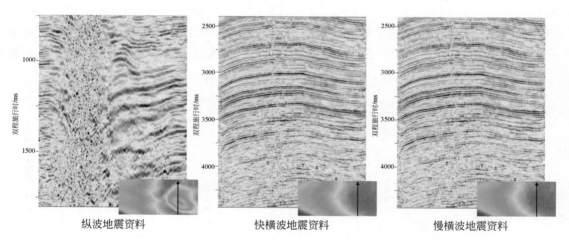

纵波地震资料　　　　　　　快横波地震资料　　　　　　　慢横波地震资料

图 4-1-1　多波地震资料对比

但是横波资料有两种：快横波和慢横波资料。两种横波资料构造形态总体一致，但微幅度构造存在一定差别，哪种横波资料更加适合开展构造解释研究呢？前人做过许多的试验用来探究纵波、快横波、慢横波在各向异性介质中的传播特征（Nishizawa，1982；

Schoenberg and Douma，1988；Jakobsen et al.，2003；Hu and McMechan，2009），这为我们的评价提供了很好的理论基础。Xu 和 King（1989）所做的一个试验，主要是测试纵波、快横波、慢横波通过均匀介质和裂缝介质中的差异。如图 4-1-2 所示，（a）为纵波测试结果，（b）为快横波测试解释，（c）为慢横波测试解释，试验主要分为两部分，在围压处于 1.4～21MPa 的情况下，第一部分是测量三种波通过没有断层模型所用的时间，测量时间为 A；第二部分是测量三种波通过断层模型所用的时间，测量时间为 B。从测量的结果我们可以明显发现，通过裂缝介质时纵波和快横波在时间上的延迟小于 2ms，而慢横波在时间上的延迟达到了 5ms，是纵波和慢横波的两倍以上。通过这个试验我们可以发现纵波和快横波更加适合开展构造的解释研究，但是纵波在本区又受到流体的影响，通过以上分析，快横波是开展构造解释研究最理想的数据，在下面的研究过程中也证实了这个结论。

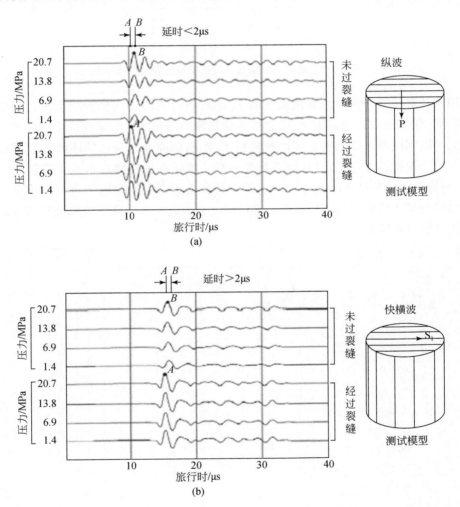

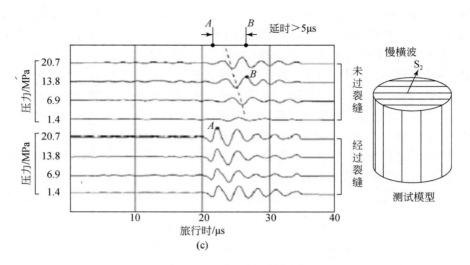

图 4-1-2　纵波、快横波、慢横波通过裂缝介质试验

利用测井资料结合快横波和慢横波的 T_0 图对两种波描述构造的能力进行验证，如图 4-1-3 所示，快横波和慢横波的 T_0 图总体来说是较为一致的，但是在局部存在着一定的差异，我们可以利用测井资料来验证两种资料 T_0 图的准确性，蓝色的虚线为过背斜构造顶部的连井线，快横波 T_0 图与过井剖面趋势一致，能够准确地将构造高点描述出来，而慢横波 T_0 图构造高点与过井剖面存在一定的差异，构造高点往东南方进行了偏移，这是慢横波对储层的非均质更加敏感造成的，通过以上分析进一步验证了快横波地震资料更加适合开展构造解释研究的结论。

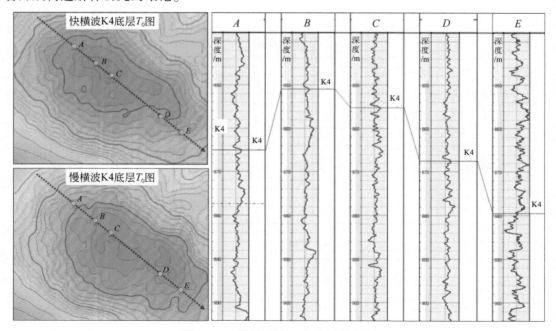

图 4-1-3　快慢横波 T_0 图与过井剖面

最后，从地震属性来分析，地震属性是从地震数据体中产生的几何学、运动学、动力学特征的具体测量内容，不同岩性及不同油气藏配置都会影响到某些地震属性的变化。因为纵波和横波传播机制的不同，地震属性反映的信息也不一样，纵波属性是储层岩性和其所包含流体的综合响应，横波属性主要反映的是储层岩性信息。如图 4-1-4 所示，（a）是纵波振幅属性及剖面，（b）是快横波振幅属性及剖面，（c）是慢横波振幅属性及剖面。我们可以明显发现纵波在背斜顶部气云区位置同相轴十分杂乱，平面上气云区的地震属性显示也十分杂乱，这正是流体-天然气对纵波的影响导致的。而快横波和慢横波的剖面和属性却不存在这样的影响，但快横波和慢横波的属性存在一定的差异，从属性平面可以发现，慢横波属性对河道刻画更为清晰，而快横波地震资料对河道的刻画能力相对较弱。这是因为横波对各向异性介质更为敏感。通过以上分析我们可以得出慢横波地震资料更加适合开展储层的预测研究。

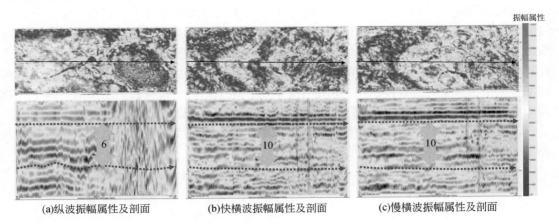

（a）纵波振幅属性及剖面　　　　（b）快横波振幅属性及剖面　　　　（c）慢横波振幅属性及剖面

图 4-1-4　多波地震资料振幅属性及剖面

通过对本区多波地震资料的评价，发现快横波资料对构造反映更加真实，受各向异性影响较小，便于开展构造研究。慢横波资料对储层反映更加敏感，受各向异性影响较大，便于开展储层研究，纵波资料对流体敏感，能够明显反映出受含气影响的区域，纵横波资料结合便于开展含气性研究。

第二节　纵横波联合标定与匹配技术

准确的横波测井速度是横波地震解释分析的必要参数，利用横波速度信息，可以帮助我们进行横波地震资料的时深标定，计算反映岩性、流体性质的物理量，减少地震解释的多解性。因此，在研究区预测横波速度就显得十分重要（石双虎等，2015）。

然而实际生产中往往缺乏横波速度信息，或者整个工区仅有几口井的横波信息，研究区就是如此，目前在研究区范围内并没有收集到横波资料。因此需要参考邻区横波测井资料确定研究区的横波预测参数。

预测横波速度主要分为经验公式法和岩石物理模型法两类。经验公式法主要是利用孔隙度、密度、纵波速度、泥质含量、岩石矿物成分等参数来拟合横波速度。经验公式法具有简单、快速的特点，但由于不同地层地质特征的差异，其预测精度较差。岩石物理模型法预测横波速度测井曲线是通过建立横波速度与岩石物理参数之间的关系，由一条或几条测井曲线来预测横波测井曲线。在预测横波速度的各种岩石物理模型中，Xu-White模型假设岩石骨架矿物主要是由砂和泥组成，并采用纵横比描述孔隙形态，由于同时考虑了岩石基质、泥质含量、孔隙度以及孔隙结构等多种因素的影响，符合砂、泥岩地层的实际情况，具有较高的预测精度，所以其应用相对广泛。

　　通过对研究区储层物性的分析，本区储层较浅，成岩作用较弱，储层和盖层孔隙度都相对较高，从 VSP 的纵横波速度比来看纵横波速度并非线性关系，因此经验公式法在本区并不能很好地进行横波预测工作。岩石物理模型法在预测过程中会考虑岩石骨架矿物、孔隙度、孔隙结构等信息，更加适合开展横波预测研究。

　　面向地震储层预测的测井–岩石物理工作，同常规的测井解释工作存在一定差异。通过测井地层评价计算得到的矿物体积模型作为输入，应用于岩石物理工作流程。图 4-2-1 给出了测井体积模型的基本组成情况。岩石物理建模工作的基本目的是实现矿物组分的弹性等效，因此其输入是矿物尺度的体积模型，而不是常规岩性尺度的分析结果。对于常规砂泥岩地层，典型的岩石体积模型是由骨架矿物、黏土矿物、孔隙流体组成的。其中，典型的骨架矿物为石英矿物/长石矿物。黏土矿物的类型比较复杂，而岩石物理工作需要的是不含束缚水的干黏土的体积分数。因此，孔隙度是总孔隙度的概念，包含了石英孔隙和黏土的内孔隙两个部分。

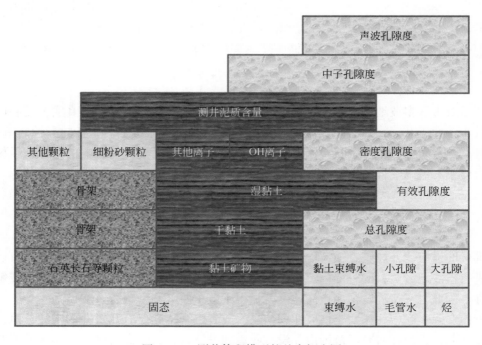

图 4-2-1　测井体积模型的基本概念图

　　本次横波预测考虑的参数有很多，利用 Xu-White 模型预测砂泥岩地层横波速度的输入数据包括：泥质含量、孔隙度及砂岩和泥岩孔隙的纵横比等参数。因此首先对研究区进行了岩石物理参数的分析。测井地层评价计算得到的矿物体积模型，作为岩石物理工作的输入。在中子–密度交会图和声波密度交会图中利用三角图版确定黏土点参数。利用图版得到的邻区横波测井的干黏土点参数为：密度（DEN）= 2.65g/cm³，中子孔隙度（NPHI）= 0.37，声波时差（DT）= 365μs/m（图4-2-2）。

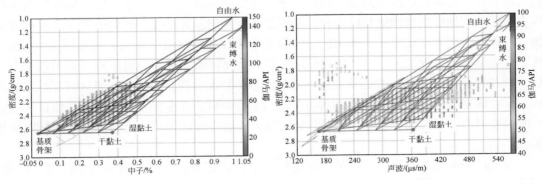

图 4-2-2　利用中子–密度交会图和声波密度交会确定黏土点参数

　　通过获得的黏土点参数，配合研究区地层压力、地层水矿化度等参数，结合常规测井解释获得的泥质含量曲线以及孔隙度和饱和度曲线获得研究区的横波速度预测结果。图4-2-3为邻区横波测井基于 Xu-White 模型利用地震岩石物理建模得到的横波速度预测结果

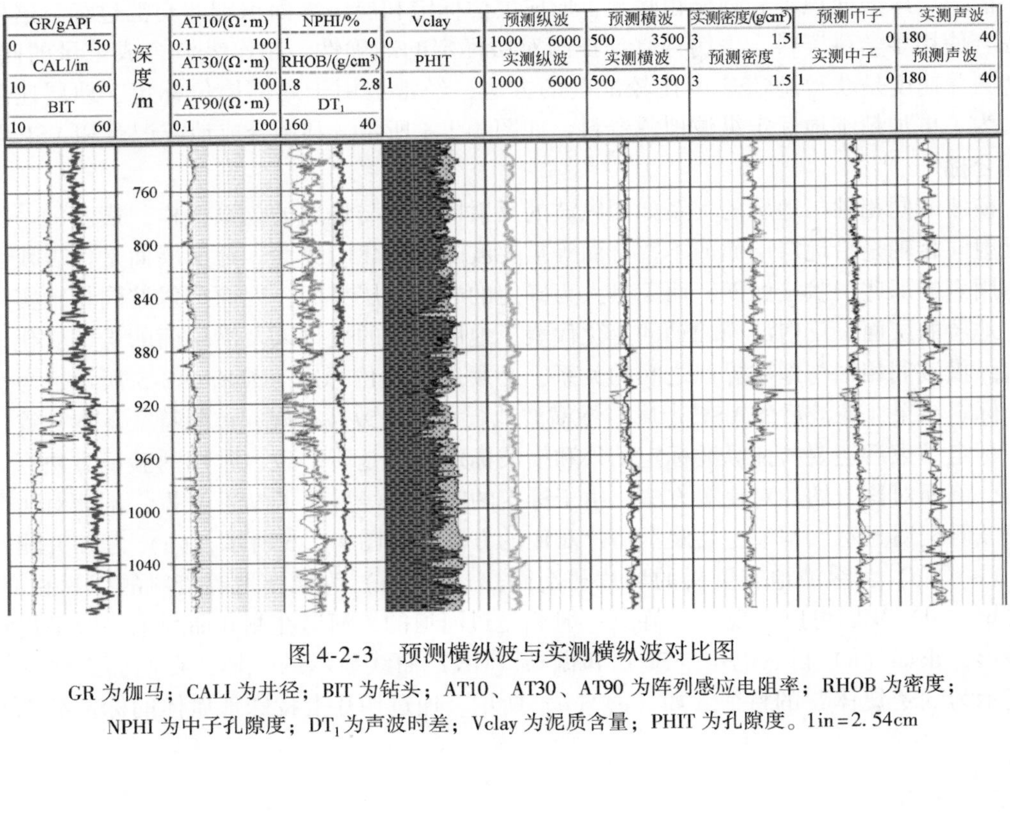

图 4-2-3　预测横纵波与实测横纵波对比图

GR 为伽马；CALI 为井径；BIT 为钻头；AT10、AT30、AT90 为阵列感应电阻率；RHOB 为密度；
NPHI 为中子孔隙度；DT₁ 为声波时差；Vclay 为泥质含量；PHIT 为孔隙度。1in=2.54cm

与实测结果的对比图，预测的横波（红色曲线）与实测横波（黑色曲线）的对比结果中，1000m 以上由于地层处于成岩阶段，没有完全压实，因此预测结果与实测结果存在一定偏差，1000m 以下预测结果与实测结果吻合较好。后续研究中，为了提高横波预测曲线的准确性，采取分段预测的方式开展研究，最终利用分段岩石物理建模方法预测的横波速度预测精度明显提高。

完成横波预测之后，需开展时深标定研究，时深标定是建立地质与地震反射特征之间的对应关系，明确地震波组的地质属性，建立井点处对应的时深关系。层位标定的精确程度直接影响到地震资料的解释精度和后期的工作，是地震资料解释和构造研究的基础和关键。时深标定的方法比较多，常用的层位标定方法有邻区层位引入法、地质露头（带帽）法、合成地震记录标定法、VSP 桥式标定法等。研究区面积较小，周围地震资料较少，区内一口井具有 VSP 资料。根据研究区的地质和资料情况分析认为，在研究区时深标定的方式只有合成地震记录和 VSP 标定两种方法适合。研究区由于是多波地震资料，所以在标定的时候要对纵波和横波资料分别标定，标定结束后还要验证纵波标定结果和横波标定结果是否一致。

纵波层位标定非常简单，就是通过垂直入射合成记录把深度域资料（如测井、钻井、地质等）与地震同相轴联系起来。传统做法是利用合成地震记录，通过垂直入射合成记录与井旁叠加地震道的对比，找出二者波组之间的对应关系，把各种地质界面与地震同相轴联系起来，赋予地震资料以地质信息。通常由于地震与测井的差异，以及测井过程误差可能造成合成记录与井旁道匹配不佳，此时常以井旁地震记录为标准，对测井资料进行调整（平移和拉伸与压缩），从而改善合成记录与井旁地震道的匹配关系。在层位标定过程中，如果能与层序界面识别和划分相联系，形成层位标定和层序界面识别的交汇过程，这样可以综合使用多学科资料，去伪存真，提高对层标定的准确性。制作纵波合成记录的同时，VSP 测井速度是获得地震速度比较准确的方法，经常被用于地震层位标定、地层速度分析。为了更加精细地标定纵波地震资料，如图 4-2-4 所示，利用合成地震记录和 VSP 开展了联合标定。

横波的同相轴与地层的关系如同纵波的反射同相轴与地层的关系一样，横波的一次地震反射同相轴是沿地层层面或不整合面等重要波阻抗变化的界面。地层层面是代表残留沉积作用面的那些层状接触面，而不是人为确定的岩石地层界面。因而反射波同相轴实际代表了地层的层面，反射波同相轴的变化代表了地层层面的变化以及沿层面的岩性变化。要了解纵横波同相轴与地层界面之间的关系，必须进行层位标定。如图 4-2-5 所示，为横波 VSP 标定结果，滤波后的 VSP 走廊与慢横波地震资料一致性很好，波阻特征基本一致。

标定结束后还要验证纵波标定结果和横波标定结果是否一致，常用的验证方法有 VSP 数据、剖面对比、切片对比等方法，由于标定的时候已经采用了 VSP 数据，剖面对比会在纵横波匹配后显示，本节主要展示切片对比的方法。如图 4-2-6 所示，（a）为 A 井测井曲线，（b）（c）为纵波地震资料的切片和剖面，（d）（e）为横波地震资料的切片和剖面。从（b）（d）我们可以发现 A 井在某一时刻是过河道的，河道在测井曲线上一般呈现箱形或钟形，正如（a）自然电位（SP）和伽马（GR）曲线显示的一样，在剖面上河道一般会显示为"透镜体"的特征，如（c）（e）所示。通过切片上特殊地质体的标定结果就可

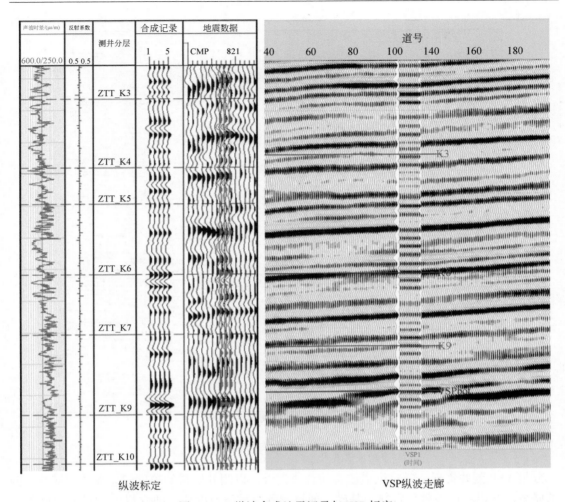

图 4-2-4　纵波合成地震记录与 VSP 标定

以验证纵横波联合标定的结果是否正确，同时也可以利用这种技术对标定结果进行微调，进一步提升多波联合标定的精度。

有了标定结果之后就可以开展纵波匹配的研究，纵横波剖面对比是纵横波地震资料联合解释的关键，只有正确的对比才能真正发挥横波勘探的优势。通过纵横波对比，可以确定纵横波速度比、振幅比等各种信息之间的比值，为纵横波联合解释提供可靠的依据。

通过相似同相轴的时间值来确定纵横波速度比，这只适合地震反射特征比较明显的地区，而且是用定性的方法。尽管同一界面上的纵横波反射系数不一定相同，但是主要的岩性界面往往是相似的。此外，根据纵横波剖面上具有明显特征的波组，可以在剖面上寻找一些可识别的参考点，从而建立两者其他反射的对应关系。为了强化两剖面的相似性，可对它们进行相同频带的带限滤波使其拥有相同的频率成分。如果已知相同地质层位在 PP 和 SS 剖面上的同相轴可能是获取纵横波速度比的最佳方法，但是只有在少数地质标志层特征明显的地区才能实现。

为提高纵横波对比的适应性和精度，很多学者提出了更加定量的方法。①利用全波和

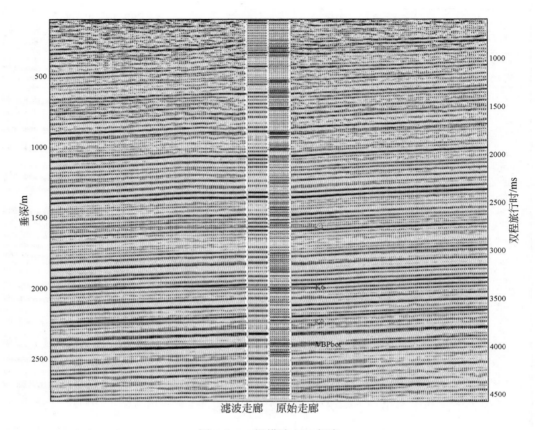

图 4-2-5　慢横波 VSP 标定

三分量 VSP 测井资料，通过纵横波叠前合成记录，以测井资料的深度建立纵波和横波之间的联系。②以纵横波叠后资料为基础，通过预测纵横波速度比，建立纵波和横波之间的联系。首先，确定对比参考点，在纵横波剖面上找出具有明显特征的波组，如隆起、断层及岩性引起的反射波组特征变化，进而做对比解释。为了强调两剖面的相似性，可进行共分辨率滤波处理，使其分辨率相同。其次，利用明显特征波组的对应关系可以确定速度比，然后利用 v_S/v_P 值对横波剖面进行压缩，可以获得纵横波剖面之间不甚明显的对应关系，进而可以得到物理上有实际意义的 v_S/v_P。然后，时深转换，根据 v_S/v_P 值进行补偿后，纵横波之间的剩余可变时差也许依然妨碍着对地下同一界面的反射特征的直接对比。准确的深度比例尺显示的纵横波剖面有助于两类剖面的对比，并且显示出两类剖面的相似性和差异性。

　　本次研究主要是利用第二种方法开展纵横波匹配工作。匹配结果如图 4-2-7 所示，为匹配到横波域的纵波数据与慢横波资料的对比图，从图中可以看到纵波资料与慢横波资料具有很好的相似性，无论是波阻特征还是同相轴的能量都较为一致，这说明通过以上方法获得了较好的纵横波匹配结果，同时也验证了井中、地面地震联合标定结果的准确性。

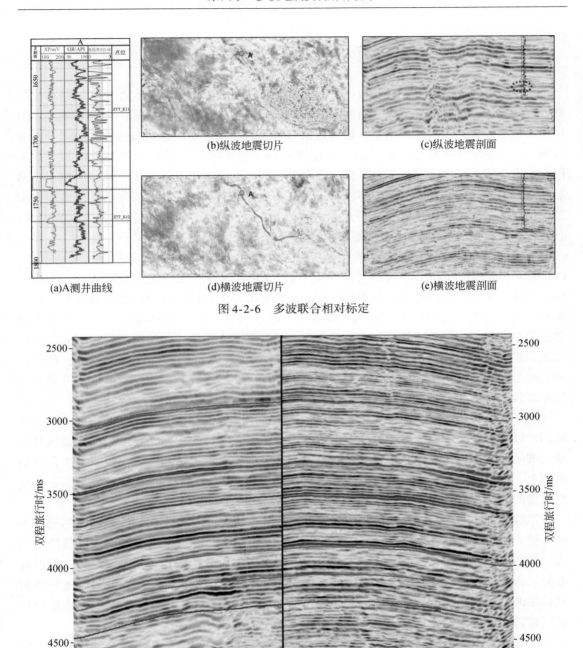

(a)A测井曲线　　(b)纵波地震切片　　(c)纵波地震剖面

(d)横波地震切片　　(e)横波地震剖面

图 4-2-6　多波联合相对标定

(a)纵波剖面匹配到慢横波域　　(b)慢横波剖面

图 4-2-7　纵波剖面匹配到慢横波域（a）及慢横波剖面（b）

第三节　　多波联合解释技术

　　Van 提出层序地层学可定义为：研究以侵蚀面或无沉积作用面，或者与之可以对比的整合面为界的、重复的、成因上有联系的地层单位之间在年代地层格架内的岩石关系。层序地层学通过建立年代地层格架，解释地层分布模式和年代地层格架内的体系域划分，为含油气盆地地层分析和盆地规模的储层预测提供了坚实的理论基础和油气勘探的有效手段，有力地推动了地质学特别是石油地质学的发展。层序地层学的基本单元是层序，它是层序地层学分析的基础，层序以不整合或与之相对应的整合面为界，层序所含的地层是由地层本身的物理性质所决定，而不是取决于岩相、岩石类型、沉积作用或其他人为因素，它比以主观选择的等时面为界的地层单位更具有科学性和地史发展意义。

　　而建立在地层基准面基础上的高分辨率层序地层学，与 Johnson 等的 $t-r$ 旋回层序、Galloway 的成因层序和 Vail 等的层序地层不同，Cross 领导的成因地层组则认为，受海平面、构造沉降沉积负荷补偿、沉积物供给、沉积地形等综合因素制约的地层基准面，是理解地层层序成因并进行层序划分的主要格架，已成为高分辨率层序地层学的重要基本概念。它是以岩心、测井、露头和高分辨率地震反射剖面为基础，通过精细层序划分与对比技术，建立各种高级别的成因地层格架，对各级别沉积体进行四维评价和预测，具有客观、动态、准确、精细等优点。本次研究以层序地层学原理为基础，结合前人研究成果开展多波联合解释研究。

　　由于研究区范围较小，钻井资料不充足，钻井层序分析是在前人认识的邻区基础上开展的，以岩电标准层作为参考依据，以钻井资料的综合特征为主，结合区域构造等资料和前人的研究成果，在综合利用岩心、露头、测井、地震、古生物和分析化验等多项资料的基础上，进行识别、追踪不整合（或与之对比的整合）面、沉积间断面以及能够与它们连续延伸的整合面，如图 4-3-1 所示，为该研究区层序划分结果。

　　地震剖面中的同相轴是地层学中岩性具有较强波阻抗差时产生的物理界面，当层序界面为较大的不整合时，由于长时间的剥蚀作用–沉积间断，沉积作用与沉积环境条件会随着时间的推移发生明显的改变从而导致沉积地层在矿物成分、岩石结构、粒度等方面形成差异。因此沉积地层中的层序界面可能会表现为一定强度的反射同相轴。此外，地震反射同相轴的年代特征，使得地震反射的几何形态分析非常有助于确定层序地层剖面中层序地层结构特征。故而钻井与地震资料结合建立地震层序格架。

　　地震反射上的不协调关系是识别层序界面的基本依据。根据地质事件在地震剖面上的响应特征，可将地震反射的终止现象划分为协调（整合接触）关系和不协调（不整合接触）关系两种类型。它们又根据反射终止的方式区分为削截（削蚀）、顶超、上超和下超 4 种类型。Brink 等总结了沉积层序内部各体系域及层序界面的地震反射结构特征，提出了地震层序地层的基本结构模式。它基于地震反射为等时面，基本代表地层层序界面，因此 Vail 标准层序发育模式——地震反射结构即可作为层序地层单元的划分依据。由此看来，地震反射结构的精细分析，可为地震层序地层研究提供重要依据。这也说明，从地震剖面的反射特征可大致确定其层序单元类型。

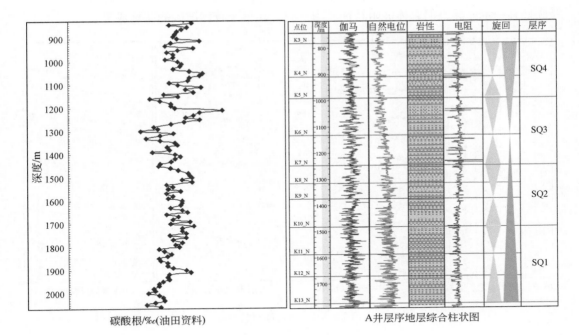

图 4-3-1 层序划分结果

根据地震反射同相轴的接触关系及井震标定结果，我们利用经过研究区的二维线识别出层序界面（图4-3-2）。该剖面为南北向的一条地震剖面，为顺物源方向的一条剖面，各界面的识别标志主要是削截和上超的同相轴接触关系，同时在地震剖面上表现出界面上下的波组特征不同。

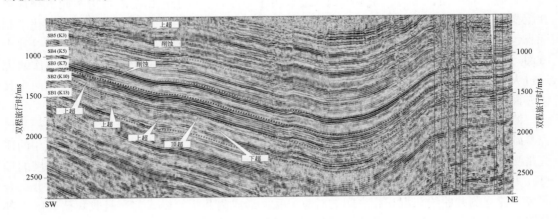

图 4-3-2 CDM-288 线层序界面特征

通过二维线识别出的层序界面，对三维地震工区开展构造解释工作，如图4-3-3所示，为以层序地层学原理为基础开展的多波地震资料解释成果，其中（a）为井上层序地层综合柱状图，（b）为纵波解释成果，（c）为快横波解释成果，（d）为慢横波解释成果。从三种地震资料解释成果来看，快横波和慢横波解释结果较为一致，纵波解释成果与横波解释成果有一定差异，但总体波阻特征较为一致，获得了较为准确的解释成果。

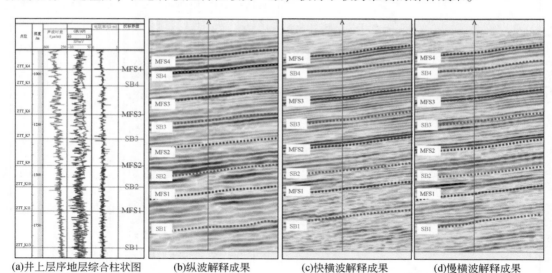

(a)井上层序地层综合柱状图　　(b)纵波解释成果　　(c)快横波解释成果　　(d)慢横波解释成果

图 4-3-3　多波联合解释

第四节　沉积相分析

　　相标志是最能反映沉积相的特征标志，是沉积相和沉积体系分析的基础，可以归纳为岩性、古生物、地球化学和地球物理四种相标志类型。岩性相标志包括颜色、岩石类型、自生矿物、碎屑颗粒结构、原生沉积构造和相序等方面。古生物相标志是指不同沉积环境和沉积相种的化石特征，如湖泊相、河流相、三角洲相、海相的化石特征等。地球化学相标志包括元素地球化学、稀土元素地球化学、稳定同位素地球化学、有机地球化学等几个方面。地球物理相标志包括地震地层学和测井相两个方面。当然由于资料有限，本次研究通过大量文献资料的调研及对测井资料和地震资料的综合研究，从测井相和地震相两个具体方面来对沉积相进行解释和研究。

　　测井沉积学是近年来发展起来的一门新的边缘学科，是以测井资料为主，在沉积学研究基础上，与其他学科和技术紧密结合的一种专门的多井测井评价技术。测井沉积相的研究是测井沉积学的重要内容之一。测井资料相对于岩心和露头资料来说是一种间接的信息，为了更准确地划分沉积相、亚相和微相，必须将露头和岩心的沉积相研究也充分结合起来，建立测井曲线与沉积相之间的对应关系，形成测井相的模式。通过收集研究区大部分探井的测井曲线资料，以及测井相分析，对各单井的沉积相进行解释。当前，测井相特征也是我们进行沉积相解释的最重要的依据。本书以研究区发育的主要沉积相为研究对象，在归纳全区各井的 GR 或 SP 测井曲线与沉积相的对应关系规律的基础上，分析测井沉积微相的特征，并总结出典型 GR 或 SP 曲线与各种沉积微相间对应关系。

　　通过调研前人研究成果，研究区沉积相以三角洲相和滨浅湖相为主。其中三角洲相可以分为三个亚相：三角洲平原、三角洲前缘和前三角洲。三角洲平原由分支河道沉积和泛滥平原沉积组成。其岩性多样，有泥岩，也有各种粒度的砂岩。其中分支河道沉积的测井曲线特征为中–高幅箱形或漏斗形。而泛滥平原由于沉积较细，测井曲线以齿形或平直基线为特征。本次研究区内识别出的三角洲平原沉积很少，主要为三角洲前缘亚相沉积。

三角洲前缘沉积包括水下分流河道、水下分流间湾、河口坝、远砂坝、席状砂等沉积。水下分流河道由于在垂向上呈正粒序特征，所以曲线形态主要为中–高幅箱形、钟形。水下分流间湾由于沉积物粒度很细，为泥岩与粉砂岩或泥质粉砂岩薄互层，则测井曲线特征以齿形为特征。而河口坝沉积在垂向上通常以反粒序为特征，则曲线形态以中–高幅漏斗形为主。远砂坝沉积和河口坝沉积序列类似，则曲线特征也类似，以漏斗形为主，只是规模和厚度比河口坝小。席状砂沉积是指夹于泥岩中的薄层砂岩沉积，所以其测井曲线特征以泥岩基线夹薄层齿状为特征（图4-4-1）。

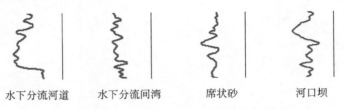

水下分流河道　　　水下分流间湾　　　席状砂　　　河口坝

图4-4-1　研究区三角洲前缘各微相典型曲线特征

前三角洲相沉积较细，岩性以泥岩为主，夹薄层粉砂岩或细砂岩。自然电位曲线或自然伽马曲线基本平直。

而在单井上对三角洲这一大相进行识别时，由于在物源供给比较充足的情况下，三角洲沉积是不断向湖进积的，因此从下往上依次为前三角洲（或湖相）、三角洲前缘相、三角洲平原相。所以从纵向上看，三角洲相的垂向特征为由细变粗的反粒序，测井曲线特征以漏斗形为主要特征，滨、浅湖相以泥岩、泥质粉砂岩和粉砂岩薄互层为特征。从整体上讲，测井曲线以齿形为特征。半深湖相的岩性以灰色或深灰色的泥岩为主，偶尔夹薄层粉砂岩和泥质粉砂岩薄层。自然电位曲线或自然伽马曲线呈平直基线形。

研究区广泛地发育了滨浅湖滩坝微相。砂坝岩性以粉砂为主，厚度较大，测井曲线特征以漏斗形或箱形为主。而砂滩则厚度较薄，夹于泥岩沉积之中，测井曲线特征以齿形为特征（图4-4-2）。

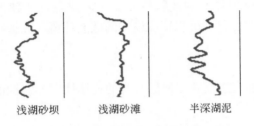

浅湖砂坝　　　浅湖砂滩　　　半深湖泥

图4-4-2　湖泊相各微相典型曲线特征

利用部分井的岩心资料以及测井等相标志的详细研究，对研究区内重点井位进行沉积相解释，并建立各邻井之间的相序关系，结合层系划分结果对沉积相开展初步分析。如图

4-4-3 所示，为研究区 K9 以下某段的联井沉积相剖面。该时期水体浅，湖盆处于发育期，湖平面范围小，主要发育三角洲沉积，沉积相以河道、席状砂和河口坝为主。

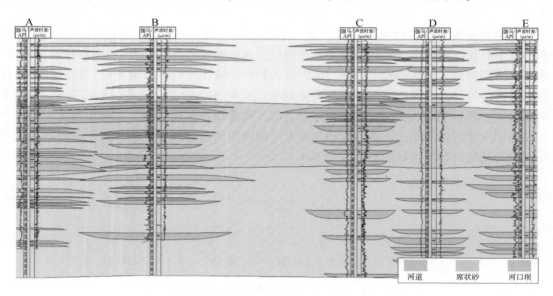

图 4-4-3　联井沉积相剖面

地震相是沉积相在地震剖面上表现的总和。岩相的变化会引起反射波的一些物理参数的改变，因此地震相可以在一定程度上表现岩相的特征。从而把同一地震层序中，具有相似地震地层参数的单元划为同一地震相。

能用于地震相分析的地震参数有很多，但常用的主要是频率、振幅、连续性、内部反射结构、外部几何形态等。

1）频率

频率是指质点在单位时间内振动的次数。地震剖面上观察到的是视频率，它反映了反射同相轴排列的稀疏程度。一般情况下，高频率代表低能环境下的沉积，而低频率反映高能环境下的沉积。

2）振幅

振幅的大小直接与反射界面的波阻抗差有关。波阻抗差越大，振幅越强；反之则越弱。振幅变化小代表岩性稳定、沉积环境稳定的低能环境；如振幅变化大，代表高能沉积环境。

3）连续性

地震反射波的连续性直接反映了地层本身的连续性。连续性的好坏代表了岩性横向的稳定性。

4）内部反射结构

内部反射结构是指地震剖面上层序内部反射波之间的延伸情况和其相互关系。它们是鉴别沉积环境最重要的地震标志，根据内部反射结构的形态，将其划分为平行与亚平行、前积、乱岗状、发散、杂乱和无反射等几种。

（1）平行与亚平行结构：该反射结构以反射层平行或微微起伏为主要特征。平行与亚平行反射代表均匀沉降或匀速沉降作用。

（2）前积结构：前积结构反映某种挟带沉积物的水流在向前推进过程中，山前沉积作用产生的反射结构，因此它是直接指示主水流方向和物源方向的重要标志。前积结构一般与三角洲、扇三角洲、冲积扇、水下扇、浊积扇等相伴生。

（3）乱岗状反射：乱岗状反射结构由不规则的、不连续亚平行的反射组成。它有时代表高能环境下的沉积，有时也代表低能环境下的沉积。

（4）发散结构：地震反射同相轴在横向上呈发散状，一般是向一个方向逐渐张开。这种结构往往表示沉积过程中沉积速度在横向上发生变化。

（5）杂乱结构：地震反射同相轴非常紊乱，没有明显的规律和连续性。这通常是由于地质体内部结构复杂，如断层破碎带、火山岩侵入体等情况导致的。

（6）无反射结构：在地震剖面上基本看不到明显的反射同相轴，一般表示地质体内部比较均一，或者是由于特殊的地质条件导致地震波无法有效反射。

5）外部几何形态

通过研究地震单元的外部几何形态及其空间展布可以了解总的沉积环境、沉积物源和地质背景。它可以分为：席状、席状披盖、楔形、滩形、透镜状、丘状、充填形等。

地震相与沉积相之间往往具有一定的对应关系，可以通过综合解释将地震相转为沉积相，地震相分析的关键就是根据地震相特征，并结合其他资料将地震相转为沉积相。

在地震相研究过程中，我们以前一直利用纵波地震资料进行预测，但是本区纵波地震资料在气云区是无法反映储层特征的，从多波地震资料评价我们可以发现这一现象，而只通过井资料进行沉积相识别，这样的结果是有多解性的，很多相的曲线特征是很相似的，有时候我们并不能只根据测井确定是哪一种相，地震资料能够有效减少这种多解性，提高对沉积相的认识，面对这种情况多波资料具有明显的优势。前人认为本区是湖相沉积，通过横波地震资料的加入，我们对本区的沉积认识得到了有效的提升。如图4-4-4所示，为研究区慢横波地震剖面。从剖面上来看 K9 以下（蓝框区域）地震同相轴连续性相对较

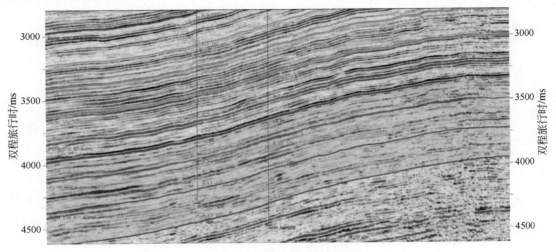

图 4-4-4　慢横波地震数据剖面

差，表现为中弱振幅低连续特征，局部存在点状强振幅，反映了横向上沉积能量有变化，沉积环境不稳定，水动力较动荡，认为这时期以三角洲相沉积为主；K9 以上地震同相轴连续性较好，表现为中强振幅高连续特征，局部不存在点状强振幅，说明这时期沉积环境稳定，水动力弱，认为这时以湖相沉积为主。这与本次测井的认识是相符的。

　　地震属性能够使我们对地震相的解读更加准确和精细，如图 4-4-5 所示为研究区从底到顶的振幅属性，其中（a）（b）为 K9 以上层系的振幅属性，（c）（d）为 K9 以下层系的振幅属性，从属性上我们可以发现 K9 以下河道较为发育，为三角洲沉积，而 K9 以上为大片的砂或泥沉积，为湖相沉积，横波资料的加入大大提升了对本区的沉积认识。

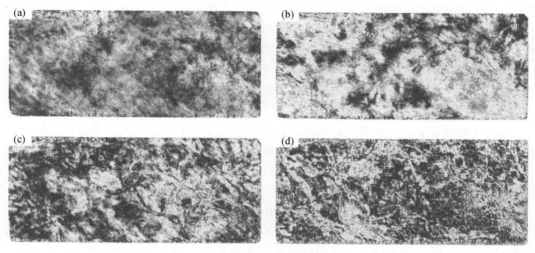

图 4-4-5　慢横波资料振幅属性

　　利用以上认识对本区的沉积特征分段进行了分析，以 K12—K13 阶段为例，从地震剖面上可见明显的透镜体，这是河道展布的特征，如图 4-4-6 所示。从地震属性剖面来看，如图 4-4-7 所示，可见明显河道展布特征，河道从西北往东南方向注入湖盆。我们通过本

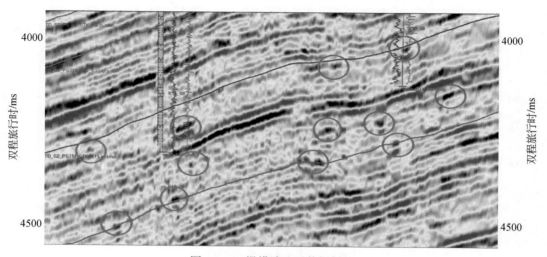

图 4-4-6　慢横波地震数据剖面

区属性切片的演化，发现了本区地震相的展布特征，根据地震相结合地质认识绘制了本区的沉积模式图，如图 4-4-8 所示，K12—K13 时期，三湖凹陷处于湖进前期，沉积相以三角洲相为主，分流河道在此期间广泛发育。从井上来看，此阶段沉积相主要为河道，零散发育滩坝和河口坝，岩性以泥岩/砂质泥岩和泥质粉砂岩为主。

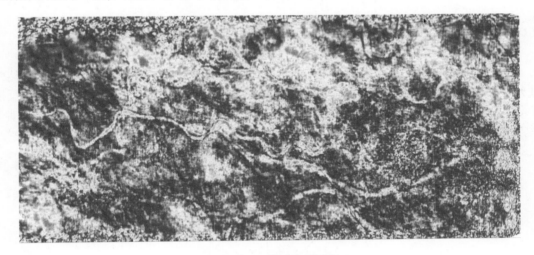

图 4-4-7 慢横波地震属性

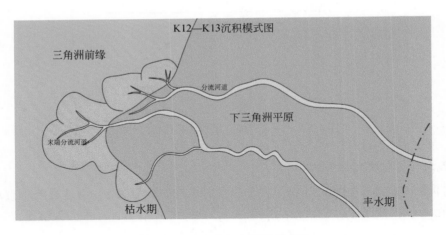

图 4-4-8 K12—K13 沉积模式图

第五节 多波反演技术

地震波阻抗反演是利用地表地震观测资料，以已知地质规律和钻井、测井资料为约束，对地下岩层空间结构和物理性质进行成像（求解）的过程。地震资料中包含着丰富的岩性、物性信息，经过地震反演，可以把界面型的地震资料转换成岩层型的测井资料，使其能与钻井、测井直接对比，以岩层为单元进行地质解释，充分发挥地震数据在横向上资料密集的优势，研究储层特征的空间变化。波阻抗反演是一个系统化的处理、解释过程，任何一个步骤的好坏都会影响结果。在井约束波阻抗反演的处理过程中，测井资料的标准化处理、子波的提取、层位的精细标定、地震地质模型（低频模型）的建立和反演方法的选择决定着反演的质量和精度。

一、纵横波反演理论

在地震勘探中，震源在地面产生的弹性波向下传播时，在非垂直入射状态下，到达弹性分界面上就会产生反射纵波、反射横波、透射纵波、透射横波。反射纵波、横波的反射角分别为θ_1和ϕ_1，透射纵波、横波的透射角分别为θ_2和ϕ_2（图4-5-1）。它们之间的运动学关系，由斯涅尔定律表示为

$$\frac{\sin\theta_1}{v_{\text{P1}}}=\frac{\sin\theta_2}{v_{\text{P2}}}=\frac{\sin\phi_1}{v_{\text{S1}}}=\frac{\sin\phi_2}{v_{\text{S2}}}=P \qquad (4\text{-}5\text{-}1)$$

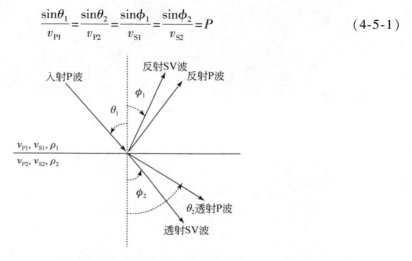

图 4-5-1　入射 P 波、反射波和透射波的关系

1. 各向同性介质反射系数

在各向同性的水平层状介质的条件下，入射纵波的能量为1，当地震波垂直入射到界面上时有$\theta_1=0°$，按斯涅尔定律有：$\theta_1=\theta_2=\phi_1=\phi_2=0°$，由 Zoeppritz 方程解得

$$\begin{cases} R_{\text{PP}}=\dfrac{\rho_2 v_{\text{P2}}-\rho_1 v_{\text{P1}}}{\rho_2 v_{\text{P2}}+\rho_1 v_{\text{P1}}} \\[2mm] T_{\text{PP}}=1-R_{\text{PP}}=\dfrac{2\rho_1 v_{\text{P1}}}{\rho_2 v_{\text{P2}}+\rho_1 v_{\text{P1}}} \\[2mm] R_{\text{PS}}=T_{\text{PS}}=0 \end{cases} \qquad (4\text{-}5\text{-}2)$$

式中，R_{PP}为纵波反射系数；R_{PS}为转换横波反射系数；T_{PP}为纵波透射系数；T_{PS}为转换横波透射系数；v_{P1}、v_{P2}分别为界面上下岩石的纵波速度；ρ_1、ρ_2分别为界面上下岩石的密度。

式（4-5-2）表明，当地震波垂直入射到界面上时，转换横波反射系数R_{PS}和转换横波

透射系数T_{PS}为零；其中，R_{PP} 和 T_{PP}为大家熟知的纵波反射系数和透射系数，对应的公式也是大家熟知的公式。

当非垂直入射，即$\theta_1 \neq 0°$（或炮检距不为零）时，纵波的反射系数可根据斯涅尔定律、位移的连续性和应力的连续性可推得下列 Zoeppritz 方程组：

$$\boldsymbol{A} \cdot \boldsymbol{B} = \boldsymbol{C} \tag{4-5-3}$$

其中

$$\boldsymbol{A} = \begin{bmatrix} \sin\theta_1 & \cos\phi_1 & -\sin\theta_2 & \cos\phi_2 \\ -\cos\theta_1 & \sin\phi_1 & -\cos\theta_2 & -\sin\phi_2 \\ \sin 2\theta_1 & \dfrac{v_{P1}}{v_{S1}}\cos 2\phi_1 & \dfrac{\rho_2 v_{S2}^2 v_{P1}}{\rho_1 v_{S1}^2 v_{P2}}\sin 2\theta_2 & \dfrac{-\rho_2 v_{S2} v_{P1}}{\rho_1 v_{S1}^2}\cos 2\phi_2 \\ \cos 2\phi_1 & \dfrac{-v_{S1}}{v_{P1}}\sin 2\phi_1 & \dfrac{-\rho_2 v_{P2}}{\rho_1 v_{P1}}\cos 2\phi_2 & \dfrac{-\rho_2 v_{S2}}{\rho_1 v_{P1}}\sin 2\phi_2 \end{bmatrix}$$

$$\boldsymbol{B} = \begin{bmatrix} R_{PP} \\ R_{PS} \\ T_{PP} \\ T_{PS} \end{bmatrix}$$

$$\boldsymbol{C} = \begin{bmatrix} -\sin\theta_1 \\ -\cos\theta_1 \\ \sin 2\theta_1 \\ -\cos 2\phi_1 \end{bmatrix}$$

式中，v_{S1}、v_{S2}分别为界面上下岩石的横波速度。

这是一个由四阶矩阵组成的联立方程组，当入射角已知时，按斯涅尔定律求出θ_1、θ_2、ϕ_1和ϕ_2后再解上式，就可得到 4 个未知数——R_{PP}、R_{PS}、T_{PP}和T_{PS}。

由于 4 个未知数的表达式很复杂，也难以给出清楚的物理概念，不少学者研究导出了一些近似方程，使其更加容易理解，有较明显的物理意义。

1）Aki 和 Richards 的近似方程

Aki 和 Richards 近似方程按照入射角的小、中、大，或按炮检距的近、中、远进行排序，并由$\sec^2\theta = 1 + \tan^2\theta$，经重新整理后其变为

$$R_P(\theta) \approx \frac{1}{2}\left(\frac{\Delta v_P}{v_P} + \frac{\Delta\rho}{\rho}\right) + \left(\frac{1}{2}\frac{\Delta v_P}{v_P} - 4\frac{v_S^2}{v_P^2}\frac{\Delta v_S}{v_S} - 2\frac{v_S^2}{v_P^2}\frac{\Delta\rho}{\rho}\right)\sin^2\theta + \frac{1}{2}\frac{\Delta v_P}{v_P}(\tan^2\theta - \sin^2\theta) \tag{4-5-4}$$

用近似表达式$v_P/v_S \approx 2$代入式（4-5-4）后得到：

$$R_P(\theta) \approx \frac{1}{2}\left(\frac{\Delta v_P}{v_P} + \frac{\Delta\rho}{\rho}\right) + \frac{1}{2}\left(\frac{\Delta v_P}{v_P} - 2\frac{\Delta v_S}{v_S} - \frac{\Delta\rho}{\rho}\right)\sin^2\theta + \frac{1}{2}\frac{\Delta v_P}{v_P}(\tan^2\theta - \sin^2\theta) \tag{4-5-5}$$

显然式（4-5-5）第一项不含横波速度为垂直入射时的纵波反射系数，若$P = R_P(0)$，则有

$$P = \frac{1}{2}\left(\frac{\Delta v_P}{v_P} + \frac{\Delta\rho}{\rho}\right) = \left(\frac{v_{P2} - v_{P1}}{v_{P2} + v_{P1}} + \frac{\rho_2 - \rho_1}{\rho_2 + \rho_1}\right) \approx \frac{v_{P2}\rho_2 - v_{P1}\rho_1}{v_{P2}\rho_2 + v_{P1}\rho_1}$$

这就是垂直入射时的纵波反射系数。P 还可写成另一种形式，即

$$P=\frac{1}{2}\left(\frac{\Delta v_{P}}{v_{P}}+\frac{\Delta\rho}{\rho}\right)=\frac{1}{2}\left(\frac{\rho\Delta v_{P}+v_{P}\Delta\rho}{\rho v_{P}}\right)=\frac{1}{2}\Delta\ln\rho v_{P} \tag{4-5-6}$$

显然这个结果反映的是纵波波阻抗对数的变化率。

当入射角稍大（$0°<\theta\leqslant30°$）时，应加上式（4-5-5）第二项，因为此时式（4-5-5）第三项的 $\tan^{2}\theta-\sin^{2}\theta\leqslant0.083$，而 $\frac{\Delta v_{P}}{v_{P}}$ 又较小，所以可以略去；只有当入射角较大（$\theta>30°$）时，此时 $\tan^{2}\theta-\sin^{2}\theta$ 增加较快，不能忽视，必须加上第三项。所以当入射角小于 30° 时，可以得到：

$$R_{P}(\theta)\approx\frac{1}{2}\left(\frac{\Delta v_{P}}{v_{P}}+\frac{\Delta\rho}{\rho}\right)+\frac{1}{2}\left(\frac{\Delta v_{P}}{v_{P}}-2\frac{\Delta v_{S}}{v_{S}}-\frac{\Delta\rho}{\rho}\right)\sin^{2}\theta \tag{4-5-7}$$

若令

$$G=\frac{1}{2}\left(\frac{\Delta v_{P}}{v_{P}}-2\frac{\Delta v_{S}}{v_{S}}-\frac{\Delta\rho}{\rho}\right)$$

则有

$$R_{P}(\theta)\approx P+G\sin^{2}\theta$$

式（4-5-7）为 $\sin^{2}\theta$ 的线性方程，其中 P 是由零炮检距构成的地震道，即 P 波叠加的道，它代表对反射界面两侧的波阻抗变化的响应。另一个由其斜率 G 构成的地震道，称为梯度叠加道，它代表对横波速度、纵波速度和体密度变化的响应，也是振幅随入射角（或炮检距）的变化率。

2）Shuey 近似方程

1985 年，Shuey 对前人各种近似进行重组，并进一步研究了泊松比对反射系数的影响。他的开创性工作奠定了 AVO 处理的基础，同时也揭示了 Chiburis 用最小二乘法拟合反射波振幅和入射角算法的数学物理基础。并首次提出了反射系数的 AVO 截距和梯度的概念，证明了相对反射系数随入射角（或炮检距）的变化梯度主要由泊松比的变化来决定，给出了用不同角度项表示的反射系数近似公式：

$$R_{P}(\theta)\approx R_{0}+\left[A_{0}R_{0}+\frac{\Delta\sigma}{(1-\sigma)^{2}}\right]\sin^{2}\theta+\frac{1}{2}\frac{\Delta v_{P}}{v_{P}}(\tan^{2}\theta-\sin^{2}\theta) \tag{4-5-8}$$

或

$$R_{P}(\theta)\approx R_{0}+\left(\frac{1}{2}\frac{\Delta v_{P}}{v_{P}}-4\frac{v_{S}^{2}}{v_{P}^{2}}\frac{\Delta v_{S}}{v_{S}}-2\frac{v_{S}^{2}}{v_{P}^{2}}\frac{\Delta\rho}{\rho}\right)\sin^{2}\theta+\frac{1}{2}\frac{\Delta v_{P}}{v_{P}}(\tan^{2}\theta-\sin^{2}\theta) \tag{4-5-9}$$

或

$$R_{P}(\theta)=R_{0}+R_{2}\sin^{2}\theta+R_{4}(\tan^{2}\theta-\sin^{2}\theta) \tag{4-5-10}$$

式中，R_{0} 为法向（垂直）入射的反射系数；$\sigma=\lambda/2(\lambda+\mu)=(\sigma_{1}+\sigma_{2})/2$ 为泊松比；其他项系数分别由下式给出：

$$\begin{cases} R_0 = \left(\dfrac{\Delta v_{\mathrm{P}}}{v_{\mathrm{P}}} + \dfrac{\Delta \rho}{\rho}\right)\Big/2 = \dfrac{1}{2}\Delta \ln \rho v_{\mathrm{P}} \\[2mm] R_2 = \dfrac{1}{2}\dfrac{\Delta v_{\mathrm{P}}}{v_{\mathrm{P}}} - 4\dfrac{v_{\mathrm{S}}^{\,2}}{v_{\mathrm{P}}^{\,2}}\dfrac{\Delta v_{\mathrm{S}}}{v_{\mathrm{S}}} - 2\dfrac{v_{\mathrm{S}}^{\,2}}{v_{\mathrm{P}}^{\,2}}\dfrac{\Delta \rho}{\rho} \\[2mm] R_4 = \dfrac{1}{2}\dfrac{\Delta v_{\mathrm{P}}}{v_{\mathrm{P}}} \end{cases} \tag{4-5-11}$$

其中

$$A_0 = B - 2(1+B)(1-2\sigma)/(1-\sigma)$$

$$B = \frac{\Delta v_{\mathrm{P}}}{v_{\mathrm{P}}}\Big/\left(\frac{\Delta v_{\mathrm{P}}}{v_{\mathrm{P}}} + \frac{\Delta \rho}{\rho}\right)$$

法向入射的 S 波反射系数可以近似为

$$R_{\mathrm{S0}} = \frac{1}{2}(R_{\mathrm{P0}} - B) \tag{4-5-12}$$

σ 和 $\Delta\sigma$ 分别为反射界面两侧介质的平均泊松比，即 $\sigma = (\sigma_1 + \sigma_2)/2$，以及界面两侧泊松比之差，即 $\Delta\sigma = \sigma_2 - \sigma_1$。

其中，式（4-5-10）第一项 R_0 为 $\theta = 0°$ 时的振幅强度；第二项为入射角为中等入射时（$0° < \theta \leqslant 30°$）的振幅强度；第三项为 $\theta > 30°$ 时的振幅强度，对反射系数起主导作用。只有当入射角小于 30°时，因 $\tan^2\theta - \sin^2\theta \leqslant 0.083$，$\Delta\mu = v_{\mathrm{S}}^2\Delta\rho + 2\rho v_{\mathrm{S}}\Delta v_{\mathrm{S}}$ 也比较小时，第三项可以忽略，此时 Shuey 方程可以简化为

$$R_{\mathrm{P}}(\theta) \approx P + G\sin^2\theta \tag{4-5-13}$$

式中，$\Delta\mu = v_{\mathrm{P}}^2\dfrac{1-2\sigma}{2(1-\sigma)}\Delta\rho + \rho v_{\mathrm{P}}\dfrac{1-2\sigma}{2(1-\sigma)}\Delta v_{\mathrm{P}} - \dfrac{v_{\mathrm{P}}^2\rho}{2(1-\sigma)^2}\Delta\rho$ 为真正法线（或垂直）入射的反射系数，称为 AVO 的截距；$\begin{cases} \dfrac{\Delta\lambda}{\lambda + 2\mu} = \dfrac{(v_{\mathrm{P}}/v_{\mathrm{S}})^2 - 2}{(v_{\mathrm{P}}/v_{\mathrm{S}})^2}\dfrac{\Delta\lambda}{\lambda} \\[2mm] \dfrac{\Delta\lambda}{\lambda + 2\mu} = \left(\dfrac{V_{\mathrm{S}}}{V_{\mathrm{P}}}\right)^2\dfrac{\Delta\mu}{\mu} \end{cases}$ 为与岩石纵横波速度和密度有关的项，

称为 AVO 的梯度。简化式表明，在两种弹性介质水平反射界面上产生的反射纵波振幅 $R_{\mathrm{P}}(\theta)$ 与 $v_{\mathrm{P}}/v_{\mathrm{S}}$ 呈线性关系。在经过精细的高信噪比、高分辨率和高保真度处理后的 CDP 道集上，对每个采样点，作振幅与 $\sin^2\theta$ 的线性拟合，可获得截距 P 和斜率（或梯度）G。

这里 P 就是法线入射道零炮检距剖面。G 的表达式不太直观，下面对它稍加推导后就容易分析；当 $v_{\mathrm{P}}/v_{\mathrm{S}} = 2$ 时，有

$$\sigma = \frac{(v_{\mathrm{P}}/v_{\mathrm{S}})^{-2} - 2}{2\left[(v_{\mathrm{P}}/v_{\mathrm{S}})^{-2} - 1\right]} = \frac{1}{3} \tag{4-5-14}$$

则

$$A_0 = B - 2(1+B)(1-2\sigma)/(1-\sigma) = B - 2(1+B) \times \frac{1}{2} = -1$$

再把 σ 和 A_0 值代入下式：

$$G = A_0 R_0 + \frac{\Delta\sigma}{(1-\sigma)^2} = -P + \frac{9}{4}\Delta\sigma \tag{4-5-15}$$

即

$$4/9(P+G) = \Delta\sigma = \sigma_2 - \sigma_1 \tag{4-5-16}$$

这样由 G 的简易式易知：在上下两层介质的波阻抗一定时，泊松比差 $\Delta\sigma$ 对反射振幅随入射角的变化影响很大，$\Delta\sigma$ 越大，振幅随入射角的变化也越大。在一定条件下，当砂岩中充气时，砂岩泊松比明显下降，从而导致上下介质的泊松比差相应增加。泊松比对地层岩性及所含流体是一个反应灵敏的参数。1976 年 A. R Gregorg 发现当孔隙度达到 25% 以上时，由水饱和的沉积储层的泊松比和由气饱和的泊松比差异非常明显，所以可以利用泊松比参数的这种特性来判别流体的性质；又因不同岩性有不同的泊松比，所以还可预测岩性。

简化方程 $R_p(\theta) \approx P + G\sin^2\theta$ 直观地表达了 P 波反射系数与介质弹性参数及入射角之间的关系，使 AVO 异常的识别由定性阶段进入了定量阶段，带动了 AVO 技术的深刻变革。Shuey 近似的主要目的是为证明相对反射系数随炮检距的变化，梯度主要由泊松比的变化决定，其最大的优点在于方程右端以不同的项表示了不同角度入射的近似情形，是目前应用最为广泛的一种近似方法。另外，式（4-5-10）第一项表示法向入射时的反射系数；第二项表示中等角入射时的反射系数；第三项主要控制大角度入射时的情形。该方法同时表明，相对反射系数随炮检距的变化梯度主要取决于 $\Delta\sigma$，且 θ 在 30° 以内，反射振幅与 $\sin^2\theta$ 呈线性关系。但是当入射角较大时，方程的线性关系不再成立。因此，该近似方法主要应用于 30° 以内入射角且以假设 $v_p/v_s = 2$ 为前提。

应该指出，利用该方法反演岩性参数，必须同时知道纵横波的速度信息，而且泊松比变化取决于反射界面两侧的纵横波速度的变化，这在很大程度上限制了参数估计的有效性，而且可能使得 $\Delta\sigma$ 的估计带有很大误差。

3）Fatti 波阻抗近似

为了避免 Smith 和 Gidlow 近似方法过多地依赖 Gardner 经验公式，Fatti 于 1994 年在 Richards 等的基础上给出了以相对波阻抗表示的近似方程：

$$R_{PP}(\theta) \approx \frac{1}{2}(1+\tan^2\theta)\frac{\Delta I_P}{I_P} - 4\left(\frac{v_S}{v_P}\right)^2\sin^2\theta\frac{\Delta I_S}{I_S} - \left[\frac{1}{2}\tan^2\theta - 2\left(\frac{v_S}{v_P}\right)^2\sin^2\theta\right]\frac{\Delta\rho}{\rho} \tag{4-5-17}$$

在小角度入射时，$\tan^2\theta$ 和 $\sin^2\theta$ 都趋近于零，且在 $v_p/v_s = 2$ 假设下，式（4-5-17）第三项相对前两项而言可以忽略不计，可以得到：

$$R_{PP}(\theta) \approx \frac{1}{2}(1+\tan^2\theta)\frac{\Delta I_P}{I_P} - 4\left(\frac{V_S}{V_P}\right)^2\sin^2\theta\frac{\Delta I_S}{I_S} \tag{4-5-18}$$

由于密度的相对变化 $\Delta\rho/\rho$ 很小，因此舍去式（4-5-17）第三项的近似方法不仅可以替代整个近似，而且没有小角度入射的限制，可以较准确地应用于入射角小于临界角的情形。但是，利用该方法进行参数反演时需要垂直入射的纵波、横波反射系数 $R_P = \frac{1}{2}\frac{\Delta I_P}{I_P}$ 及 $R_S = \frac{1}{2}\frac{\Delta I_S}{I_S}$。

2. 各向异性介质反射系数

从平面弹性波反射透射出发，研究发育垂直裂缝岩石的反射系数公式及其近似简化，分析不同裂缝岩石模型的地震波反射特征。图 4-5-2 为弹性波遇到发育垂直裂缝岩石介质反射界面时的传播示意图。

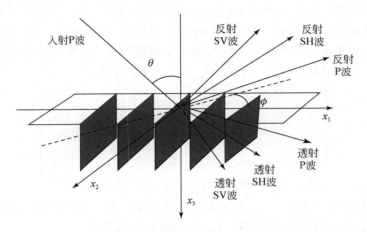

图 4-5-2　HTI 介质中入射 P 波反射示意图

已知利用 Zoeppritz 方程可以精确求解各向同性介质中反射和透射系数，而且 Zoeppritz 方程也是后续 AVO 特征分析和反演的基础。各向同性介质中的 Zoeppritz 方程如下式所示：

$$MR = N \tag{4-5-19}$$

其中

$$M = \begin{bmatrix} -\cos\theta_S & \sin\theta_P & \cos\theta_S \\ -\sin\theta_S & \cos\theta_P & -\sin\theta_S \\ \bar{\rho}\bar{v}_{S0}\cos2\theta_S & \bar{\rho}\dfrac{\bar{v}_{S0}^2}{\bar{v}_{P0}}\sin2\theta_P & \cos2\theta_S \\ \bar{\rho}\dfrac{\bar{v}_{S0}^2}{\bar{v}_{P0}}\sin2\theta_S & \bar{\rho}\bar{v}_{P0}\left(1-2\dfrac{\bar{v}_{S0}^2}{\bar{v}_{P0}^2}\sin^2\theta_P\right) & -\bar{\rho}\dfrac{\bar{v}_{S0}^2}{\bar{v}_{P0}}\sin2\theta_S \end{bmatrix}$$

$$R = \begin{bmatrix} R_{PP} \\ R_{PS} \\ T_{PP} \\ T_{PS} \end{bmatrix}$$

$$N = \begin{bmatrix} \sin\theta_P \\ \cos\theta_P \\ \bar{\rho}\dfrac{\bar{v}_{S0}^2}{\bar{v}_{P0}}\sin2\theta_P \\ -\bar{\rho}\bar{v}_{P0}\left(1-2\dfrac{\bar{v}_{S0}^2}{\bar{v}_{P0}^2}\sin^2\theta_P\right) \end{bmatrix}$$

与各向同性介质相同，在各向异性介质中依然存在类似于 Zoeppritz 方程描述各向异性介质中反射透射关系的公式，在此将其称为扩展的 Zoeppritz 方程。

根据倾斜各向异性介质的反射系数公式，本书采用了适用于方位各向异性介质（HTI

介质）的地震波反射系数精确值的求解方程，如公式（4-5-20）所示。从公式（4-5-20）可以看出，各向异性介质中扩展的 Zoeppritz 方程比各向同性中的方程更复杂。尤其是考虑 HTI 介质在三维方向上的不同，扩展的 Zoeppritz 方程包含了 PP 波、PSV 波以及 PSH 波的反射和透射关系，因此大大增加了 HTI 介质中精确反射和透射系数的求解难度。

$$
\begin{bmatrix}
M_{11} & M_{12} & M_{13} & M_{14} & M_{15} & M_{16} \\
M_{21} & M_{22} & M_{23} & M_{24} & M_{25} & M_{26} \\
M_{31} & M_{32} & M_{33} & M_{34} & M_{35} & M_{36} \\
M_{41} & M_{42} & M_{43} & M_{44} & M_{45} & M_{46} \\
M_{51} & M_{52} & M_{53} & M_{54} & M_{55} & M_{56} \\
M_{61} & M_{62} & M_{63} & M_{64} & M_{65} & M_{66}
\end{bmatrix}
\begin{bmatrix}
R_{PP} \\ R_{PS1} \\ R_{PS2} \\ T_{PP} \\ T_{PS3} \\ T_{PS4}
\end{bmatrix}
=
\begin{bmatrix}
N_1 \\ N_2 \\ N_3 \\ N_4 \\ N_5 \\ N_6
\end{bmatrix}
\tag{4-5-20}
$$

式中，R_{PP} 为 P-P 波反射系数；R_{PS1} 为 PSV 波反射系数；R_{PS2} 为 PSH 波反射系数；T_{PP} 为 PP 波透射系数；T_{PS3} 为 PSV 波透射系数；T_{PS4} 为 PSH 波透射系数。

根据克拉默法则，HTI 介质中的反射透射系数精确解如下式：

$$
R = M^{-1} N \tag{4-5-21}
$$

虽然求解过程较为烦琐，但是利用式（4-5-21）可以精确求取各向异性介质中反射透射系数。

1）Rüger 反射透射近似公式

Rüger 反射透射近似公式同样以各向同性介质为背景，利用 Thomsen 参数衡量各向异性对弹性波反射透射系数的影响，实现了各向异性介质反射透射系数的线性化近似。

$$
R_{PP}(\theta,\phi) = \frac{1}{2}\frac{\Delta Z}{\bar{Z}} + \frac{1}{2}\left\{ \frac{\Delta\alpha}{\bar{\alpha}} - \left(\frac{2\bar{\beta}}{\bar{\alpha}}\right)^2 \frac{\Delta G}{\bar{G}} + \left[\Delta\delta^{(V)} + 2\left(\frac{2\bar{\beta}}{\bar{\alpha}}\right)^2 \Delta\gamma \right]\cos^2\phi \right\}\sin^2\theta +
$$
$$
\frac{1}{2}\left\{ \frac{\Delta\alpha}{\bar{\alpha}} + \Delta\varepsilon^{(V)}\cos^4\phi + \Delta\delta^{(V)}\sin^2\phi\cos^2\phi \right\}\sin^2\theta\tan^2\theta \tag{4-5-22}
$$

式中，$G = \rho\beta^2$，代表纵波阻抗；θ 为入射角；ϕ 为方位角，ϕ 可以定义为假设 0° 方位线与裂缝对称轴平行时观测线的方位角，或者直接表示观测线方位角与裂缝对称轴的夹角。

α、β 分别为各向同性背景部分的纵波、横波速度，ρ 为密度，$\Delta\alpha/\bar{\alpha}$ 是各向同性背景部分的纵波反射系数，$\Delta\delta^{(V)}$、$\Delta\varepsilon^{(V)}$ 和 $\Delta\gamma$ 为上下两层介质 Thomsen 各向异性参数差值。

与各向异性介质中的扩展 Zoeppritz 方程类似，Rüger 的 HTI 介质反射系数近似公式同样可以分为各向同性背景部分和各向异性扰动部分：

$$
R_{PP} = R_{PP}^{iso} + R_{PP}^{ani} \tag{4-5-23}
$$

其中，各向同性背景和各向异性扰动反射系数项分别为

$$
R_{PP}^{iso} = \frac{1}{2}\frac{\Delta Z}{\bar{Z}} + \frac{1}{2}\left[\frac{\Delta\alpha}{\bar{\alpha}} - \left(\frac{2\bar{\beta}}{\bar{\alpha}}\right)^2 \frac{\Delta G}{\bar{G}} \right]\sin^2\theta + \frac{1}{2}\left(\frac{\Delta\alpha}{\bar{\alpha}}\right)\sin^2\theta\tan^2\theta
$$

$$
R_{PP}^{ani} = \frac{1}{2}\left\{ \left[\Delta\delta^{(V)} + 2\left(\frac{2\bar{\beta}}{\bar{\alpha}}\right)^2\Delta\gamma \right]\cos^2\phi \right\}\sin^2\theta + \frac{1}{2}\left\{ \Delta\varepsilon^{(V)}\cos^4\phi + \Delta\delta^{(V)}\sin^2\phi\cos^2\phi \right\}\sin^2\phi\tan^2\theta
$$

2）各向异性介质 S 波反射系数近似公式

在相邻地下两层各向异性介质界面上，Rüger 优化的 S 波的反射系数近似公式可表

示为

$$R_{SS} = -\frac{1}{2}\frac{\Delta Z_S}{\overline{Z}_S} + \frac{1}{2}\tan^2\phi_1\left(\frac{\Delta V_{S0}}{\overline{V}_{S0}} + \Delta\gamma\right) \tag{4-5-24}$$

式中，ϕ_1 为 S 波的入射角，$Z_S = \rho V_{S0}$ 为横波阻抗；ρ 和 V_{S0} 分别为密度和垂直方向的横波速度；γ 为 Thomsen 横波各向异性参数；Δ 和 $\overline{}$ 分别为对界面上下两层相邻介质弹性参数进行差值和均值计算。

将式（4-5-24）的两项写为

$$\frac{\Delta Z_S}{\overline{Z}_S} \approx \ln\frac{(Z_S)_{i+1}}{(Z_S)_i}, \frac{\Delta v_{S0}}{\overline{v}_{S0}} \approx \ln\frac{(v_{S0})_{i+1}}{(v_{S0})_i} \tag{4-5-25}$$

代入式（4-5-24）得到：

$$R_{SS}(\phi_1) = -\frac{1}{2}\ln\left[\frac{(Z_S)_{i+1}}{(Z_S)_i}\right] + \frac{1}{2}\tan^2\phi_1\ln\left[\frac{(V_{S0}e^\gamma)_{i+1}}{(V_{S0}e^\gamma)_i}\right] \tag{4-5-26}$$

式中，$V_{S0}e^\gamma$ 近似等于水平方向的 S 波相速度：$V_{S0}e^\gamma \approx V_{S0}(1+\gamma) \approx V_{S90}$，因此式（4-5-26）进一步改写为

$$R_{SS}(\phi_1) = -\frac{1}{2}\ln\left[\frac{(Z_S)_{i+1}}{(Z_S)_i}\right] + \frac{1}{2}\tan^2\phi_1\ln\left[\frac{(v_{S90})_{i+1}}{(v_{S90})_i}\right] \tag{4-5-27}$$

后文中将式（4-5-27）称为改进公式。为了分析改进公式的精度，这里对比了各向异性介质 S 波反射系数精确公式，精确公式的解析解如下：

$$R_{SS}(\phi_1) = \frac{\sqrt{\cos^2\phi_1/(1+2\gamma_1\sin^2\phi_1)}\cdot V_{S01}\rho_1 - \sqrt{\cos^2\phi_2/(1+2\gamma_2\sin^2\phi_2)}\cdot V_{S02}\rho_2}{\sqrt{\cos^2\varphi_1/(1+2\gamma_1\sin^2\varphi_1)}\cdot V_{S01}\rho_1 - \sqrt{\cos^2\varphi_2/(1+2\gamma_2\sin^2\varphi_2)}\cdot V_{S02}\rho_2} \tag{4-5-28}$$

式中，γ_1 和 γ_2 分别为反射界面上下两层介质的横波各向异性参数；ϕ_1 和 ϕ_2 分别为反射界面上层和下层 S 波入射角；φ_1、φ_2 分别为反射界面上层和下层 S 波透射角；V_{S01}、V_{S02}、ρ_1、ρ_2 分别为反射界面上层和下层的垂直横波速度和密度。

S 波各向异性介质两项同步反演方法：

待反演参数 Z_S 和 V_{S90} 可以通过最小化误差泛函求解得到：

$$J = [g(m)-d]^T[g(m)-d] + \mu(m-m_{prior})^T(m-m_{prior}) \tag{4-5-29}$$

式中，$m = [\ln(Z_S), \ln(V_{S90})]^T$ 为模型参数向量；m_{prior} 为先验模型；$d = [d_1, \cdots, d_N]^T$，是由 N 个不同角度的地震道集构成的地震数据；μ 为正则化系数；$g(m)$ 为 S 波反射系数的非线性正演算子。

对于非线性正问题 $d = g(m)$，$g(m)$ 可在给定初始模型 m_{prior} 处线性展开：

$$g(m) = g(m_{prior}) + G(m-m_{prior}) \tag{4-5-30}$$

G 表示模型到数据的映射算子，包括入射角和子波信息：

$$G = WFD \tag{4-5-31}$$

式中，W 为子波矩阵；F 为系数矩阵；D 为差分算子矩阵。

最小化目标泛函的解，即模型参数的扰动量 $\Delta m = m - m_{prior}$，可通过将泛函 J 对模型参数 m 求导，并令其等于 0 得到：

$$\Delta m = (G^{\mathrm{T}}G + \mu I)^{-1} G^{\mathrm{T}} \Delta d$$

式中，$\Delta d = d - g(m_{\mathrm{prior}})$，是数据残差。

模型参数向量可通过迭代求解得到：

$$m_{n+1} = m_n + \Delta m$$

其中，n 表示迭代次数 $m_0 = m_{\mathrm{prior}}$。

二、纵横波联合反演

1989 年 Haas 论述了在地震反演中加入横波数据对 AVO 反演结果的改善作用。1990 年 Steward 首先提出了纵横波联合 AVO 反演的方法，该方法在假设 Gardner 关系成立的情况下，给出了联系岩石属性（纵波速度、横波速度、密度）与弹性波反射系数之间的方程式，并且给出了最小二乘意义下方程解的形式，从而实现了从多个检波距获取纵横波反射系数的观测资料，计算界面两边岩石纵波速度和横波速度的相对变化量。1993 年，Vestrum 和 Steward 的研究报告中展示了其进一步研究成果，他们编程实现了 Steward 于 1990 年提出的纵横波联合反演的方法，并对程序进行了试验，评价了该方法对岩性和流体变化的预测能力。其误差分析表明，即使界面两边属性差异较大或者实际数据的炮检距较大，也可以得到比较精确的反演结果。对合成记录的试验，反演结果与输入模型能够很好地吻合，说明该方法比较稳定，可进一步应用于实际数据。

Steward 和 Hampson（1993）总结了从纵横波反射系数得到纵横波速度的两种方法，并建议将有关转换波的计算加入现有的商业软件中。

第一种方法是对叠后的地震数据进行操作，从 PSV 转化波得到横波速度。它可以由两种途径来实现：①从速度和 PSV 反射系数之间的递推关系定义速度的高频成分，然后通过其他途径加入速度的低频成分；②通过事先估算的子波，对速度模型进行扰动，使得通过速度模型与估算的子波计算的地震道，与实际观测到的地震道之间的差异最小化。

第二种方法是从 PP 波和 PSV 波的叠前地震道集计算纵横波速度。它同样有两个途径：①对匹配好的 PP 道集和 PSV 道集进行权叠加，以得到纵横波速度的最小二乘估计；②以广义线性反演的方法，不断修改模型，直到计算和观测的地震道足够接近。

1998 年 Jeffrey 等通过权叠加方法实现了纵横波联合反演，用以从多分量地震数据中提取弹性参数。该方法用于 PP 和 PS 数据体，数据体包含经偏移处理后的多个炮检距的数据集（每个数据集代表一定的炮检距范围），经过加权叠加后可以得到纵波速度和横波速度的估算。根据纵波速度和横波速度的异常可以描述岩性与孔隙流体的变化。2001 年 Gray 和 Steward 用权叠加方法实现纵横波联合反演。

相比 P 波反演，纵横波联合反演具有很多优点。由于增加了转换横波数据，提高了反演结果的可靠性和精度；转换波地震记录更多地依赖于横波阻抗，提高了对横波阻抗的计算精度；联合反演方法的抗噪性比 PP 波反演要好，在有噪声时，联合反演也可得到稳定的结果。但纵横波联合反演中也存在很多问题：

（1）反射系数的精度问题。Aki-Richards 近似公式的应用条件是在界面两侧弹性系数变化不大且入射角不超过临界角的情况下，对于弹性系数差异大或偏移距较大的情况必然会产生误差。另外，Aki- Richards 近似公式对 RPS 的 RPP 精度要差，很多学者，如 Ramos、孙鹏远等，对 RPS 的近似进行了研究。

（2）入射角的计算误差问题。入射角的计算误差对联合反演的结果影响很大。对于水平地层，反射振幅表现为双曲线，可以按照偏移距分布利用叠加速度来计算入射角；但对于倾斜地层，这样计算明显有误差。入射角的误差会使得反演的密度比和速度比产生误差，对于复杂地区应当采用更好的方法来计算入射角。

（3）纵横波速度比的假设问题。在纵横波联合反演中，需要已知纵横波速度比随深度变化曲线。很多情况下都假设纵横波速度比为常数，但实际其随岩性和所含流体的不同变化很大。在已知纵波速度的情况下，可以利用经验公式来计算横波速度；陈天胜等给出了一种速度比值扫描的方法来求得速度比。

（4）纵波与转换横波的同相轴匹配问题。同相轴匹配问题是纵横波联合反演中一个非常重要的问题，需要将转换波记录压缩到与纵波记录同样的时间。比较常用的方法是采用解释的方式，通过匹配在 PP 波和 PS 波剖面上拾取的同相轴来计算 PS 时间拉伸因子。也可以利用 VSP 来制作可靠的速度–深度模型，然后用来匹配 PP 波和 PS 波同相轴。

纵横波联合反演今后的发展趋势为：①提高转换波反射系数 RPS 的近似精度，寻找新的近似公式；②处理中严格采用真振幅处理，提高纵横波同相轴相关的精确性；③进一步利用三维地震数据，发展三维的联合反演方法；④将纵波反演中的非线性方法引入纵横波联合反演中来反演储层的弹性参数和所含流体；⑤取消地下介质各向同性的假设，利用纵横波联合反演储层的各向异性参数。常用的纵横波联合反演流程图见图 4-5-3。

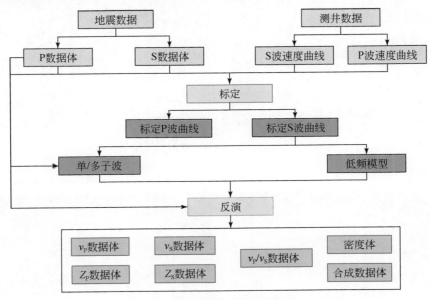

图 4-5-3　纵横波联合反演流程图

对比纵横波匹配之前纵波和横波各自的反演结果（图 4-5-4），纵波阻抗剖面整体分辨率低，对目的层段不能很好地识别。而横波反演剖面分辨率高，储层形态能较好地识别，其中 K9 段储层表现为自右至左的尖灭。因此，由于横波资料分辨率比纵波提高一倍，对小断层、砂体、尖灭及薄砂层等的分辨有其独特的功效。

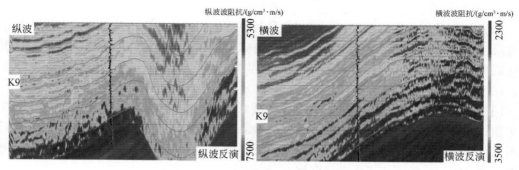

图 4-5-4　纵横波资料阻抗反演结果对比

对比纵横波匹配之后横波域（S 域）纵波和横波各自的反演结果（图 4-5-5 ～ 图 4-5-7）可知，台东三维区储层成片分布，且横波反演证实 crossline 方向气云区砂层层状分布（图 4-5-5），含气后纵波破碎；非气云区砂层层状分布（图 4-5-6），含气后纵波破碎；砂层由西向东上倾尖灭（图 4-5-7），是岩性气藏发育的有利部位，含气后纵波同相轴破碎。

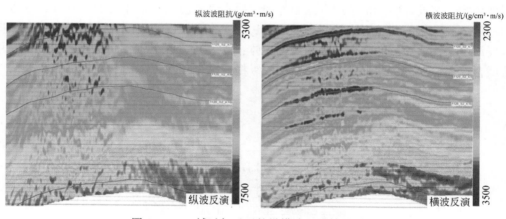

图 4-5-5　S 域过气云区的纵横波反演结果对比

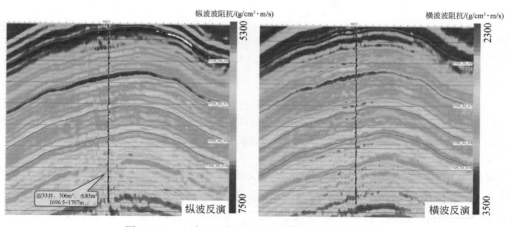

图 4-5-6　S 域不过气云区的纵横波反演结果对比

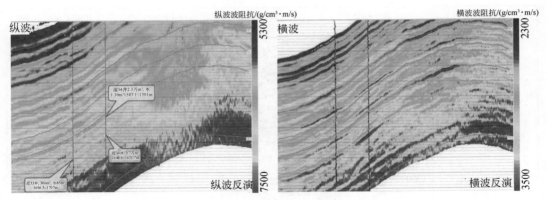

图 4-5-7　S 域 inline 方向纵横波反演结果对比

第六节　储层预测技术

本区目的层为第四系七个泉组（Q_{1+2}），如图 4-6-1 所示，七个泉组与狮子沟组为整合接触。七个泉组上段以灰色泥岩、砂质泥岩为主，夹浅灰色泥质粉砂岩、钙质泥岩，下段以灰色、浅灰色泥岩、砂质泥岩与浅灰色泥质粉砂岩呈不等厚互层，夹少量浅灰色粉砂岩、钙质泥岩及灰黑色碳质泥岩。各类岩石的孔隙度在 6.5% ~ 37.5% 之间，平均为25.6%；渗透率在 0.040 ~ 2698.0mD 之间，平均为 115mD。总体来说，本区目的层为疏松砂泥岩互层沉积。储层岩性以细砂岩、粉砂岩、泥质粉砂岩为主，属于高孔高渗储层；盖层岩性以砂泥岩、砂质泥岩和泥岩为主。泥质岩类的最大特点是高孔低渗。由于储层含气，纵波成像质量较差，无法开展储层预测研究。

基于以上情况，利用横波三维地震资料在研究区开展基于地震沉积学的井震联合储层预测研究。

首先，利用 90° 相移技术提高储层的识别度（图 4-6-2）。通过 90° 相移河道在地震剖面上的显示更加明显，在平面上显示的细节更加清晰。

其次，开展了属性融合研究进一步提高河道的识别能力，如图 4-6-3 所示，优选10Hz、35Hz 和 55Hz 的属性开展 RGB（red green blue，红绿蓝）属性融合，融合后可以更加清晰地刻画出河道的展布。通过井震联合分析明确河道储层与非河道储层的岩性特征，如图 4-6-4 所示，①是沿河道的连井剖面，从剖面上可以发现河道砂体连续性较好，砂体较厚。②是垂直河道的连井剖面，从剖面上可以发现非河道的砂泥互层呈"层薄指状"的特征，河道砂体呈"层厚块状"的特征。

利用横波反演结合测井、开发资料开展储层预测研究，测井、开发资料能够有效地验证储层预测的准确性，图 4-6-5（a）为横波反演与渗透率叠合图，发现全区储层过河砂体具有更高的渗透率，非河道区域渗透率相对较低，说明河道砂体具有更好的物性。图 4-6-5（b）为横波反演与产量叠合图，黄色柱状图代表产气井的日产气量，柱状图越高代表产量越高，可以发现过河道储层具有更高的产气量，通过以上研究认为构造高部位的河道储层为开发区的优质储层。

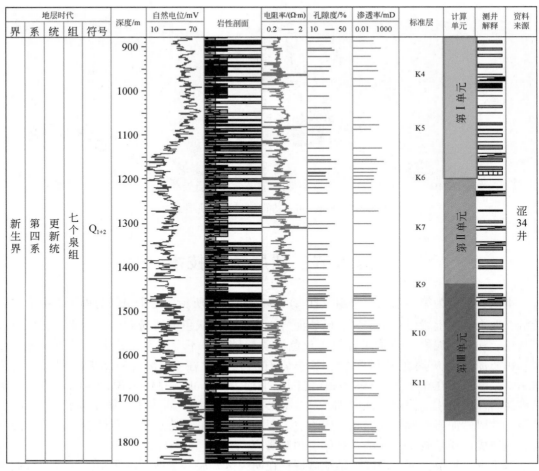

图 4-6-1　研究区测井柱状图

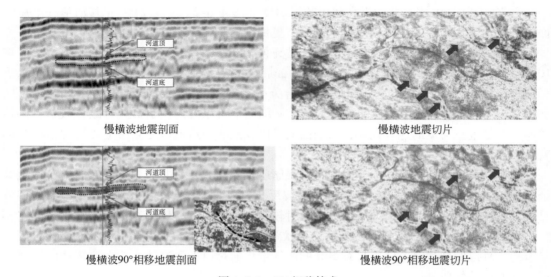

图 4-6-2　90°相移技术

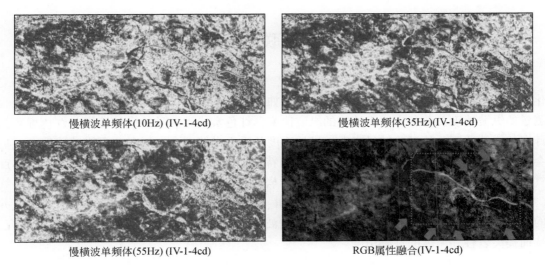

图 4-6-3　RGB 属性融合

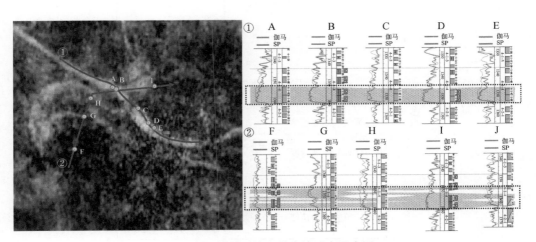

图 4-6-4　横波反演和井点渗透率叠合图

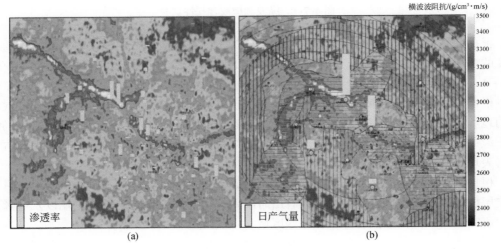

图 4-6-5　横波反演和生产数据叠合图

第七节　纵横波联合流体预测技术

纵波资料反映的是储层和流体信息，但当流体为气体时，纵波速度会发生明显的变化，在纵波地震资料上也会有明显的响应。如图 4-7-1 所示为前人做的试验，蓝色实线为测量的纵波速度，蓝色虚线为计算的纵波速度，红色实线为测量的横波速度，红色虚线为计算的横波速度。从试验结果来看，横波速度几乎不受储层含气影响，而纵波速度含气后会迅速降低。试验区测井资料也具有这样的特征，如图 4-7-2 所示为研究区产气井和非产气井测井柱状图，可以发现产气井含气砂岩段主要为低 GR、高电阻率和高声波曲线（AC）的特征，非产气井砂岩段主要为低 GR、低电阻率和低 AC 的特征，可以发现产气井的砂岩速度明显要低于非产气井。利用纵横波的这种差异可以进行多波的联合解释研究，从而提高岩性和流体的预测精度。

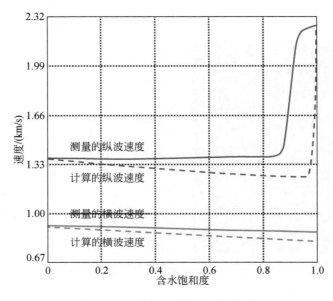

图 4-7-1　纵波和横波含气性试验

根据测井资料建立岩石物理模板，如图 4-7-3 所示，从岩石物理模板可以发现随着孔隙度的增加，横波阻抗降低；随着含气饱和度的增加，v_P/v_S 降低，含气段储层的 v_P/v_S 在 1.5～1.7 之间。

根据研究区测井资料建立纵波的岩石物理模型，如图 4-7-4 所示，为厚砂岩含气和含水的地震响应特征，图中冷色调为含水砂岩，暖色调为含气砂岩，浅绿色为含气过渡带。从正演结果可以发现，含水厚砂岩表现为强振幅特征，过渡带表现为弱振幅特征，含气厚砂岩表现为同相轴下拉的特征。

根据纵横波地震解释层位的时差可以快速确定含气区，如图 4-7-5 所示为某一目的层横波层位和纵波层位的时间差，可以看出时间差大的区域主要位于背斜顶端以及鼻隆区顶端。研究区的产气井也主要分布在这些区域。

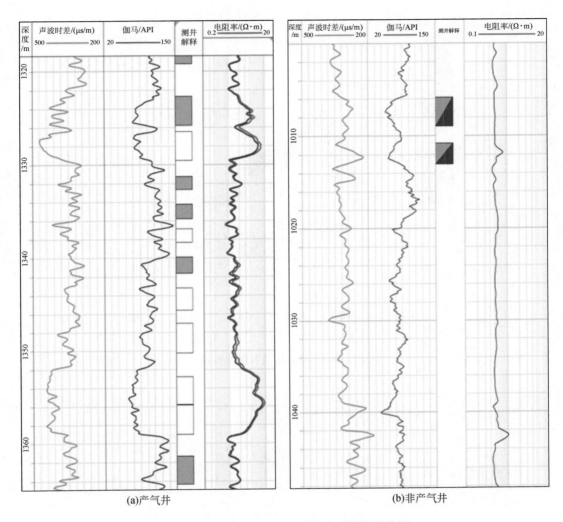

图 4-7-2　研究区产气井和非产气井测井柱状图

　　根据纵横波地震剖面对比纵波异常区域，从斜坡区纵波剖面可以发现，纵波的异常主要分布在地表位置，下部纵波剖面同相轴与横波差距不大，与气云区的纵波剖面相比也无明显异常（图4-7-6）。斜坡区的纵波异常可以是浅层的影响导致的下覆地层存在明显的下拉。

　　在纵横波联合流体预测方面，我们也做了许多的探索工作，因为纵波地震资料和纯横波地震资料纵向分辨率的不同，纵波和横波在同一时窗内反映的地质现象的范围不同，纵波反映的地质信息范围会更大一些，在联合反演时会导致反演结果存在一定的误差。为了减少这种误差，我们分别利用纵波地震资料和横波地震资料开展反演工作（Deng，2011；Zhou et al.，2010），在此基础上选择反映地质现象基本一致的区域利用纵波阻抗和横波阻抗开展运算，如图4-7-7所示。

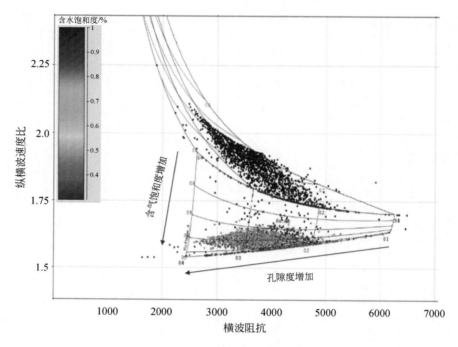

图 4-7-3　研究区岩石物理模板

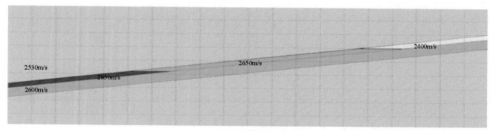

正演模型

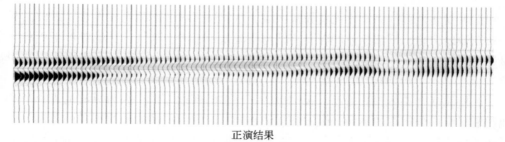

正演结果

图 4-7-4　纵波正演模拟

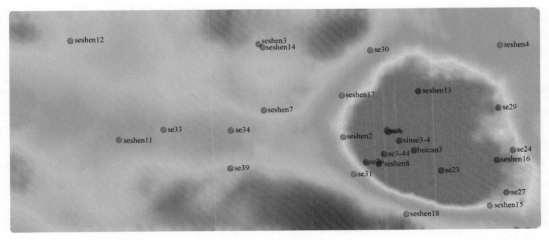

图 4-7-5　纵横波时差

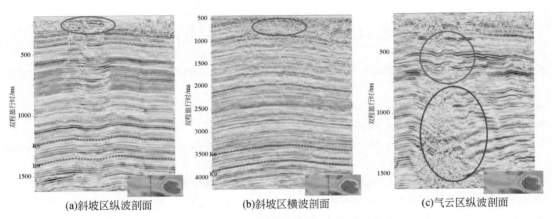

(a)斜坡区纵波剖面　　(b)斜坡区横波剖面　　(c)气云区纵波剖面

图 4-7-6　纵横波剖面异常对比

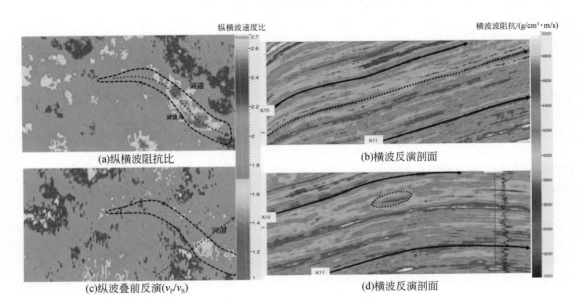

(a)纵横波阻抗比　　(b)横波反演剖面

(c)纵波叠前反演(v_P/v_S)　　(d)横波反演剖面

图 4-7-7　纵横波联合流体预测

参 考 文 献

陈国文，邓志文，姜太亮，等 . 2019. 纵横波联合解释技术在气云区的应用 . 岩性油气藏，31（6）：79-87.

邓志文，邹雪峰，吴永国，等 . 2018. SH 横波新技术研发与应用 . 北京：2018 年中国地球科学联合学术年会 .

邓志文，邹雪峰，倪宇东，等 . 2019. SH 横波资料在气云区构造成像和储层描述中的应用 . 成都：中国石油学会 2019 年物探技术研讨会 .

苟量，张少华，李向阳 . 2021. 提高横波勘探有效性引领物探技术创新 . 石油科技论坛，40（4）：12-19.

李彦鹏，孙鹏远，魏庚雨，等 . 2009. 利用陆上三分量数据改善气云区构造成像 . 石油地球物理勘探，44（4）：417-424.

刘振武，萨利明，张明，等 . 2017. 多波地震技术在中国部分气田的应用和进展 . 石油地球物理勘探，43（6）：668-672.

石双虎，邓志文，白光宇，等 . 2015. 测井资料 Xu-White 模型预测横波速度的一些新观点 . 地震工程学报，37（4）：1109-1114.

王波，张峰，代福材，等 . 2023. VTI 介质 SH-SH 波地震反演方法研究 . 地球物理学报，66（5）：2112-2122.

王九栓，王绪本，杨静，等 . 2012. 多波地震资料在三湖地区油气预测中的应用 . 石油地球物理勘探，47（4）：605-609.

Aki K，Richards P G. 1980. Quantitative Seismology：Theory and Methods. San Francisco：W. H. Freeman.

Batzle M，Wang Z. 1992. Seismic properties of pore fluids. Geophysics，57（11）：1396-1408.

Bortfeld R. 1961. Approximation to the reflection and transmission coefficients of plane longitudinal and transverse waves. Geophysical Prospecting，9：485-503.

Castagna J P. 1992. Petrophysical imaging using AVO. The Leading Edge，3：172-178.

Castagna J P，Smith C W. 1994. Comparison of AVO indicators：a modeling study. Geophysics，59：1849-1855.

Castagna J P，Batzle M L，Eastwood R L. 1985. Relationships between compressional-wave and shear-wave velocities in elastic silicate rocks. Geophysics，50（4）：571-581.

Chen T，Goodway B. 1998. Integrating Geophysics Geology and Petrophysics：a 3-D Seismic AVO and Borehole-logging Case Study. Tulsa：Society of Exploration Geophysicists.

Contreras A，Torres-Verdin C，Fasnacht T. 2007. Sensitivity analysis of data-related factors controlling AVA simultaneousinversion of partially stacked seismic amplitude data. Geophysics，72（1）：19-29.

Deng Z W，Sen M K，Wang U，et al. 2011. Prestack PP & PS Wave Joint Stochastic Inversion in the Same PP Time Scale. Tulsa：Society of Exploration Geophysicists.

DiSiena J P，Parsons B E，Hilterman F J. 1995. Two-term Inversion from AVO to Detect Combined Effect of Porosity and Gas in a Cretaceous Sand Reservoir. Tulsa：Society of Exploration Geophysicists.

Erdbebenwellen Z K. 1919. On the reflection and propagation of seismic waves. Göttinger Nachrichten，1：66-84.

Fatti J L，Smith G C，Vail P J，et al. 1994. Detection of gas in sandstone reservoirs using AVO analysis. Geophysics，59（9）：1362-1376.

Goodway B，Chen T，Downton J. 1997. Improved AVO Fluid Detection and Lithology Discrimination Using Lamé Petrophysical Parameters，"$\lambda\rho$"，"$\mu\rho$"，and "λ/μ Fluid Stack"，from P and S Inversions. Tulsa：Society of Exploration Geophysicists.

Gray D. 1999. Bridging the Gap：Using AVO to Detect Changes in Fundamental Elastic Constants. Tulsa：Society of Exploration Geophysicists.

Hilterman F. 1990. Is AVO the seismic signature of lithology? a case history of Ship Shoal- South addition. The Leading Edge, 9: 15-22 .

Hilterman F, Liang L. 2003. Liking Rock-property Trends and AVO Equation to GOM Deep-water Reservoirs. Tulsa: Society of Exploration Geophysicists.

Hu Y, McMechan G A. 2009. Comparison of effective stiffness and compliance for characterizing cracked rocks. Geophysics, 74 (2): D49-D55.

Jakobsen M, Hudson J A, Johansen J A. 2003. T- matrix approach to shale acoustics. Geophysical Journal International, 154 (3): 533-558.

Koefoed O. 1955. On the effect of Poisson's ratio of rock strata on the reflection coefficients of plane waves. Geophysical Prospecting, 3: 381-387 .

Krail P M, Brysk H. 1983. Reflection of spherical seismic waves in elastic layered media. Geophysics, 48 (6): 655-664.

Mallick S. 1993. A simple approximation to the P- wave reflection coefficient and its implication in the inversion of amplitude variation with offset data. Geophysics, 58: 544-552.

Mallick S, Huang X. 2000. Hybrid seismic inversion: a reconnaissance tool for deepwater exploration. The Leading Edge, 19 (11): 1230-1237.

Marcello S, Huang Z X. 2003. To remove gas cloud effects by using PSDM in Qaidam Basin, northwest China. Petroleum Exploration and Development, 30 (2): 115-118.

Michael L B, Han D H, Castagna J P. 1995. Fluid Effects on Bright Spot and AVO Analysis. Tulsa: Society of Exploration Geophysicists.

Muskat M, Merest M W. 1940. Reflection and transmission coefficients for plane waves in elastic media. Geophysics: 115-124.

Nishizawa O. 1982. Seismic velocity anisotropy in a medium containing oriented cracks. Journal of Physics of the Earth, 30: 331-347.

Ostrander W J. 1982. Plane- wave Reflection Coefficients for Gas Sands at Nonnormal Angles of Incidence. Tulsa: Society of Exploration Geophysicists.

Ostrander W J. 1984. Plane-wave reflection coefficients for gas sands at nonnormal angles of incidence. Geophysics, 49 (10): 1637-1648.

Richards P J, Frasier C W. 1976. Scattering of elastic waves from depth- dependent inhomogeneities. Geophysics, 41 (3): 441-458.

Rutherford S R, Williams R H. 1989. Amplitude-versus-offset variations in gas sands. Geophysics, 54: 680-688.

Schoenberg M, Douma J. 1988. Elastic wave propagation in media with parallel fractures and aligned cracks. Geophysical Prospecting, 36 (6): 571-590.

Shuey R T. 1985. A simplification of the Zoeppritz equations. Geophysics, 50: 609-614.

Smith G C, Gidlow P M. 1987. Weighted stacking for rock property estimation and detection of gas. Geophysical Prospecting, 35: 993-1014.

Tatham R H, Stoffa P. 1976. V_p/V_s—a potential hydrocarbon indicator. Geophysics, 41 (5): 837-849.

Tooley R D, Spencer T W, Sagoci H F. 1965. Reflection and transmission of plane compressional waves. Geophysics, 30: 552-570.

Wang Y. 1999. Approximations to Zoeppritz equations and their use in AVO analysis. Geophysics, 64 (6): 1920-1927.

Wright J. 1986. Reflection coefficients at pore-fluid contacts as a function of offset. Geophysics, 51 (9):
　1858-1860.

Xu S, King M S. 1989. Shear-wave birefringence and directional permeability in fractured rock. Scientific Drilling,
　1: 27-33.

Zhou Y, Tao J, Dou Y, et al. 2010. Quantitative Interpretation and Joint Inversion of Multicomponent Seismic
　Data: Application to the Sulige Gas Field, China. Tulsa: Society of Exploration Geophysicists

Zhou Z, Hilterman F J, Ren H. 2005. Water-saturation Estimation from Seismic and Rock-property Trends. Tulsa:
　Society of Exploration Geophysicists.

第五章　气藏地质建模与数值模拟

通过气藏地质建模与数值模拟能够更好地表征剩余气的范围与储量，为开发方案的制定提供依据。

第一节　气藏地质建模技术

一、储层地质模型的分类

通过三维地质模型数据体定量表征气藏和储层特征是贯穿于气田勘探开发各个阶段的一项基本工作。根据气田不同阶段的需要及资料的丰富程度，储层地质模型又可分为概念模型（conceptable models）、静态模型（static models）、预测模型（predictable models）或精细模型（fine models）。概念模型建于气藏评价和开发设计阶段，气田地质工作者根据少数探井和评价井的取芯资料，结合测井、地球物理等方法，以储层沉积学的研究为基础，从沉积成因和机制上解释储层的非均质性，得出研究区域特定沉积环境上储层砂体非均质性的一般规律，然后加以科学地抽象化、典型化和概念化，形成数据体模型，其主要目的就是保证开发方案中层系划分、开发方式、井网部署和注采系统等重大决策的科学性和合理性，以免造成不可挽回的损失；静态模型多建于开发方案实施后，这时开发井部署完毕，储层特征（砂体几何形态、物性参数分布）基本上由井网控制，建模以测井资料为主，结合地震解释提供的构造信息、沉积相研究成果，在小层对比的基础上，通过井间连续内插建立起孔隙度、渗透率等物性参数数据体，从而定量化描述气藏，并为模拟生产动态提供静态参数；预测模型是针对开发后期提高采收率的各项新技术、新方法而建的，建模主要途径是沉积学研究结合地质统计学技术，即通过野外具有代表性的露头的详细研究，运用密集式取样，同时综合利用地质实现、测井、地震等多项技术，将一定沉积类型储层地质体的内部结构及各项参数的空间分布通过高密度的数据点实实在在地揭示出来，并与沉积相、沉积能量单元等建立联系，由此总结出规律，根据井点的实际资料，作一定程度的内插和外推，以确定剩余气的分布规律（吴胜和等，1999）。

二、储层地质建模的方法

储层地质模型实际上反映了储层结构及储层参数的空间分布和变化特征。建模的核心问题是井间储层预测。在给定资料的前提下，提高储层模型精细度的主要方法是提高井间预测的精度。为提高测井数据的精度，在本次研究中首先对区内测井曲线进行了再解释。利用井资料开展储层地质建模的关键是如何根据已知的控制点资料内差，外推资料点间及以外的气藏特性。根据这一特点，定量建立储层地质模型的方法有两种，即确定性建模和随机建模（赵澄林，1998；姜在兴，2003）。

1. 确定性建模

确定性建模方法认为资料控制点间的差值是唯一的、确定性的。传统地质工作的内插编图法、克里金法和一些数学地质方法都属于这一类建模方法。开发地震的储层解释成果和水平井沿层直接取得的数据或测井解释成果，都是确定性建模的重要依据。

井间插值方法很多，大致可分为传统的数理统计插值方法和地质统计学估值方法（主要是克里金法）。由于传统的数理统计插值方法只考虑观测点与待估点之间的距离，而不考虑地质规律所造成的储层参数在空间上的相关性，因此插值精度很低，实际上这种插值方法不适用于地质建模。为了提高对储层参数的估值精度，人们广泛应用克里金方法来进行井间插值。

克里金法是地质统计学的核心，它以变差函数为基本工具，研究区域化变量的空间分布规律，是随着采矿业的发展而产生的新兴的应用数学分支。广义地说，克里金法是一种求最优、线性、无偏内插估计的方法，而具体地说，克里金法就是在考虑了信息样品的形状、大小及其与待估块段相互间的空间分布位置等几何特征以及样品的空间结构之后，为了达到线性、无偏和最小估计方差的估计，而对每一样品值分别赋予一定的权系数，最后进行加权平均来估计样品的方法。

地质统计学估值方法主要是在结构分析的基础上采用各种克里金法来估计和解决实际问题，由于研究目的和条件不同，所使用的克里金法也不同。当区域化变量满足二阶平稳假设时，可用普通克里金法，在非平稳条件下采用泛克里金法，对多个变量的协同区域化现象可用协同克里金法，对有特异值的数据可采用指示克里金法。

2. 随机建模

虽然油气藏是客观存在的一个地质实体，油气储层的任一属性在任一地质尺度下都是潜在可测量的、确定的。但是，油气田开发实践表明真正的储层行为要比想象的复杂得多。储层在地层的空间分布以及储层内部物性参数的分布就是这些复杂地质过程综合作用的结果。因此，储层行为的非有序性、各向异性、非连续性是普遍存在的，这就决定了储层非均质性是绝对的、无条件的。这种绝对的、无条件的储层非均质性必然伴随着属性空间任意点取值的不确定性，那么采用传统的确定性方法对储层空间参数进行研究或预测就难以得到满意的结果，难以真实地表现出储层复杂的非均质特征。为了充分认识和表征储层复杂的非均质性和不确定性，人们开始寻求研究和预测储层行为的新理论和新方法，以不确定性理论处理不确定性信息、表征储层在空间的不确定性特征。在这种背景下产生并发展了储层随机建模技术。随机建模是以地质统计学理论为基础，以变异函数理论为核心发展起来的研究空间变量分布的随机模拟技术，它不同程度地解决了储层预测中储层行为的不确定性问题，在国内外储层研究中获得了迅速的发展，已成为储层定量化研究的核心技术之一。

随机建模方法承认地质参数的分布有一定的随机性，而人们对它的认识总会存在一些不确定的因素，因此建立地质模型是考虑这些随机性引起的多种可能性，供地质人员选择。随机建模方法中又有条件模拟和非条件模拟之别。条件模拟时所建立的地质模型对已有的资料控制点不做任何修改；非条件模拟则相反，对已有的控制点也会作一定的变动。

随机建模方法可分为三类。第一，以目标对象为模拟单元，用于模拟与几何形态有关的储层非均质性，如沉积相、断层分布等。第二，以相元为单元的随机方法，用来模拟各种连续性参数及离散参数。第三，结合两种以上随机建模方法的综合方法。其中用于离散模型模拟的方法包括布尔模拟、示性点过程、马尔可夫随机场、序贯指示模拟等；用于连续模型随机模拟的方法包括模拟退火、序贯指标、分形模拟、矩阵分解、迭代方法、概率场模拟等。

3. 确定性模拟（克里金法）与随机模拟的比较

克里金法考虑的是局部估计值的精确程度，力图对估计点的未知值做出最优和无偏的估计。随机模拟首先考虑的是结果的整体性质和模拟值的统计空间相关性，其次才是局部估计值的精度。

克里金法给出观测值间的平滑估值，削弱了观测数据的离散性，忽略了井间的细微变化。随机模拟考虑了井间的细微变化，但是对于每一个局部的点，模拟值并不完全是真实的，然而模拟曲线能更好地表现真实曲线的波动情况。

克里金法只产生一个储层模型，随机模拟可以产生很多个储层模型，各种模型的差别可以反映空间的不确定性。

克里金法的关键在于准确地确定变差函数，大量具有正态分布或对数正态分布的信息点可以提高求变差函数的精度，这是其能否应用的前提条件，同时也是制约其广泛应用的障碍之一。随机模拟中的条件模拟基于变异函数的模拟需要较多比例相当、符合随机采样原则的样品点，并且需大量的准确调试，占机时多，工作量较大。

克里金法适用于井网比较密、井距较小的情况下，在密井区和数据齐全的井点，采用曲面样条、趋势面分析、距离反比加权平均、克里金估计等较成熟的确定性方法，利用抽稀井网测试原理，优选内插方法，自适应调整，给出井间未知区参数分布的预测结果。而在边部或稀井区以及缺少数据的井点，则采用随机模拟方法，以已知信息为基础，对井间未知区产生等概率的、可能的储层属性预测结果。

三、本次储层地质建模的方法

地质模型是精细气藏描述的重要成果之一，也是气藏动态分析和数值模拟的重要基础，符合实际的地质模型应综合反映多种基础地质研究的成果。本次建模以高精度层序地层格架和储层岩相模型为基础，以地质统计学为手段，采用随机建模技术，预测了井间储层参数的变化，建立了不同储层参数的尽可能准确的三维模型，为精细气藏数值模拟提供静态参数场。考虑到资料的丰富程度及建模技术发展现状，本次建模属于较准确的静态建模。

相比于普通的地质建模，本次建模主要有两个特点：①本区构造属于相对简单的背斜圈闭，没有断层，因此不需要进行断层建模；但本区目的层层系多，单层薄，目的层总厚度1500m。②本次建模是在地震资料约束下完成，在开发阶段，井网井距一般为百米级，而对于强非均质储层来说，河道砂体在一个井距内往往会发生突变，因此仅靠单一资料难以解决井间预测多解性的问题；在开发区的外围，井网密度小，井距大，预测难度大，所以需要融合地震对储层进行综合建模来降低不确定性，提高预测精度。

四、储层地质建模的数据库

地质建模是以数据库为基础的，所建模型的可靠性很大程度上取决于数据的丰富程度以及准确性。研究区内地质建模所需的基本数据，主要包含以下数据类型。

（1）井头数据：其中包含了井名、x 和 y 坐标、测深、补心海拔和井类别等井头数据。

（2）分层数据：用来对地层进行划分的数据。

（3）测井数据：包括井轨迹、自然电位曲线、自然伽马曲线、泥质含量、孔隙度、渗透率、含油饱和度等测井数据，针对储层参数曲线不全的井，此次研究将根据岩石物理研究成果，予以换算和求解。

（4）地震数据：地震原始数据体与地震波阻抗反演数据体，地震解释层位。

将上述提到的数据加载到 Petrel 软件中，在地震解释层位约束下建立地层构造模型，生成构造面，检查层面上是否有异常，如有异常，对数据进行核对修正，确保纵向上数据的正确性。

五、建立三维地质模型

遵循点→面→体的步骤，首先建立各井点的一维垂向模型，井模型是建立层面模型和三维模型的基础。在建模过程中，合理的网格设计非常重要。一方面，为了节省计算机资源，网格数目应尽可能少，且形状尽量不要畸形；另一方面，为了控制地质体的形态及保证建模精度，网格又不能过少。因此，应根据建模区域的实际地质情况及井网密度设计出合适的网格（图 5-1-1）（吕建荣等，2008）。

针对本次研究，主要是利用优选的测井数据来作为硬数据，并利用地震反演数据所得到的岩性概率体以及其他地震数据体来作为约束进行建模。涩北气田处于开发阶段，资料丰富，地质认识较为透彻，钻井获取的地下地质信息以及地下储层内部的结构和物性参数分布基本能够代表地下地质特征，因此在此基础上结合地震信息建立的三维地质模型能够表现储层在地下三维空间的分布状况（吴胜和等，2008；周连敏等，2018）。

1. 建立构造模型

在小层精细划分对比的基础上，在原有地震资料解释的构造面趋势控制下，应用克里金插值法作出顶面构造图，结合各层厚度图，逐层作出顶底面构造图。建立各区块储层构造格架模型，建立的构造模型既忠实于井点数据，又能反映出趋势面所体现的构造形态。

构造建模是后期岩相模型和储层参数模型建立的基础，它可以将二维的内容转化到三维空间，使建模结果更加直观。构造建模以地震解释层位为基础，基于井震标定结果，建立模型控制层面，与井分层对应好，见图 5-1-1。地震剖面所显示的反射层面和层面模型

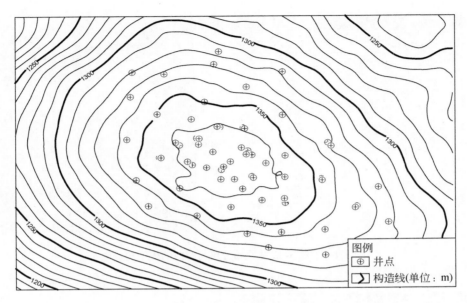

图 5-1-1　建模区域示意图

的构造位置、走向趋势符合较好，见图 5-1-2。层位建模的最终结果是保证产生的层位不相互交叉，并且与钻井分层吻合。

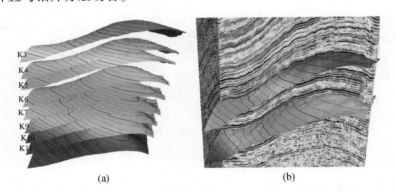

(a)　　　　　　　　　　(b)

图 5-1-2　层面模型与测井分层（a）和地震反射层（b）对应关系图

　　根据地质条件和生产需求，定义模型垂向网格，细分深度域模型。根据地质条件和生产需求，以高精度层序地层格架为基础，以地震解释构造面为约束条件，采用克里金插值算法，建立了目的层等时沉积地层单元。应用测井单砂体分层对模型进行插值和质控。在建模过程中，对砂体分层进行了精细对比和调整，确保构造建模的准确性。以图 5-1-3 中涩 3-32 井为例，原始的 1-1-2bT 与 1-1-2bB 分层存在一定的误差，导致构造面发生畸变，将对应的分层分别下调 7.71m 与 7.3m，调整后的构造面（图 5-1-4）相对光滑，更符合地质认识。据此完成了全区 107 口井 336 个层的调整，调整幅度在 0.5~8.9m 之间。

　　地层单元以 13 个地震解释层位为基本格架，一个单砂体对应模型内的一个层，共建立了研究区 426 个层，建模过程中，为消除薄层影响，采用"级次建模、厚度控制"的建

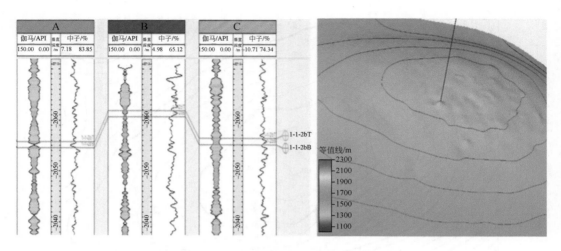

图 5-1-3　涩 3-32 井原始分层与对应的模型构造图

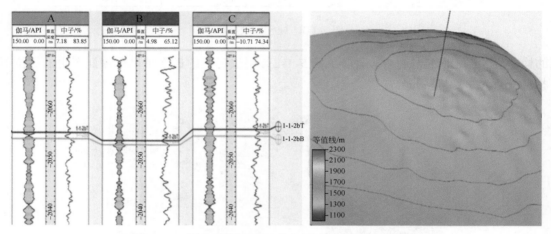

图 5-1-4　调整后的涩 3-32 井分层及对应的模型构造面

模方法，确保了每一套储层单独作为一个地质单元，保证了后期模型更加具有针对性。本次地质建模平面网格为 50m×50m。最终的构造模型如图 5-1-5 所示。

2. 建立属性模型

属性建模是地下气藏的储层性质表征，为后续的数值模拟、井位设计提供基础。

模型设置以下参数。①变差函数：变差函数是地质统计学所特有的基本工具，它既能描述区域化变量的空间结构性，也能描述其随机性，是进行随机模拟的基础。在计算变差函数时，分别计算三个方向的变差函数，并不断变换主方向的角度，以充分分析各向异性。在建模时，主要输入各相、各岩石物理参数空间上不同方向的变程。②标准偏差：各相类型、各岩石物理参数相对于其平均值的变化程度。③参数变换：通过对数变换、正态得分变换等使岩石物理参数符合正态分布，以便于进行序贯高斯模拟。

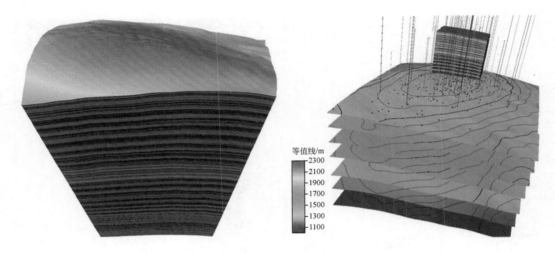

图 5-1-5　涩北一号气田构造模型

依据各井储层参数进行井间插值以建立储层参数三维分布模型。这种方法比较简便，主要适合于具有单一相分布或具有千层饼状结构的储层参数建模；因为在这种情况下，目标区的储层参数具有统一的统计分布。对于研究区而言，提取了横波反演数据体的沿井振幅曲线，通过观察对比发现，井上孔隙度曲线的低频趋势（图 5-1-6 中红色曲线）与提取的反演数据体沿井曲线（图 5-1-6 中黑色曲线）的吻合程度高，通过统计Ⅳ-1-4cd 两个重点砂体的 120 井的横波阻抗平均值与孔隙度平均值，发现二者存在较好的相关性（图 5-1-7），相关系数可达 0.615，说明在进行属性建模时，采用反演数据体控制趋势是可行的。

以地震反演数据的趋势为约束，将地震数据作为软数据，以协同克里金的方式参与建模的插值与模拟计算。使用地质统计学进行属性参数的空间插值时，需要保证其满足平稳性假设，如果数据体现出了系统性的趋势，则需要对其表征，并在变差函数分析和属性建模之前移除这种趋势。对于平面趋势则可以由地震资料来提供，三维参数建模一般包括孔隙度、渗透率及含油饱和度参数的建模，在本区现有资料的条件下，对孔隙度、渗透率、含水饱和度三个参数进行了模拟，得到孔隙度建模结果（图 5-1-8）、饱和度建模结果（图 5-1-9）。

六、储层模型评估

储层建模的落脚点在于模型的应用，因此评价模型的精确与否显得尤为重要。评价模型常用的方法有：

（1）可视化检验，又名"地质类比"。可视化检验评价模型储层沉积非均质性的复杂性是一个关键方面。如果期望的沉积特征如河道下切谷、河道的交互切割、地层的倾向、比例、成因单元大小等能够在数学模型中得到恰当的表达，那么可以认为该模型具备较高的准确性和适用性。虽然评价随机模型时这种检验方法较为通用，但它并不总是能恰当区分已有地质特征。

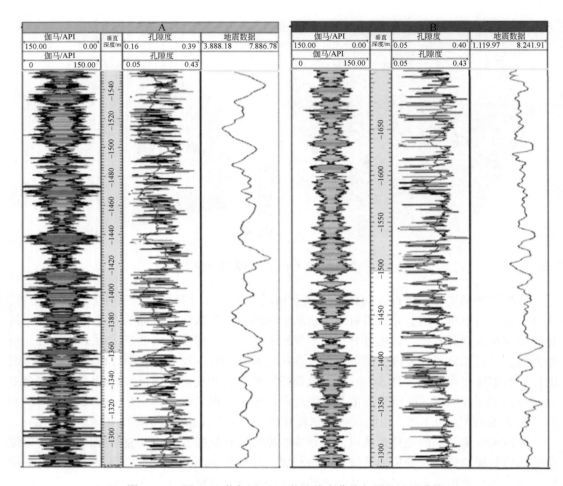

图 5-1-6　涩 4-51 井与涩 4-21 井孔隙度曲线与沿井地震曲线

可视化评价也可以定量化比较其平均厚度、砂泥比例和成因单元形态与油藏数据的相似程度。但这种方法成功率的高低取决于油藏的地质知识。地质知识越少，其评价越依赖假设，而这种假设还有可能是错的。

（2）储层目标的几何形态及大小统计数据与地震数据比较，本区地震数据丰富，因此采用此方法评估储层模型。Ⅳ-1-4cd 小层孔隙度建模结果见图 5-1-10。图 5-1-10（a）为原始的采用井插值获得的Ⅳ-1-4cd 小层孔隙度等值线分布图，图 5-1-10（b）为利用横波反演数据约束获得的Ⅳ-1-4cd 小层孔隙度等值线分布图，对比来看，反演约束的建模结果与我们在研究区认识到的高渗条带更吻合，说明本建模结果可靠。

七、减小不确定性的方法

由于地下的地质情况比较复杂，不可能完全通过目前对储层的认识建立起完全符合实际的地质模型，因此建立的地质模型总会存在一定的不确定性。为了降低建模过程中的不

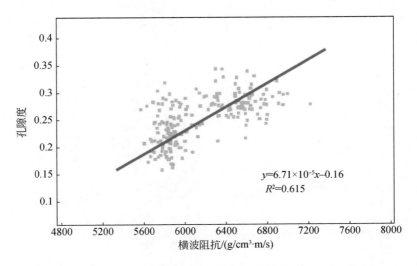

图 5-1-7 Ⅳ-1-4cd 层横波阻抗与孔隙度相关图（120 口井）

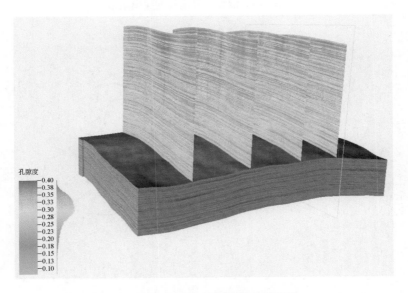

图 5-1-8 涩北一号孔隙度建模结果

确定性，根据建模过程中不确定性的不同来源，人们挖掘了许多降低不确定程度的方法。概括来说，有以下几种：

（1）在井点稀少的研究区，为了降低取样点少带来的控制难而造成的不确定性，人们应用地震资料来增加横向储层分布的可靠程度。地震资料在空间上提供了众多数据点作为约束条件并为计算变差函数提供了丰富的数据，在一定程度上降低了不确定性。

（2）应用相似地区（露头区或密井网区、现代沉积）知识库。从构造、沉积、成岩背景相似的成熟研究区提取所需信息（尤其是变差函数、参数中值及范围）。原模型加上相似函数便构成了所需建立的模型。相似函数既包含油藏特征的非线性关系，又包含未增

图 5-1-9　涩北一号饱和度建模结果

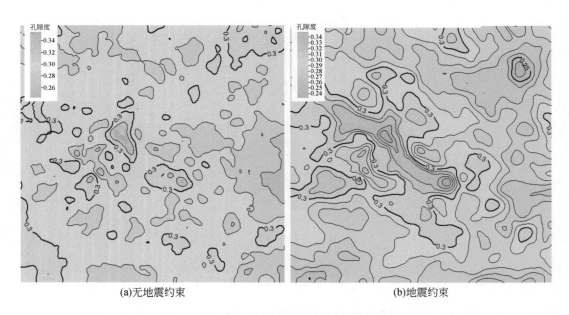

(a)无地震约束　　　　　　　　　　　　(b)地震约束

图 5-1-10　Ⅳ-1-4cd 小层孔隙度等值线分布图

加的观察误差。

（3）集成地震、测井、生产动态资料来约束建模过程，以降低油藏建模过程中的不确定性。

（4）通过改善算法来降低建模过程中的不确定性。如 Goovaerts（1999）提出通过限制最小误差方差减少不同实现之间的差别，因而降低空间不确定性。

（5）通过选择合理的建模策略来降低不确定性。（等时）相控建模从根本上比原先的一步建模法提高了油藏模型的符合程度，许多地质工作者在实际建模过程中，针对各种类型的油藏和储层采取了不同方法的建模策略。

（6）通过计算合理的变差函数、变程并进行敏感性分析来降低不确定性，如果计算合理，这将是一种非常实用的手段。Ecker 和 Gelfand（1999）提出用贝叶斯方法同时估算线性转换和其他变差函数参数，并适合于各种复杂的各向异性情况。

（7）选择研究区适合的建模方法来降低不确定性。各种建模方法的适用性均基于此目的。建模工作者应了解各种建模方法的优缺点，以合理使用。

虽然看上去减小建模不确定性的方法有很多，但是在实际应用中，不同的油田，不同的区域，受资料以及各种客观因素的制约，每种方法不能都一一实现，只能通过仅有的适合本地区的资料以及方法来减小地质模型的不确定性。

本研究区采用了 4 种方法减小地质模型的不确定性，分别是：①应用地震资料约束来增加井间储层分布的可靠性。在建模过程中，地震的波阻抗反演数据体作为约束，建立构造模型和属性模型。②通过选择合理的建模策略来降低不确定性。根据高分辨率层序地层学指导的小层对比以及相控的原理，将地质思维加入地质模型当中，有效减小了地质模型的不确定性。③通过选择适合本地区的随机建模方法来减小地质模型的不确定性。④通过观测地震和对地质模型相比较，进一步验证地质模型的准确性。

第二节　气藏数值模拟技术

气藏数值模拟是在对气藏地质模型、岩石物理模型、流体模型、生产动态研究和模拟预测研究的基础上，通过建立描述气藏流体渗流过程的数学模型，利用计算机进行数值求解，从而再现地下流体渗流状况随时空变化的全过程的一种现代油藏工程方法。通过气藏数值模拟研究，可以定性、定量为气藏开发技术政策的制定提供可靠依据（陈元千，2005）。

确定模拟区域。涩北一号的地质模型包括 0 层到 4 层底，网格系统为 176×124，网格步长 $\Delta x=50\mathrm{m}$，$\Delta y=50\mathrm{m}$，纵向上 426 个小层，网格总数 9297024 个，但目前的三维三相黑油模型可模拟的网格数不超过 100 万个，且涩北一号气藏分层开采，各小层互不影响。因此选取涩北一号某一小层进行模拟研究。鉴于Ⅳ-1 层组有效厚度大，地质探明储量高，为涩北一号储量最高的层组，因此本次的模拟区域定为涩北一号的Ⅳ-1 层。

一、气藏动态分析

一个可靠的气藏数值模拟是建立在气藏可靠的动态分析的基础上的，因此在数值模拟前对Ⅳ-1 层进行动态分析（李阳等，2005；李宁等，2019）。

1. 气藏基本特征

Ⅳ-1 层埋深 1423.0～1599.0m，构造形态为近东西走向的短轴背斜，地层平缓，构造完整，为无断层发育的岩性气藏（图 5-2-1）。沉积相以湖泊相的滨浅湖亚相沉积为主，局部发育有辫状河三角洲前缘亚相，气储集体主要为滩、坝微相砂体，局部发育河道砂体。

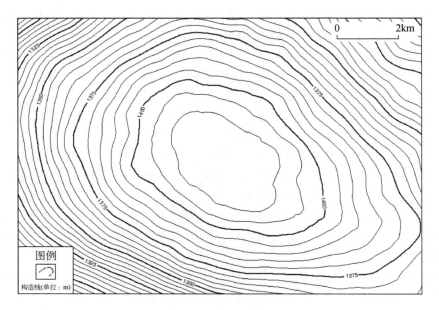

图 5-2-1　Ⅳ-1 层构造图

在沉积湖盆的整个演化过程中，出现了多期较大规模的湖水进退。由于沉积面积和水体深度的交替变化，形成了本区第四系以薄层砂岩、泥岩频繁间互为主，局部发育河道的沉积特征，如图 5-2-2 所示，地震属性上可见明显的河道沉积特征。地层成岩性普遍较差，岩性以浅灰色泥岩和粉砂质泥岩为主，夹浅灰色粉砂岩、泥质粉砂岩、细砂岩及薄层钙质

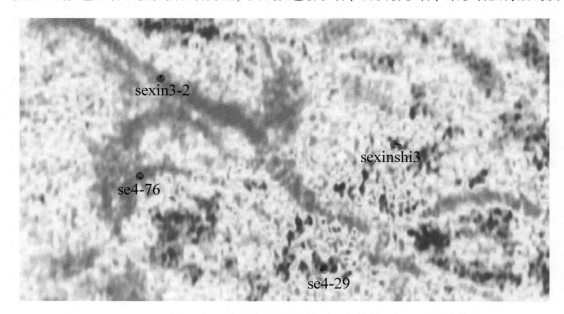

图 5-2-2　平面地震资料Ⅳ-1 层

泥岩、灰黑色碳质泥岩，且各类岩性间互频繁。Ⅳ-1 层组细分为 4 个小层、12 个砂体，单砂体之间有泥岩隔层隔开。

储层物性有较大差异。不同岩性孔隙度相差不大，但渗透率却变化较大。岩石渗透率的大小取决于泥质含量，泥质含量越低则渗透率越高。储层连通性差，从横波地震资料上看，平面上地震解释不一致，纵向上，轴不连续。

Ⅳ-1 层有效厚度 23.4m，平均孔隙度 27.93%，平均初始含气饱和度 50.31%，如表 5-2-1 所示。

表 5-2-1　Ⅳ-1 层组基本参数

Ⅳ-1 层组			砂体			
小层	地层厚度/m	埋深/m	编号	平均有效厚度/m	孔隙度/%	含气饱和度/%
4-1-1	9.0	1300 ~ 1309	4-1-1a	1.8	26.98	35.53
			4-1-1b	1.9	29.30	52.51
4-1-2	8.0	1310 ~ 1318	4-1-2a	1.9	27.55	51.28
			4-1-2b	1.9	27.81	57.57
4-1-3	15.0	1320 ~ 1335	4-1-3a	1.9	28.52	57.44
			4-1-3b	2.1	28.19	56.79
			4-1-3c	1.6	28.41	47.42
			4-1-3d	1.7	28.15	49.52
4-1-4	14.0	1336 ~ 1350	4-1-4a	1.9	27.24	44.30
			4-1-4b	2.3	27.95	49.70
			4-1-4c	2.0	27.68	50.67
			4-1-4d	2.4	27.43	51.01
合计/平均	46.0			23.4	27.93	50.31

Ⅳ-1 层地温梯度、地层压力略高于正常压力系统，天然气为纯干气，相对密度 0.55 ~ 0.56，组分以甲烷为主，含量大多在 99% 以上，仅少量乙烷、丙烷和氮气，不含硫化氢及其他气体。地层水型主要为 $CaCl_2$ 型，仅有少量的 $MgCl_2$ 型。

Ⅳ-1 层气藏边水环绕，在边水附近建生产井，随生产时间的延长和生产压差的增大，地层产水量和水气比均有升高。因此Ⅳ-1 层为典型的弱边水驱动的背斜形层状气藏。

2. 开采方式

Ⅳ-1 层组共有 55 口生产井，截止到统计日期 2021 年 8 月，在产井 39 口，16 口生产井封堵。生产井早期主要以多砂体合采的方式，分为 3 个开发单元，每个开发单元 4 个砂体（分别为 4-1-1 和 4-1-2 的 4 个砂体、4-1-3 的 4 个砂体、4-1-4 的 4 个砂体），各开发单元平均有效厚度 7.8m。如图 5-2-3 所示，2017 年以后新井为单小层开采。

3. 开发历程

Ⅳ-1 层组气田经历 1996 ~ 2002 年试采、2002 ~ 2004 年上产、2005 ~ 2015 年稳产阶段

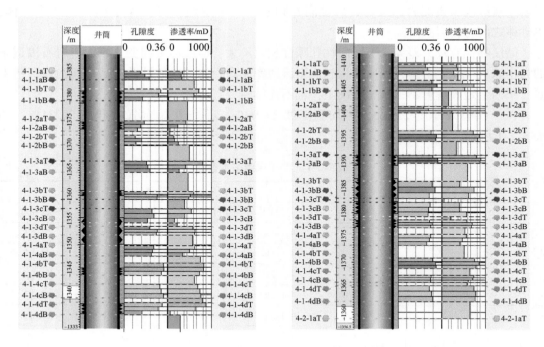

图 5-2-3　涩 A 井（合采）与涩 B 井（单采）开采模式

后，2016～2021 年处于递减阶段，累计产气 56.96 亿 m³，采出程度 36.76%。整体上看稳产期较长，压力平稳下降，但后期水量和水气比上升快，油套压差增大，如图 5-2-4 所示。

4. 开发现状

2021 年 8 月，在产的 39 口生产井，日产能 51×10⁴m³，综合递减率 4.25%，自然递减率 0.69%，采气速度 1.35%，日产水 101m³，水气比 1.88m³/10⁴m³，如图 5-2-5 所示。总体表现为：采速较低，日产能呈递减趋势，水气比呈上升趋势。

2021 年 8 月，单井最高日产气 3.67×10⁴m³，最低日产能 0.026×10⁴m³，产水最高 32m³，最低产水 0，单井差异较大。

从单井上看，如图 5-2-6 所示，产气量在 0～1×10⁴m³ 和 1×10⁴～3×10⁴m³ 单井均占 45%，产气量在 3×10⁴m³ 以上的占 10%，单井日产能较低。

从单井上看，如图 5-2-7 所示，产水量在 0～1m³ 的单井均占 68%，产水量在 3m³ 以上的占 3%，整体上看单井产水量较少。

5. 产气量分析

从平面上看，如图 5-2-8 所示，构造高部位单井高产气，低部位的单井低产气。

目前 IV-1 层进入递减阶段，如表 5-2-2 所示，产气量下降，递减构成原因经分析是出砂、出水、压力低、地层堵塞等。

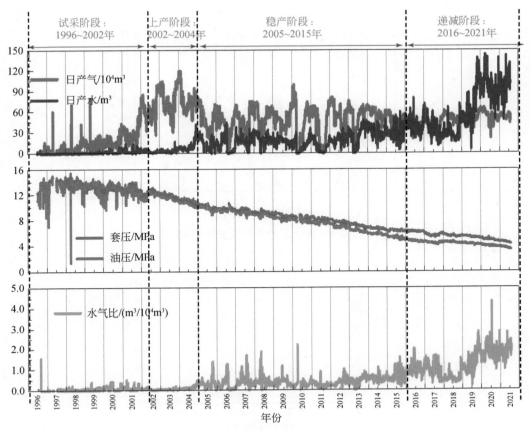

图 5-2-4 Ⅳ-1 层开采曲线

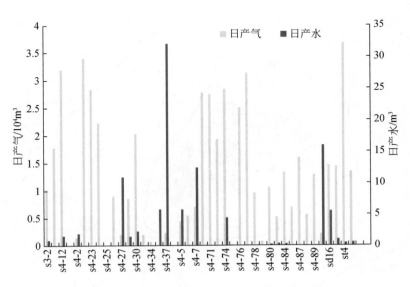

图 5-2-5 Ⅳ-1 层单井产气、产水柱状图

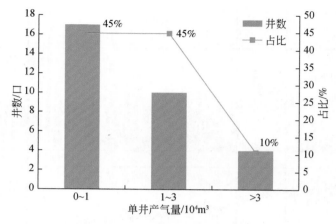

图 5-2-6　Ⅳ-1 层单井产气量频率分布图

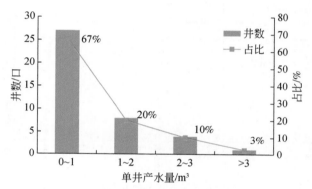

图 5-2-7　Ⅳ-1 层单井产水量频率分布图

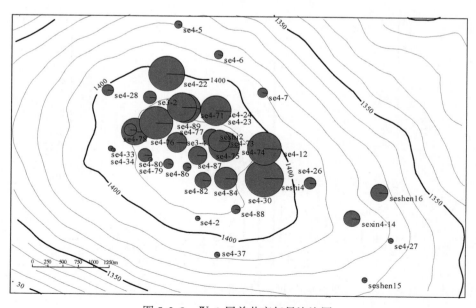

图 5-2-8　Ⅳ-1 层单井产气量泡泡图

表5-2-2 产量变化影响因素

影响因素	出砂	出水	压力低	地层堵塞	小计
井数/口	5	17	9	8	39

出水影响产气量降低,主要表现为井筒积液和边水水侵。如表5-2-3所示,总体上看,气田水气比、平均单井日产水逐年升高,产气量逐年降低。地层出水导致黏土矿物遇水膨胀,堵塞运移通道,渗透性下降,产气量下降。井筒积液可以通过油套压差来判断。出水导致黏土矿物遇水膨胀,堵塞运移通道,渗透性下降,可通过及时排水作业恢复产能。

表5-2-3 油套压差判断积液程度

判断依据	判断标准	积液程度
油套压差 /MPa	<0.5	不积液
	0.5~1.8	轻微积液
	1.8~3	中等积液
	>3	严重积液

构造高部位的井产水量低,产气量低,诊断为井筒积液,经过井筒排液后,产气量上升。如图5-2-9所示,A井2010年初开井,低产水,2013~2018年产气量有较大幅度下降,同时油套压差2~3MPa,判断此时井筒积液,后经排液措施后,产气量上升。

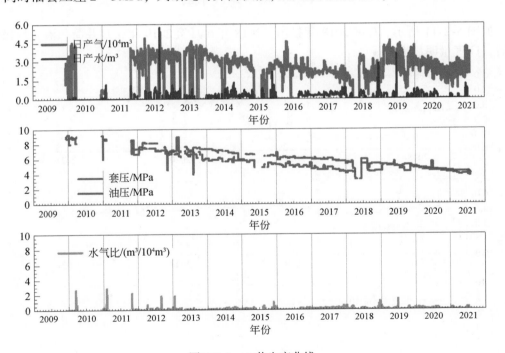

图5-2-9 A井生产曲线

如图 5-2-10 所示，B 井 1999 年开井，产气量下降明显，油套压差显示，2013 年开始井筒积液，2020 年排液作业后，产气量有所上升。

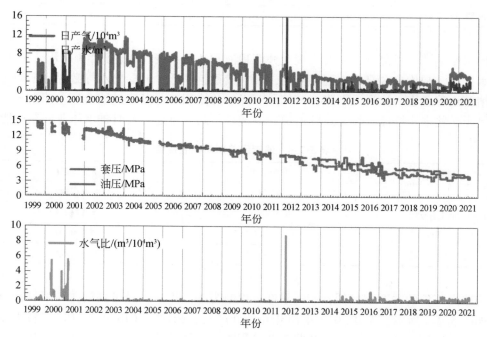

图 5-2-10　B 井生产曲线

如图 5-2-11 所示，C 井 2018 年投产，2018 年 6 月至 2019 年 5 月井筒积液，后排液作业后，产气量明显上升。

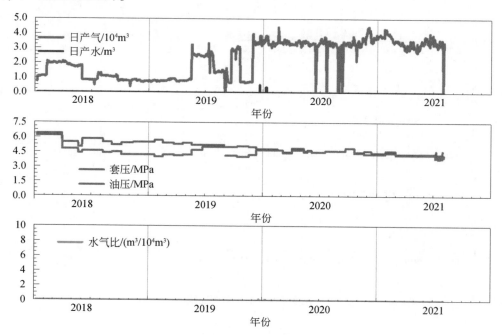

图 5-2-11　C 井生产曲线

　　构造低部位的井产气量低，产水量高，诊断为井筒积液加边水水浸，目前停井。如图 5-2-12 所示，D 井 2009 年底投产，2014 年产水量开始上升，2019 年产水大幅上升，油套压差增大，目前积液停井。

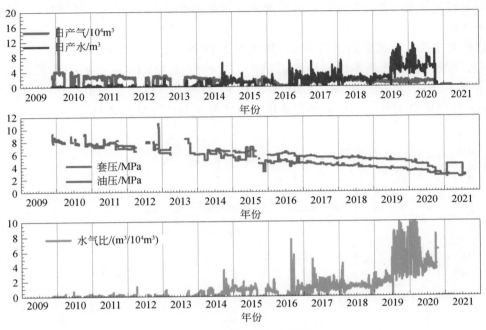

图 5-2-12　D 井生产曲线

　　如图 5-2-13 所示，E 井 2010 年初投产，2019 年产水大幅上升，油套压差增大，目前积液停井。

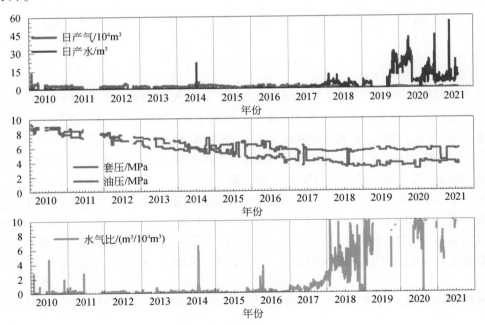

图 5-2-13　E 井生产曲线

出砂导致产气量下降。出砂影响主要包括：孔喉堵塞，即储层中气体流动的通道被砂粒阻塞；产层砂埋，即砂粒在井筒周围或产层内部堆积，减少了有效流动空间；套损和地面设施的刺损，即出砂对套管等井下设备和地面集输系统造成的损害。特别地，出砂严重时会导致砂埋现象，这时需要通过专门的冲砂作业来清除井筒和产层中的砂粒，从而恢复气井的产能。

出砂井主要分布在南翼及高部位。如图 5-2-14 所示，F 井 2017 年底投产，产气量基本平稳，2020 年 9 月开始因砂埋加剧减产，日产气 $0.72 \times 10^4 m^3$。根据测井解释成果，2020 年 4 月 10 日砂面 1360m，2020 年 8 月 17 日砂面 1354m，2020 年 8 月 30 日砂面 1352m，砂埋比例 65%，后经冲砂作业后，2021 年 7 月产气量明显上升。

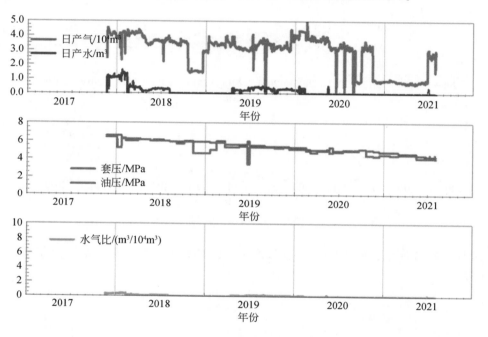

图 5-2-14　F 井生产曲线

压力下降影响产气量，需加压气举恢复产能。如图 5-2-15 所示，G 井在 2001 年开井以来高产气低产水，水气比接近于零，油套压差接近于零。2020 年 4 月：日产气 $5.0 \times 10^4 m^3$，不产水，油压 4.5MPa，套压 4.6MPa，工作制度 8.5mm。2021 年 4 月：日产气 $4.3 \times 10^4 m^3$，不产水，油压 4.0MPa，套压 4.3MPa，工作制度 8.5mm，油压下降 0.5MPa，套压下降 0.3MPa。压力的下降使得 G 井产气量下降。

如图 5-2-16 所示，H 井在 2017 年开井以来高产气低产水，水气比接近于零，油套压差接近于零。2020 年 4 月：日产气 $3.8 \times 10^4 m^3$，不产水，油压 4.7MPa，套压 4.8MPa，工作制度 8.0mm。2021 年 4 月：日产气 $2.4 \times 10^4 m^3$，不产水，油压 4.3MPa，套压 4.4MPa，工作制度 8.50mm，油压下降 0.4MPa，套压下降 0.4MPa。压力的下降使得 H 井产气量下降。

地层堵塞导致产气量下降，需要强排大修等开展解堵工作来恢复产能。如图 5-2-17 所

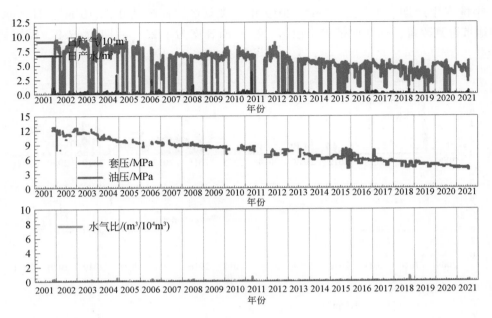

图 5-2-15　G 井生产曲线

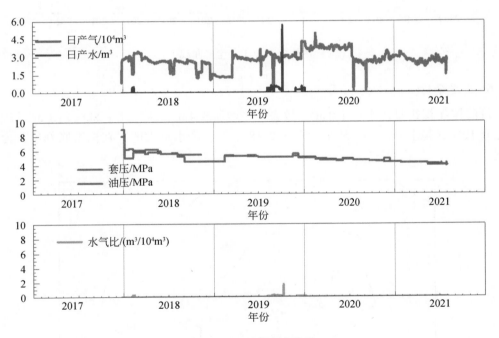

图 5-2-16　H 井生产曲线

示，涩Ⅰ井 2010 年投产，前期间歇生产。自 2013 年开始正常生产，2017 年出水量上升，开始递减。2019 年停产后压裂复产，2020 年再次停产，气举、冲砂均无效，2021 年酸化复产，日产气 $0.8 \times 10^4 m^3$，日产水 $4m^3$。2015 ~ 2017 年稳产期，水量小于 $1m^3$。2017 ~

2019年携水生产期，水量 2～3m³。2019年压裂复产，日产气 0.3×10⁴m³，日产水 3m³。近井地带得到改善，远井地带仍未改善。稳产期表皮为 1.25，后期为 17.3，储层物性下降严重。

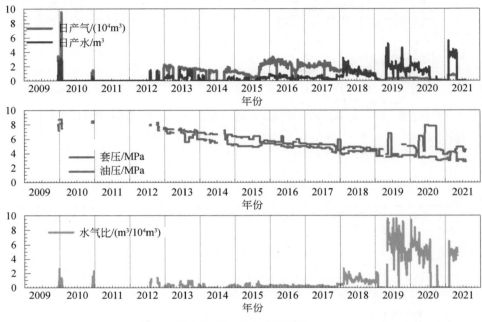

图 5-2-17　Ⅰ井生产曲线

6. 出水分析

目前Ⅳ-1 层组日产水量 101m³，较去年底增加 8.4m³，水气比 1.88m³/10⁴m³，较去年底上升 19%，呈上升趋势。从平面图 5-2-18 上看，产水量大的井在构造底部位，为边水入侵。

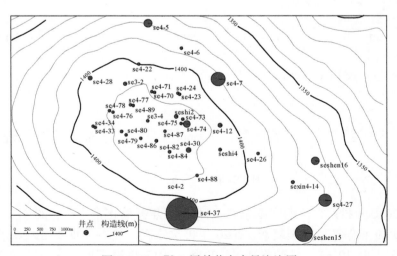

图 5-2-18　Ⅳ-1 层单井产水量泡泡图

如图 5-2-19 和图 5-2-20 所示，位于构造高部位的涩 K 井和低部位的 L 井对比，高部位涩 K 井处于河道，高渗带，先于 L 井见水。

从历史水侵情况Ⅳ-1 层组看，水侵速度为 0.28m/d，各小层边水呈现均匀推进的趋势。边水平面上易沿高渗带突进，河道区已发生水侵，纵向上易沿高渗层突进。

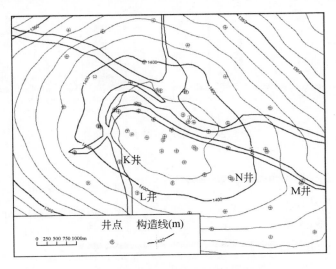

图 5-2-19　Ⅳ-1 层井与河道叠加图

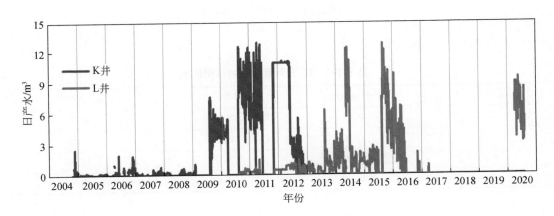

图 5-2-20　K 井和 L 井产水曲线

如图 5-2-21 所示，位于构造高部位的涩 M 井和低部位的 N 井对比，高部位 M 井处于河道，高渗带，先于 N 井见水。

如图 5-2-22 所示，O 井同时开采 4-1-1、4-1-2、4-1-3、4-1-4 小层，通过产气剖面发现，产水量主要集中在物性较好的 4-1-4 小层。

7. 储量动用情况

根据产气剖面、KH 值劈分等方法，纵向上得到Ⅳ-1 层组 4 个小层的储量动用情况，如表 5-2-4 所示，从采出程度上看，各个小层动用较均衡。4-1-3 小层日产气 26.77 ×

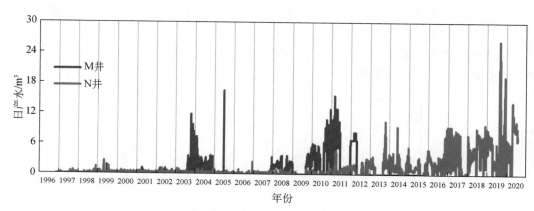

图 5-2-21　M 井和 N 井产水曲线

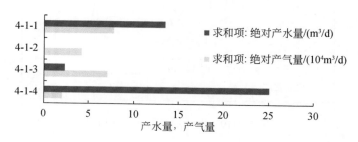

图 5-2-22　O 井产气产水剖面

10^4m^3，占比 52%，为主力贡献层。

表 5-2-4　Ⅳ-1 层储量纵向动用情况

小层	累产气/10^8m^3	日产气/10^4m^3	采出程度/%
4-1-1	7.03	4.01	30.79
4-1-2	11.21	10.68	36.08
4-1-3	19.32	26.77	32.93
4-1-4	11.81	9.57	27.88

　　从平面单井累产（累积产量）图上，平面上产量多集中在构造高部位，如图 5-2-23 所示。

二、气藏数值模拟模型的建立

　　气藏模型是气藏数值模拟研究的载体，是决定历史拟合和动态预测成败的关键。气藏模型的建立，就是将实际气藏数值化，即用数据把全部影响气藏开发动态的油藏特征描述出来。该项工作主要包括：模拟区域的确定、地质模型的粗化、油藏模型初始化、流体和岩石物性参数的确定、生产时间阶段划分、工作制度确定等。

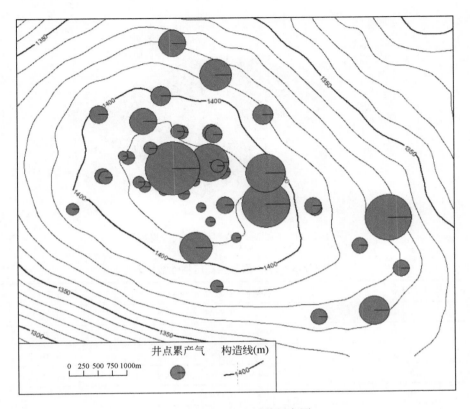

图 5-2-23　Ⅳ-1 层井累产图

选择气藏模拟的数学模型。常用的数学模型包括用于一般油藏的黑油模型，用于高挥发性原油、近临界原油、凝析气藏、混相驱等有组分交换的组分模型，用于稠油油藏的热采模型，以及用于反映流体分布运动的流线模型。根据涩北一号Ⅳ-1 层气藏地质特征、储层性质、流体类型，数学模型选用三维三相黑油模型。

Ⅳ-1 层气藏模拟区域平面上划分为 176×124 网格系统，网格步长 $\Delta x = 50\text{m}$，$\Delta y = 50\text{m}$。

Ⅳ-1 层三维地质建模中模拟层共划分了 48 个小层，而在数值模拟阶段为适应精细模拟的需要及其流动单元之间夹层的变化，并考虑到计算机内存和模拟时间的限制，需要将细分的网格层合并粗化，合并粗化的原则是非主力层粗分、主力产层细分，考虑研究区小层砂体划分，由此纵向上将小层的单砂体作为一个模拟层，从而在精细油藏描述中，提供了 12 个单砂体的精细油藏地质模型。油藏网格系统为 176×124×24，总网格数为 523776 个（图 5-2-24）。

确定流体物性参数。如表 5-2-5 和图 5-2-25 所示，Ⅳ-1 层的单砂体属于同一压力系统，气体性质基本一致，采用一套气藏流体物性参数。

图 5-2-24　涩北一号Ⅳ-1 层的孔隙度模型

表 5-2-5　Ⅳ-1 层气相高压物性数据表

压力/bar	气体体积系数/(m³/sm³)	气体黏度/(mPa·s)
2	0.5805	0.0122
3	0.3865	0.0122
4	0.2895	0.0122
5	0.2313	0.0122
10	0.1149	0.0123
15	0.0761	0.0123
20	0.0567	0.0124
25	0.0451	0.0124
30	0.0373	0.0125
40	0.0277	0.0126
50	0.0219	0.0128
60	0.0181	0.013
80	0.0133	0.0134
100	0.0105	0.014
120	0.0087	0.0147
140	0.0074	0.0154
160	0.0065	0.0163
180	0.0058	0.0172
200	0.0053	0.0182
250	0.0043	0.0207

注：1bar = 10^5 Pa。

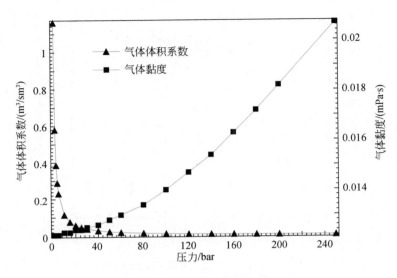

图 5-2-25　Ⅳ-1 层气相高压物性曲线

　　确定岩石的物性参数。如表 5-2-6 和图 5-2-26 所示，本次数值模拟使用的相对渗透率曲线是对研究区岩心实验的多个相渗曲线进行归一化处理后得到的，其后在历史拟合中进行了微调。

表 5-2-6　Ⅳ-1 层气水相对渗透率数据表及曲线

含水饱和度 S_w	水相相对渗透率 K_{rw}	油相相对渗透率 K_{ro}	毛管压力 P_{cgw}/bar
0.464	0	0.57	0.4
0.492	0.001	0.53	0.3
0.52	0.002	0.48	0.2
0.548	0.003	0.41	0.15
0.576	0.006	0.34	0.11
0.604	0.008	0.24	0.08
0.632	0.025	0.1	0.05
0.65	0.15	0.001	0.02
0.66	0.59	0.001	0.02
0.67	0.61	0.0001	0
0.68	0.62	0	0

　　建立动态模型。截至 2021 年 8 月，本模型中共有 55 口井。通过将各单井月产气量、月产水量、月生产时间、射孔层位、射孔时间等数据与网格系统建立时间和空间上的对应关系，创建了动态模型。

　　设置初始气水界面和初始地层压力。每个砂体都有独立的倾斜的气水界面。在软件中，根据绘制的单砂体气水界面边界，做模型的独立倾斜气水界面。为使模型的压力与流

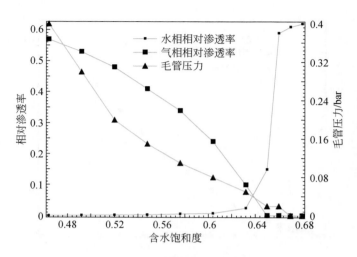

图 5-2-26　Ⅳ-1 层气水相对渗透率曲线

体匹配，结合储量报告的压力梯度，利用自动流体分区计算压力，最终模型划为 59 个平衡分区。

确定初始含气饱和度。根据储量报告，利用端点标定，微调气水相渗曲线，设置每个砂体的初始含气饱和度，如图 5-2-27 所示。

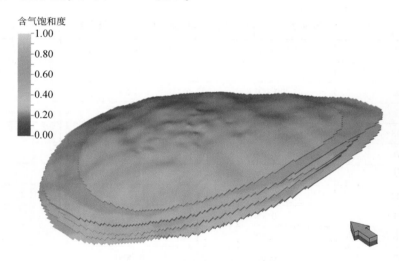

图 5-2-27　Ⅳ-1 层初始含气饱和度

在粗化后的地质模型的基础上，提取地层的孔、渗、饱、净厚比等属性参数，设置油藏及流体特征参数，导入动态模型数据，结合初始的气水界面和压力数据，生成油藏数值模拟的初始化模型。

三、数模历史拟合及结果

本次模拟应用的是 IMPLICT（全隐式）方法建立差分方程组，定气拟合产水量，模拟迭代的最大时间步长为 30 天，保证了迭代计算的稳定性与收敛性。

确立历史拟合基本步骤。首先进行参数敏感性分析，确定影响气藏模拟结果的主要参数，在拟合时先修改较稳定的参数，将模型中的一部分参数确定下来，再修改最敏感和最不稳定的参数，结合该区气水运动规律进行开发指标拟合（张群霞，2021）。

拟合顺序是储量、压力、产水等指标。先对全区动态指标进行趋势拟合，再拟合单井生产指标，主要通过修改全区和单井周围的参数，如传导率、相渗曲线、毛管压力曲线等。由于全区与局部是一个协调的系统，在拟合单井指标的过程中，要确保全区动态指标的拟合精度。

拟合储量。对模拟区初始化后得到Ⅳ-1 层 12 个单砂体的地质储量，通过微调毛管压力曲线，与上报的储量误差在 5% ~15% 之间，该模型地质储量计算可靠。

拟合压力。由于Ⅳ-1 层测的地层压力数据只收集到初始压力值（1996 年地层压力4.5MPa），及目前值（2021 年地层压力 8.9MPa）。因此本次压力拟合主要看压力趋势是否合理。

在气藏开发过程中，Ⅳ-1 层衰竭式开采，随着开采压力逐步下降，如图 5-2-28 所示，初期采气期下降慢，后期见水后下降快。1996 ~2002 年产气量少，压力下降缓慢，2002 ~2004 年产气量增加，压力下降变快，2004 年至今产水量大幅增大，压力下降也大幅增大。模拟的地层压力与生产情况相一致，因此认为该数值模拟的压力符合实际。

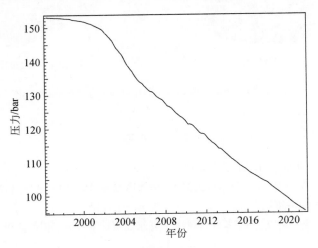

图 5-2-28　研究区压力拟合曲线

拟合产水。拟合了区块压力之后就可进入产水量拟合阶段。产水量拟合又分两步，先拟合区块含水，方法是修改气水相对渗透率曲线，微调全区渗透率值，调整某些含气饱和度，使区块综合产水与生产数据大体一致；然后拟合重点井产水量，方法是调整局部地区的渗透率值和水体体积，对个别难拟合井使用不同的气水相对渗透率曲线、修改表皮系数等方法重点拟合。

从数值模拟结果上看，各小层边水基本上呈现均匀推进趋势，部分气井已被水淹，可以考虑转为强排井，现今剩余气基本都处于涩北一号构造高部位。

如图 5-2-29 所示，在单砂体Ⅳ-1-4c 和Ⅳ-1-4d 地震解释的河道处，孔隙度渗透率较高，边水水侵速度要稍快于其他区域，与地震预测结果一致。

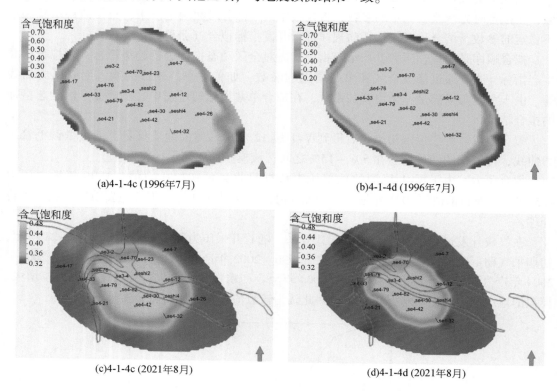

(a)4-1-4c (1996年7月)　　　　　　　　　　　(b)4-1-4d (1996年7月)

(c)4-1-4c (2021年8月)　　　　　　　　　　　(d)4-1-4d (2021年8月)

图 5-2-29　单砂体Ⅳ-1-4c 和Ⅳ-1-4d 含气饱和度变化

参 考 文 献

姜在兴 . 2003. 沉积学 . 北京：石油工业出版社 .

李军，张军华，韩双，等 . 2013. 复杂断块油藏地震精细描述技术研究——以胜利油田永 3 工区为例 . 断块油气田，20（5）：580-584.

李宁，郑小敏，温柔，等 . 2019. 动态监测资料在 Y 井组油藏精细数值模拟的应用 . 西安：第六届数字油田国际学术会议 .

李阳，王端平，刘建民 . 2005. 陆相水驱油藏剩余油富集区研究 . 石油勘探与开发，32（3）：91-96.

刘少华 . 2010. 地质三维属性建模及其可视化 . 地质通报，10：1554-1557.

吕建荣，赵春森，王庆鹏，等 . 2008. 地质建模技术在断块油藏综合挖潜中的应用 . 断块油气田，（1）：9-11.

吴胜和 . 2009. 储层表征与建模 . 北京：石油工业出版社 .

吴胜和，金振奎，黄沧钿，等.1999. 储层建模. 北京：石油工业出版社.

吴胜和，岳大力，刘建民，等.2008. 地下古河道储层构型的层次建模研究. 中国科学 D 辑：地球科学，38（S1）：111-121.

张烈辉.2005. 油气藏数值模拟基本原理. 北京：石油工业出版社.

张群霞.2021. S 油田窄条状薄互层强边水断块油藏数值模拟研究. 武汉：长江大学.

赵澄林.1998. 储层沉积学. 北京：石油工业出版社.

周连敏，王晶晶，林火养，等.2018. 复杂断块不整合地层地质建模方法. 断块油气田，25（2）：181-184.

Ecker M D, Gelfand A E. 1999. Bayesian modeling and inference for geometrically anisotropic spatial data. Mathematical Geology，31（1）：67-83.

Goovaerts P. 1999. Geostatistics in soil science：state-of-the-art and perspectives. Geoderma，89：1-45.

后　记

在地球物理勘探的广袤领域中，横波勘探宛如一颗璀璨的明珠，散发着独特而耀眼的光芒。它的出现，为我们揭开地球内部神秘面纱提供了全新的视角和强大的工具。

回首往昔，横波勘探的发展并非一帆风顺。从古代对地震现象的初步观察，到近代科学家对横波理论的逐步探索，每一步都凝聚着无数先驱者的智慧和汗水。早在公元 132 年，张衡发明的地动仪就已蕴含了对横波现象的初步认识。而在 1828 年，泊松的理论推导为横波的研究奠定了重要的基础。随着时间的推移，19 世纪末，奥尔德姆（R. D. Oldham）通过制作地震走时表，让我们对横波的传播特性有了更深入的了解。然而，真正的突破发生在 20 世纪，从 60 年代开始，科研人员致力于反射纵波与横波联合勘探的研究，不断探索横波分裂、各向异性等关键问题。这一过程充满了挑战和困难，就如同在黑暗中摸索前行，但科研工作者从未放弃。

横波勘探技术的发展道路漫长而曲折。地层介质对横波振幅和频率的强烈吸收衰减，使得横波在地下介质中的传播变得极为复杂。这给装备研发、数据采集、处理和解释带来了重重障碍，仿佛一道道难以逾越的关卡。但正是这些难题，激发了一代又一代科研工作者的斗志。他们以坚韧不拔的毅力和勇于创新的精神，不断攻克难关，推动着横波勘探技术逐渐走向成熟。如今，横波勘探已展现出其巨大的价值。它能够提供更为丰富、准确的地质信息，让我们能更清晰地洞察地下构造、岩性以及裂缝的分布特征。这对于油气勘探和开发来说，无疑是一把锐利的宝剑。

在这个不断追求进步的时代，我们的团队也积极投身于横波勘探技术的研究与应用。成功完成了国内首个规模化 3D9C 多波勘探项目试验，创新形成了矢量地震装备研发、数据采集、矢量处理和综合应用的配套技术与流程，实现了从"0"到"1"的跨越。这一成果不仅在国内引起了广泛关注和高度认可，在国际上也获得了众多赞誉。国际知名地球物理学家伊尔马兹、姆里纳尔·K. 森（Mrinal K. Sen）等纷纷表示祝贺。该成果在 2023 年美国勘探地球物理协会（SEG）和石油地质学家协会（AAPG）联合主办的国际应用地球科学与能源（IMAGE）年会上获得最佳口头报告奖。国内专家也给出了"横波勘探技术取得 30 年来的新突破！"的评价。

在撰写本书的过程中，我深刻体会到横波勘探技术的深邃与魅力。它就像无尽的宝藏，等待着我们去挖掘和探索。我相信，随着科技的飞速发展和理论的不断完善，横波勘探必将在未来发挥更加关键的作用。希望这本书能够成为读者了解横波勘探的窗口，激发读者对地球物理勘探事业的热爱和探索欲望。让我们共同期待横波勘探在未来创造更多的辉煌，为人类揭示地球的奥秘贡献更大的力量！

　　最后要感谢所有支持、关心横波技术发展的领导和专家，感谢项目组同事们的辛勤工作和无私奉献。

　　本书所谈论的范围存在局限，希望通过本书的出版，与同事同行们继续交流、探讨。书中内容如有不当之处，希望读者予以指正。

编　者

2024 年 8 月